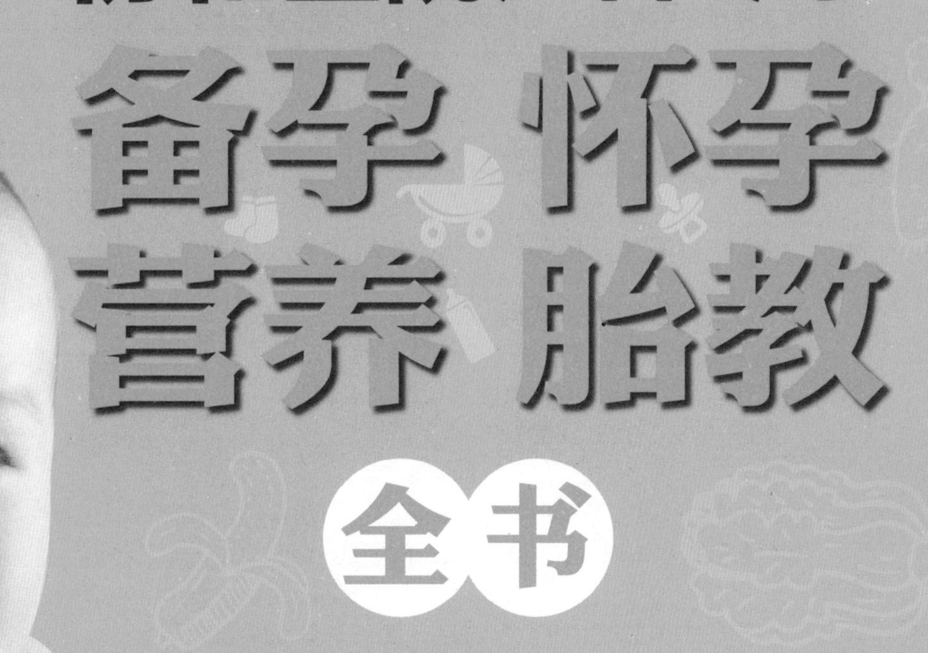

协和医院产科专家

备孕 怀孕 营养 胎教 全书

马良坤 主编

全国百佳图书出版单位
化学工业出版社
·北 京·

如何做最充足的备孕工作？怀孕期间怎样合理营养，让胎宝宝健康成长？孕妈妈补叶酸是不是越多越好？职场孕妈怎样做到怀孕、工作两不误？孕妈妈可以进行哪些适当的运动……本书将一一为你揭晓，告诉你在每一月、每一周、每一天应该怎么健康地吃、怎么安稳地睡、怎样给胎宝宝做胎教，成为你必不可少的孕期生活指南。

因原封面宝宝图片版权到期，从第1版第8次印刷开始，更换为新的宝宝图片。

图书在版编目（CIP）数据

协和医院产科专家：备孕怀孕营养胎教全书 / 马良坤主编. —北京：化学工业出版社，2016.2（2023.4重印）

ISBN 978-7-122-26027-7

Ⅰ.①协…　Ⅱ.①马…　Ⅲ.①孕妇－妇幼保健－食谱②胎教－基本知识　Ⅳ.①TS972.164 ②G61

中国版本图书馆CIP数据核字（2015）第320362号

责任编辑：杨晓璐　杨骏翼

责任校对：陈　静

出版发行：化学工业出版社（北京市东城区青年湖南街13号　邮政编码100011）

印　　装：河北京平诚乾印刷有限公司

889mm×1194mm　1/16　印张22　字数400千字　2023年4月北京第1版第16次印刷

购书咨询：010-64518888　售后服务：010-64518899

网　　址：http://www.cip.com.cn

凡购买本书，如有缺损质量问题，本社销售中心负责调换。

定　　价：49.80元

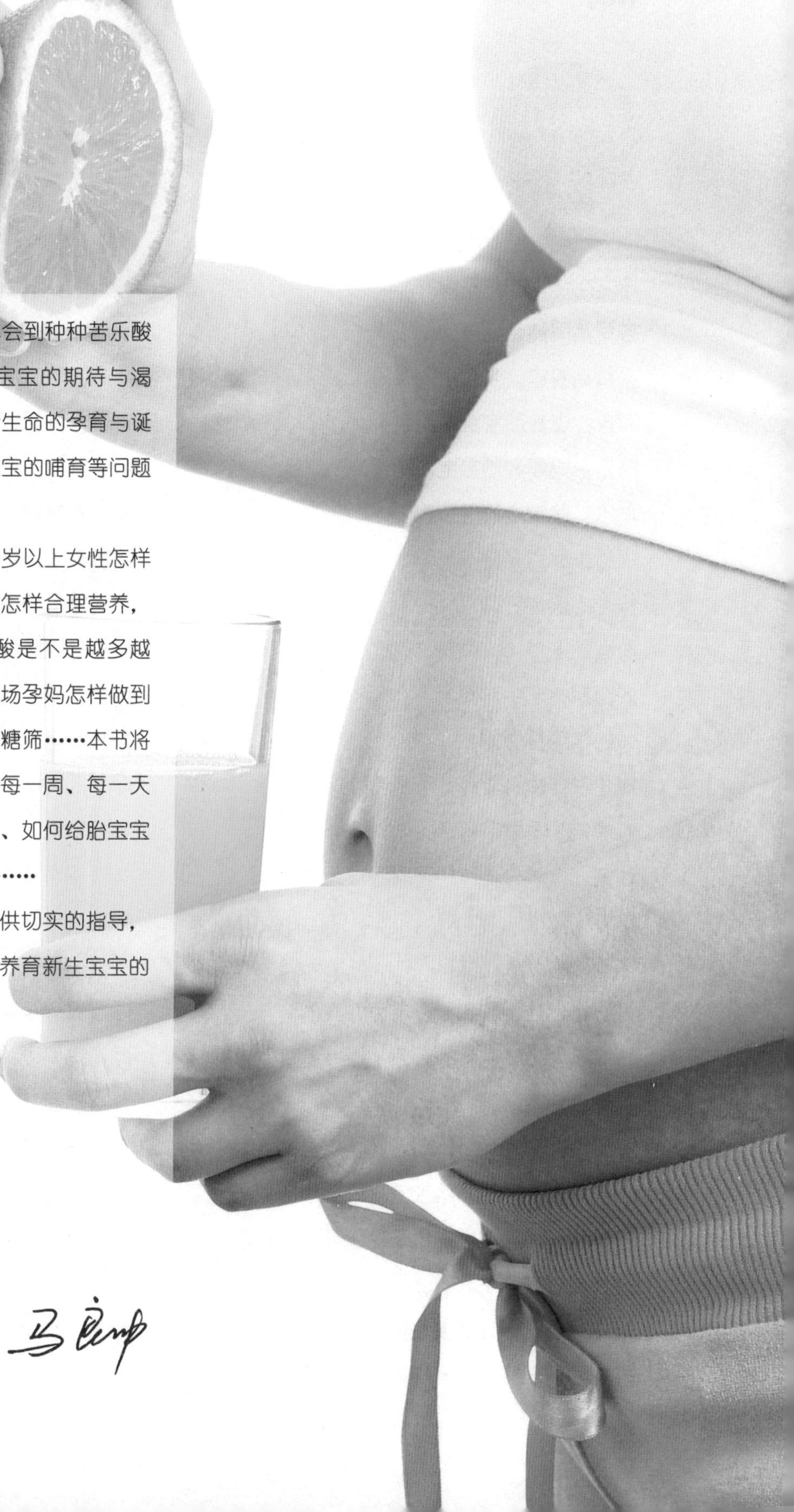

前言

PREFACE

在怀孕的过程中，孕妈妈会体会到种种苦乐酸甜，孕期的种种不适夹杂着对胎宝宝的期待与渴望。实际上，不少孕妈妈对一个新生命的孕育与诞生、如何为胎宝宝做胎教、新生宝宝的哺育等问题的认识都不够清晰。

如何做最充足的备孕工作？35岁以上女性怎样顺利生出一个健康宝宝？怀孕期间怎样合理营养，让胎宝宝健康成长？孕妈妈补叶酸是不是越多越好？孕妈妈如何健康巧妙扮靓？职场孕妈怎样做到怀孕、工作两不误？怎样一次就过糖筛……本书将一一为你揭晓，告诉你在每一月、每一周、每一天应该如何健康地吃、如何安稳地睡、如何给胎宝宝做胎教、做产检如何省时又省事儿……

希望本书能给你的孕期生活提供切实的指导，让你安稳度过备孕、怀孕、分娩和养育新生宝宝的美妙时光！

目录

PART 1 安心备孕，等待“幸孕”敲门

孕前基础知识课堂 2
各司其职的生殖器官 2
受精卵着床，生命由此开始 4
胎盘：滋养胎宝宝的源泉 4
脐带：妈妈和胎宝宝血脉相连的象征 4
羊水：胎宝宝的保护膜 5
生男生女的秘密 5
神奇的遗传密码 6
血型的遗传 7
安全期并非绝对安全 8
如何推测排卵期 8
抓住最佳生育年龄，不当高龄产妇 12
有最佳受孕季节吗 12
注意同房体位，让精子顺利进入子宫 12
孕前心理调整 13
接受即将为人母的事实 13
好心情，让子宫和卵子成为好客体 13
释放压力，让身体的激素平衡 13
生娃事业两不误 14
孕前身体调理 15
调养好妈妈体质，给宝宝打好健康的底子 15
排排毒，为胎宝宝提供干净无毒的“居所” 16
过胖或过瘦都不利于受孕 17
呵护好子宫，让宝宝住得更舒服 17
有些病调理得当，一样顺利怀孕 18
孕前生活保健 22
孕前 1~2 个月停止服用避孕药 22
早产、流产后 2~3 个月可以怀孕 22
备孕女性照 X 线时，要做好防护 22
新装修的房子不要马上住进去 22
女性宜选择浅色、宽松的纯棉内裤 23
保持阴道正常的菌群，可提高受精成功率 24
孕前需要调换岗位的工作 24
孕前口腔保健 25
这些运动，能让女性盆腔动起来 26
预防感染，孕前注射疫苗 27
孕前营养课堂 28
彩虹饮食，保证精强卵肥 28
女性备孕饮食 29
男性备孕饮食 31
二孩进行时 32
已放置避孕环的女性这样做 32
顺产妈妈隔 1 年可以考虑二孩 32
剖宫产后 2 年可以考虑怀二孩 33
怀二孩的年龄别太大 33
孕前检查 34
备孕女性要做的检查 34
备孕男性要做的检查 35
专题 孕期重要数据早知道 36

PART 2

孕早期（0~12 周）顺利踏上了“幸孕”旅程

孕早期（0~12 周）

母婴体重增长规律 38

不增反降的孕早期 38

孕早期产检早知道 38

孕早期孕妈妈 VS 胎宝宝变化轨迹 39

0~4 周孕妈妈 VS 胎宝宝的变化 39

5~8 周孕妈妈 VS 胎宝宝的变化 40

9~12 周孕妈妈 VS 胎宝宝的变化 41

孕早期每日饮食推荐 42

最初 2 周 44

胎宝宝：卵子离开卵巢，进入输卵管 44

孕妈妈：身体没有什么变化 44

生活保健 45

为了安全起见，暂时把自己当成孕妈妈吧 45

骑车出行讲究多 45

雾霾天孕妈妈应如何防护 46

营养课堂 49

孕早期饮食宜忌 49

孕早期关键营养素 49

本周营养食谱 50

＊猪肚大米粥 补益气血 50

＊香菇油菜 增强免疫力 50

胎教课堂 51

如何正确理解胎教 51

古代的胎教思想 51

第 3 周 52

胎宝宝：我还是一个小小的受精卵 52

孕妈妈：孕妈妈少量出血可能是胚胎植入 52

生活保健 53

发现怀孕的征兆 53

别把怀孕征兆误当感冒 53

洗澡时水温不宜太高 53

验孕试纸和验孕棒怎样使用更准确 54

中药≠安全 54

营养课堂 55
继续口服叶酸补充剂十分必要 55
漏服叶酸不需要补回来 55
吃些富含叶酸的食物 55
怀孕了，不必刻意进补 55
*番茄鸡蛋打卤面 缓解疲劳 56
*韭菜炒绿豆芽 开胃 56
胎教课堂 57
胎教让女性更美丽 57
胎教能激发胎宝宝的潜能 57
胎教让胎宝宝身心健康 57

第4周 58
胎宝宝：我在妈妈的肚子里“扎根”了 58
孕妈妈：可能有感冒或腹泻的症状 58
生活保健 59
尽量远离人群密集的地方 59
养成规律作息，从胎儿期做起 59
适合自己的运动，才能提高身体机能 60
算算预产期，憧憬天使的诞生 60

营养课堂 63
吃些缓解疲劳的食物 63
孕妇奶粉，不一定喝 63
*蒜蓉西蓝花 缓解疲劳 64
*苦瓜煎蛋 减轻孕吐 64
胎教课堂 65
胎教需建立在胎宝宝生理变化基础上 65

第5周 66
胎宝宝：大脑发育的第一个高峰 66
孕妈妈：月经过期不至 66
生活保健 67
黄体酮的利与弊 67
只有三类孕妈妈需要用黄体酮 67
和上司说怀孕这事，需要技巧 67
国家关于孕妇聘用保护的制度 68
孕妇享有不被降低工资的权利 68
关于女职工的休假时间 68
营养课堂 69
嗜酸的孕妈妈要注意节制 69
每天1~2个核桃，促进胎宝宝大脑发育 69
*香椿苗拌核桃仁 促进胎宝宝大脑发育 70
*黑芝麻大米粥 补血益气 70
胎教课堂 71
孕妈妈应该避开的胎教误区 71
实施胎教需要注意的事儿 71
产检课堂 72
如何挑选适合自己的医院 72
最好将产检医院作为你的生产医院 73
自测怀孕后去医院需要做哪些检查 73

第 6 周 74
胎宝宝：我是胳膊和腿渐现的小芽儿 74
孕妈妈：早孕反应的其他症状初见端倪 74
生活保健 75
怀孕了，坚持上班有益身心 75
孕早期出现晕厥，可能是宫外孕 75
刺激内关穴，减轻孕吐 75
营养课堂 76
应对孕吐，看看过来人有哪些妙招 76
吃些黑色食物，防治贫血 77
少量多次吃猪肝，补血效果更好 77
* 豆芽椒丝 缓解孕吐 78
* 子姜炒肉 减轻孕吐 78
胎教课堂 79
情绪胎教让胎宝宝性情平和 79
让孕妈妈快乐起来的胎教方法 79
产检课堂 80
孕 6 周，需要进行生育服务登记了 80
高龄或有过流产史的孕妈妈要去做 B 超检查 80

第 7 周 81
胎宝宝：脑垂体开始发育 81
孕妈妈：早孕反应加剧 81
生活保健 82
预防感冒，看看过来人有哪些小妙招 82
轻松应对孕期感冒 82
感冒了，3 种情况下不能吃药 82
白带增多是正常的 83
减少日常辐射的四个办法 83
营养课堂 85
补充 DHA，促进脑部发育的“脑黄金” 85
补充含碘高的食物，促进胎宝宝脑发育 85
* 板栗烧白菜 补充 DHA 86
* 海带结烧豆腐 促进大脑神经发育 86
胎教课堂 87
运动胎教的好处 87

第 8 周 88
胎宝宝：我能在羊水中自由活动 88
孕妈妈：腹部不适不要慌，区分原因最重要 88
生活保健 89
孕早期运动以缓慢为主 89
孕期性生活，不是洪水猛兽 90
从怀孕开始控制体重 91
营养课堂 92
体重下降该怎么吃 92
看懂食品标签，为胎宝宝把好入口关 92
* 葱香糯米卷 补充碳水化合物 93
* 鳕鱼豆腐羹 促进身体新陈代谢 93

胎教课堂 94
音乐胎教对胎宝宝的好处 94
产检课堂 95
孕8~12周，可以到医院建档了 95
建档需要做哪些检查 95

第9周 101
胎宝宝：我从小种子变成小人儿了 101
孕妈妈：从外观上，你可能仍然不像孕妇 101
生活保健 102
关于内衣购买的几个小建议 102
断舍离，提升孕期生活质量 102
简单家务，身体和心灵的双修 103
营养课堂 104
孕期饮水很讲究 104
孕妈妈要养成喝水的好习惯 105
* 土豆烧牛肉 提供基础能量 106
* 一品鲜虾汤 强身健体 106
胎教课堂 107
美育胎教的好处 107
如何进行美育胎教 107

第10周 108
胎宝宝：我已长到一个金橘大小了 108
孕妈妈：小心孕期抑郁 108
生活保健 109
孕期化妆，越简单越好 109
抑郁，可能是体内激素在作怪 109
简单小道具，让你工作更轻松、更舒服 109
职场压力，过来人给的小建议 110
工作间隙“小动作”，帮你缓解不适 111
营养课堂 112
上班族孕妈最实用的午餐方案 112
多吃“快乐”食物，减轻孕期抑郁 113
* 香蕉粥 缓解抑郁 114
* 海带绿豆汤 补水 114
胎教课堂 115
让语言胎教更有效的方法 115

第 11 周 116

胎宝宝：妈妈，听到我的心跳声了吗 116

孕妈妈：早孕反应明显减轻 116

生活保健 117

预防妊娠纹，看看过来人有哪些妙招 117

为什么会出现孕期焦虑 118

5 招摆脱孕期焦虑 118

营养课堂 119

远离妊娠纹的“明星”食物 119

碳水化合物，孕期不可或缺 120

* 麻酱花卷　补充碳水化合物 121

* 猪蹄皮冻　补充胶原蛋白 121

胎教课堂 122

语言胎教：每个妈妈心中都住着一个小王子 122

情绪胎教：读读书，让烦躁的心安静下来 122

产检课堂 123

孕 11~13 周，需做早期排畸检查 123

第 12 周 124

胎宝宝：我更喜欢伸胳膊踢腿 124

孕妈妈：流产的可能性大大降低 124

生活保健 125

孕妈妈安全驾车注意事项 125

别盲目的产检 125

营养课堂 126

健康小零食，赶走孕期饥饿 126

粗粮虽好，不可贪多 126

* 肉炒魔芋　增强饱腹感 127

* 花生炖猪蹄　预防妊娠斑 127

胎教课堂 128

情绪胎教：读读《开始》，让孕期满载爱意 128

音乐胎教：唱唱儿歌，传递妈妈浓浓的爱 128

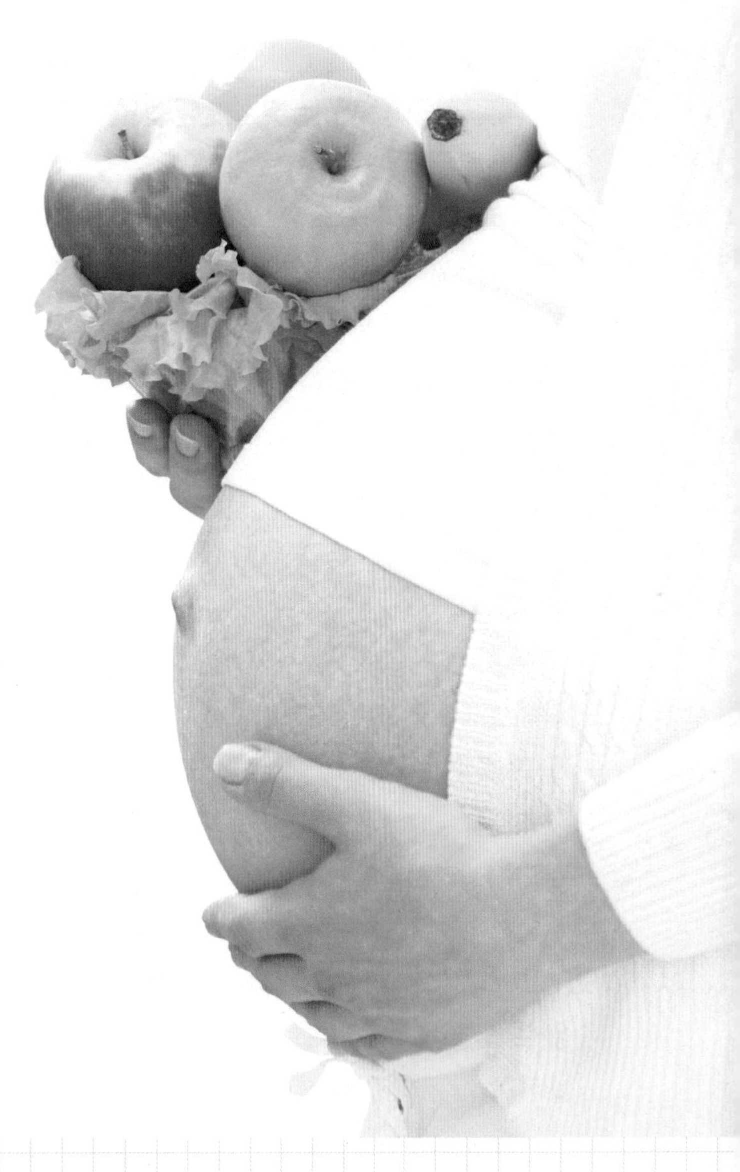

PART 3

孕中期（13~28 周）舒舒服服，度过孕中期

孕中期（13~28 周）

母婴体重增长规律 130

稳步上升的孕中期 130

孕中期产检早知道 130

孕中期孕妈妈 VS 胎宝宝变化轨迹 131

13~16 周孕妈妈 VS 胎宝宝的变化 131

17~20 周孕妈妈 VS 胎宝宝的变化 132

21~24 周孕妈妈 VS 胎宝宝的变化 133

25~28 周孕妈妈 VS 胎宝宝的变化 134

孕中期每日饮食推荐 135

第 13 周 136

胎宝宝：我已长到一个大虾大小了 136

孕妈妈：初现怀孕体态 136

生活保健 137

适合孕中期的运动 137

孕期生理性腹痛，无需治疗 138

营养课堂 139

孕中期饮食宜忌 139

孕中期关键营养素 139

*猪血炖豆腐　预防贫血 140

*水晶虾仁　促进宝宝大脑发育 140

胎教课堂 141

语言胎教：母子心灵的沟通，从胎儿期开始 141

第 14 周 142

胎宝宝：我已长到一个柠檬的大小了 142

孕妈妈：终于可以穿孕妇装了 142

生活保健 143

舒服的孕妇装，让孕期更美丽 143

孕期出行"选中间，避两头"，更安全 144

将孕期腹泻扼杀在摇篮中 144

营养课堂 145

进食早晚餐要均衡 145

吃火锅一定要煮熟 145

增加主食的摄入量，增强体力 145

*南瓜金银花卷　增强体力 146

*蛋香萝卜丝　健胃消食 146

胎教课堂 147

情绪胎教：写写日记，温暖孕妈妈的内心 147

第 15 周 148

胎宝宝：我能听到妈妈的呼吸和心跳了 148

孕妈妈：能分泌初乳了 148

生活保健 149

缓解疲劳困乏，保持充足的体力 149

做做有氧操，一扫烦躁的情绪 150

营养课堂 151
肥胖孕妈妈该怎么吃 151
胃口变大了，但要注意克制 151
* 黑豆紫米粥　缓解疲劳 152
* 百合芦笋汤　清心安神，缓解疲劳 152
胎教课堂 153
美育胎教：和胎宝宝一起感受大自然的美好 153

第 16 周 154
胎宝宝：我会打嗝了 154
孕妈妈：感觉到轻微的胎动 154
生活保健 155
第一次胎动时的感觉是怎么样的 155
预防胎动异常的方法 155
胎心监护仪有必要买吗 156
不同月份的胎动表现 156
营养课堂 158
节日聚餐中西餐吃法有讲究 158
孕妈妈赴宴须知 159
* 芹菜炒鸭血　排毒、补血 160
* 红米排骨汤　补血又补钙 160
胎教课堂 161
音乐胎教：听着《摇篮曲》，胎宝宝做个香甜的梦 161
产检课堂 162
孕 15~20 周，要做唐氏筛查 162
做唐氏筛查的注意事项 163
哪些孕妈妈需要做羊膜腔穿刺检查 163
孕妈妈也可以做无创 DNA 产前检测 163

第 17 周 164
胎宝宝：我已长到一个香瓜大小了 164
孕妈妈：韧带疼痛，应保持平和心态 164
生活保健 165
缓解背部和肩部疼痛的运动 165
防治孕期脱发的小妙招 166
营养课堂 167
不爱吃蔬菜的孕妈妈怎么办 167
不爱吃蛋的孕妈妈怎么办 167
不爱吃肉的孕妈妈怎么办 167
* 蔬菜饼　促进食物消化 168
* 白菜粉丝汤　促进肠胃蠕动 168

胎教课堂 169
抚摸胎教前的准备工作 169
抚摸胎教的方法 169
哪些情况下不宜进行抚摸胎教 169

第18周 170
胎宝宝：我的生殖器官能看清楚了 170
孕妈妈：鼻塞、鼻黏膜充血和出血，不必过于担心 170
生活保健 171
孕期鼻出血，多是孕激素增加导致的 171
隐形眼镜可以收起来了 171
和准爸安排一次小小的旅行吧 172
营养课堂 173
合理安排饮食，预防肥胖 173
多食用“完整食物”，营养更均衡 173
饮食预防鼻出血 173
*鲜奶玉米汤 提高钙质吸收 174
*竹笋炒鸡丝 增强免疫力 174
胎教课堂 175
情绪胎教：绣绣十字绣让孕妈妈心情平静 175

第19周 176
胎宝宝：我已长到一个小番木瓜大小了 176
孕妈妈：下肢出现轻微水肿 176
生活保健 177
什么是孕期水肿 177
预防和缓解孕期水肿，过来人有哪些小方法 177
进出厨房的注意事项 178
营养课堂 179
这样吃可缓解水肿 179
孕妇饮食请用植物油 179
*芸豆卷 开胃、利水消肿 180
*红烧冬瓜 缓解水肿 180
胎教课堂 181
音乐胎教：学唱中英文对照歌曲《雪绒花》，有利于胎宝宝的英语启蒙 181

第20周 182
胎宝宝：我的骨骼发育开始加快 182
孕妈妈：腰痛、失眠来叨扰 182
生活保健 183
孕期散步，好处多 183
什么是孕期失眠 184
对付孕期失眠，过来人有哪些小妙招 184
营养课堂 185
喝杯温牛奶助眠 185
吃些助睡眠的食物 185
忌长期采用高脂肪饮食 185
*牛奶小米粥 开胃安眠 186
*红枣山药粥 静心安神 186

胎教课堂 187
情绪胎教：冥想让孕妈妈心绪安宁 187

第 21 周 188
胎宝宝：我能听到妈妈的声音了 188
孕妈妈：稍微动一动呼吸就会变得急促 188
生活保健 189
孕期乳房护理 189
乳房按摩操，增加产后的泌乳功能 190
孕期乳房疼痛，过来人有哪些小妙招 190
营养课堂 191
多吃促进乳房发育的食物 191
适当摄取胆碱含量高的食物 191
* 番茄枸杞玉米 促进乳腺通畅 192
* 芋头猪骨粥 缓解乳房疼痛 192
胎教课堂 193
语言胎教：读读《致橡树》，传递积极、乐观、健康的生活态度 193
情绪胎教：五子棋，准爸妈的快乐游戏 193
产检课堂 194
孕 21~24 周，需要做 B 超，进行大排畸 194

第 22 周 195
胎宝宝：我的大脑又到了一个快速成长期 195
孕妈妈：体重增长加速 195
生活保健 196
孕妈妈洗脸洗头有讲究 196
睡会儿午觉，精神好 196
孕期多汗，其实是身体自我保护性的表现 197
住高楼的孕妈要注意增加运动量 197
生活保健 198
补充卵磷脂，保护胎宝宝脑细胞正常发育 198
补充牛磺酸，促进视网膜发育 198
* 琥珀核桃 促进胎宝宝脑部发育 199
* 番茄炒鸡蛋 健脑益智 199
胎教课堂 200
美育胎教：看着漂亮宝宝的图片，放松心情 200

第 23 周 201
胎宝宝：我会用踢踹动作回应爸爸妈妈了 201
孕妈妈：肠蠕动减慢 201
生活保健 202
什么是孕期便秘 202
缓解孕期便秘，过来人有哪些小方法 202
孕妈妈正确躺卧和起身的姿势 203
孕妈妈的站姿 203
孕妈妈的坐姿 203
营养课堂 204
饮食缓解孕期便秘 204
多吃促进排便的食物 204
* 油菜土豆粥 缓解孕期便秘 205
* 红薯牛奶汁 润肠通便 205

胎教课堂 206

折千纸鹤的手工课堂 206

第 24 周 207

胎宝宝：我的味蕾开始发挥作用了 207

孕妈妈：要做好乳房护理 207

生活保健 208

什么是妊娠期糖尿病 208

哪些人容易得妊娠糖尿病 208

“糖”妈妈的应对策略 208

孕期游泳，好处多 209

乳房分泌少量液体是正常现象 209

营养课堂 210

忌过分吃甜食，避免引起血糖波动 210

灵活加餐，不让血糖大起大落 210

降低食物生糖指数的烹调方法 211

* 小窝头　延缓餐后血糖上升 212

* 荞麦双味菜卷　平稳血糖 212

胎教课堂 213

美育胎教：打造优美的居室环境，放松心情 213

产检课堂 214

孕 24~28 周，需要做妊娠糖尿病筛查了 214

第 25 周 215

胎宝宝：我皱巴巴的皮肤开始舒展开了 215

孕妈妈：可能遭遇静脉曲张 215

生活保健 216

什么是静脉曲张 216

缓解和预防静脉曲张，过来人有哪些小方法 216

孕妈妈出门要有家人陪同 217

孕中期普拉提运动 217

营养课堂 218

调节饮食，缓解静脉曲张 218

补充 B 族维生素，缓解孕期紧张情绪 218

* 小米花生粥　补脑益智 219

* 清炒鳝鱼　补充 DHA 和卵磷脂 219

胎教课堂 220

情绪胎教：准爸爸讲笑话，孕妈妈心情好 220

第 26 周 221

胎宝宝：我开始迅速增重 221

孕妈妈：遭遇了坏情绪 221

生活保健 222

过来人教你缓解这些孕期疼痛 222

养胎不必整天卧床休息 222

什么是高危妊娠 223

出现高危妊娠该怎么做 223

孕妈妈切忌过度情绪化 223

营养课堂 224

孕妈妈食用鱼肝油要适量 224

吃些苦味食物，降降火 224

* 番茄口蘑汤　富含多种维生素 225

* 蒜蓉苦瓜　清热降火 225

胎教课堂 226

情绪胎教：准爸爸朗诵古诗，陶冶胎宝宝的情操 226

第 27 周 227

胎宝宝：我正式开始练习呼吸动作 227

孕妈妈：出现频繁地胎动 227

生活保健 228

什么情况下会出现腿抽筋 228

应对腿抽筋，过来人有哪些小方法 229

营养课堂 230

多食富含钙的食物，坚固胎宝宝的骨骼和牙齿 230

怎样让钙质的吸收利用达到最大 230

* 燕麦南瓜粥　促进肠胃蠕动 231

* 黄豆排骨蔬菜汤　补充蛋白质 231

胎教课堂 232

美育胎教：剪只漂亮的蝴蝶，让胎宝宝感受艺术美 232

第 28 周 233

胎宝宝：吸吮大拇指，做着香甜的美梦 233

孕妈妈：各种不适齐上阵，更加难受了 233

生活保健 234

职场工间操，放松全身 234

哪些情况需要使用托腹带 235

营养课堂 236

孕妈妈吃鱼有讲究 236

吃些含硒的食物，维持孕妈妈心脏功能正常 236

* 小米红豆粥　补血安神 237

* 猪肝番茄豌豆羹　补肝养血 237

胎教课堂 238

语言胎教：欣赏王维诗三首，感受“诗中有画，画中有诗”的意境 238

孕晚期（29~40 周）
有条不紊，等待天使的诞生

孕晚期（29~40 周）

母婴体重增长规律 240

增长迅速的孕晚期 240

孕晚期产检早知道 240

孕晚期孕妈妈 VS 胎宝宝变化轨迹 241

29~32 周孕妈妈 VS 胎宝宝的变化 241

33~36 周孕妈妈 VS 胎宝宝的变化 242

37~40 周孕妈妈 VS 胎宝宝的变化 243

孕晚期每日饮食推荐 244

第 29 周 246

胎宝宝：我会眨眼了 246

孕妈妈：出现不规则宫缩 246

生活保健 247

孕晚期普拉提运动 247

胎膜早破要冷静处理 248

腹部瘙痒，也不用太急 248

身体笨拙了，做不到的事儿不要勉强 248

营养课堂 249

孕晚期饮食宜忌 249

孕晚期关键营养素 250

* 小米黄豆粥　缓解孕晚期便秘 251

* 葱香花卷　提供充足热量 251

胎教课堂 252

情绪胎教：脑筋急转弯，让孕期多点快乐 252

第 30 周 253

胎宝宝：我开始告别皱巴巴的外形 253

孕妈妈：身子更沉了，呼吸更困难了 253

生活保健 254

什么是妊娠期高血压疾病 254

哪些人容易得妊娠期高血压疾病 254

高血压孕妈妈的应对策略 254

预防早产 254

营养课堂 256

调整饮食，预防和缓解妊娠期高血压疾病 256

食物品种多样化 257

* 洋葱炒鸡蛋　降低血管外周压力 258

* 海带黄豆粥　抑制血压升高 258

胎教课堂 259

美育胎教：孕妈妈学插花，装扮温馨居室 259

产检课堂 260

孕 29~30 周，需要做妊娠期高血压疾病筛查 260

第 31 周 261

胎宝宝：我的胳膊和腿变得丰满了 261

孕妈妈：孕期不适又来了 261

生活保健 262

什么是孕期痔疮 262

缓解孕期痔疮，过来人有哪些小方法 262

战胜分娩的恐惧感 263

营养课堂 264
吃些缓解痔疮的食物 264
可适量喝点淡绿茶 264
* 花生南瓜汤 有利于顺产 265
* 家常茄子 预防早产 265
胎教课堂 266
音乐胎教：听《梦幻曲》，忆童年 266

第 32 周 267
胎宝宝：我看起来更像一个婴儿了 267
孕妈妈：疲劳、行动不便、胃部不适…… 267
生活保健 268
什么是孕期胃灼热 268
预防和缓解胃灼热，过来人有哪些建议 268
身体允许，此时职场孕妈还可坚持上班的 268
臀位胎儿如何纠正 269
如何应对仰卧位综合征 269
早产征兆和假宫缩的区别 269
营养课堂 270
补充亚油酸，促进胎宝宝大脑的发育 270
补充铜元素能预防早产 270
* 清炖鲫鱼 预防早产 271
* 滑炒豆腐 清洁肠胃 271
胎教课堂 272
音乐胎教：听《蓝色多瑙河》，体会风景如画 272

第 33 周 273
胎宝宝：我的外生殖器发育完成 273
孕妈妈：尿频、腰背痛等不适再度加重 273
生活保健 274
为什么会出现尿频、漏尿 274
尿频、漏尿的应对策略 274
是时候准备一下待产包了 275
准爸爸，随时在家待命吧 275
营养课堂 276
牛奶是补充钙质的最佳来源 276
不爱喝牛奶的孕妈妈怎么办 276
* 南瓜牛奶大米粥 补充钙质 277
* 金针肥牛 补充优质蛋白质 277
胎教课堂 278
情绪胎教：欣赏诗歌《吉檀迦利》(节选)，感受自然的美好 278
产检课堂 279
孕 33~34 周，通过 B 超评估胎宝宝多大 279

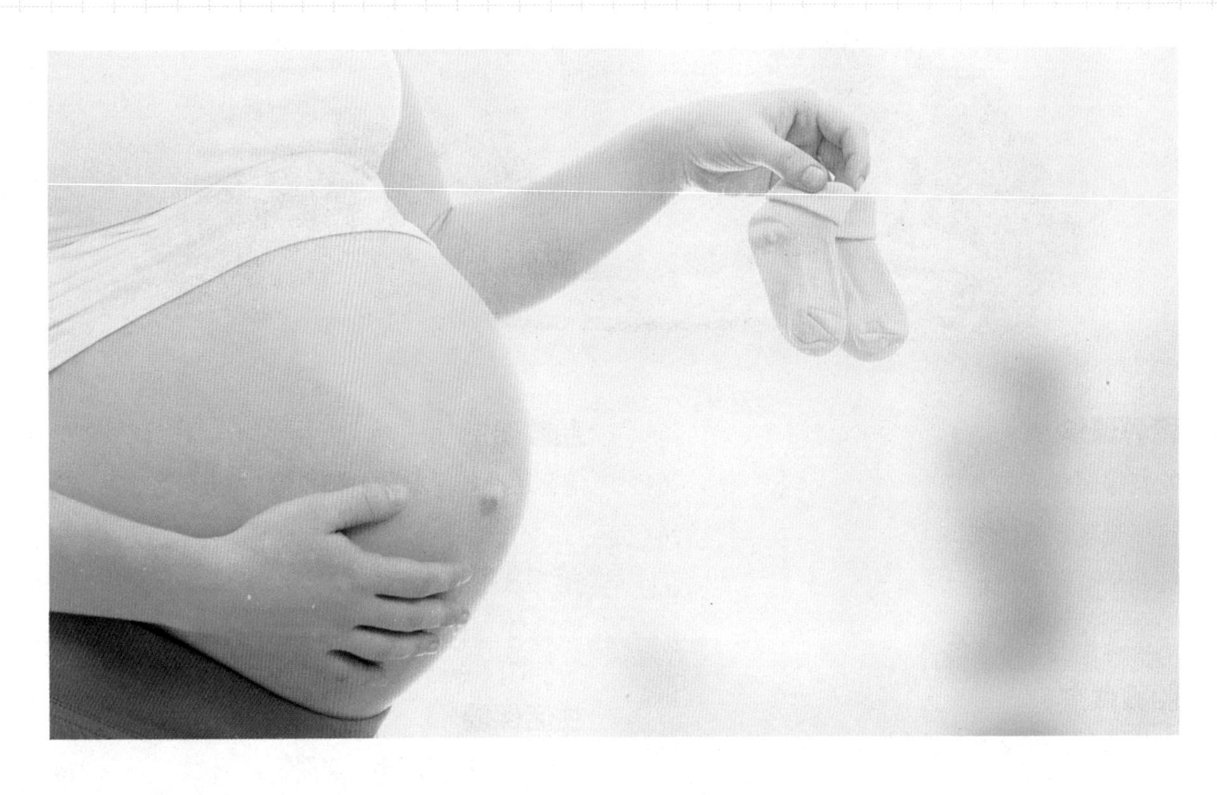

第 34 周 280

胎宝宝：我在快速“发福”着 280

孕妈妈：水肿更厉害了 280

生活保健 281

会阴侧切没那么可怕 281

做一做分娩热身操，有助于顺产 281

营养课堂 284

补充维生素 K，预防产后大出血 284

吃牛肉补益强身 284

* 小米粥　养血、安神 285

* 蒜蓉空心菜　调整肠胃功能 285

胎教课堂 286

情绪胎教：欣赏散文《雨》，享受和宝宝的亲密接触 286

第 35 周 287

胎宝宝：我的肺部基本发育完成 287

孕妈妈：腹坠腰酸，行动更为艰难 287

生活保健 288

了解待产中的意外情况，为分娩多一份保险 288

自然分娩还是剖宫产，已经可以确定了 289

提前安排好坐月子时的看护工作 289

营养课堂 290

吃些清淡、易消化的食物 290

补充维生素 C，可降低分娩危险 290

* 金橘菠菜豆浆　补充维生素 C 291

* 青菜虾仁粥　增强免疫力 291

胎教课堂 292
情绪胎教：认识“爱”这个字，感受孕妈妈对胎宝宝无限的爱 292
产检课堂 293
孕35~36周，决定分娩方式 293

第36周 294
胎宝宝：我身上的绒毛和胎脂开始脱落 294
孕妈妈：体重已达到峰值 294
生活保健 295
关于无痛分娩，听听专家怎么说 295
练练缩紧阴道的分腿助产运动 296
科学的分娩姿势，缩短产程 297
营养课堂 298
吃些缓解产前焦虑的食物 298
多吃膳食纤维防止便秘，促进肠道蠕动 298
* 莲子大米粥 静心安神 299
* 芒果蜂蜜牛奶饮 缓和烦躁情绪 299
胎教课堂 300
情绪胎教：认识“父”“母”，感受家人之间的亲情 300

第37周 301
胎宝宝：我是足月儿了 301
孕妈妈：身体更加沉重，胃口似乎好起来 301
生活保健 302
了解临产征兆，不再手忙脚乱 302
哪些特殊情况，需要提前住院 302
不要进行坐浴，避免感染 303
分娩前要保证充足的休息 303
分娩前排净大小便很重要 303
分娩时禁止大声喊叫 303
营养课堂 304
多吃高锌食物有助于自然分娩 304
孕晚期正常饮食即可 304
* 雪菜炒蚕豆 促进消化 305
* 松仁玉米 缓解疲劳 305
胎教课堂 306
音乐胎教：欣赏《小夜曲》，让孕妈妈心情愉悦 306
产检课堂 307
孕37周，检测胎动、胎心率 307

第 38 周 308

胎宝宝：临近出生，我加紧练习各种动作 308

孕妈妈：仍感觉不适，对分娩有焦虑 308

生活保健 309

提前了解三大产程，做到心里有数 309

本月尚未入盆，应该多运动 310

远离临产七忌，安心待产 311

营养课堂 312

待产期间适当进食 312

第一产程：半流质食物 312

第二产程：流质食物 312

*香菇胡萝卜鸡蛋面 促进消化 313

*香椿拌豆腐 消除水肿 313

胎教课堂 314

语言胎教：读读《荷叶母亲》，感受母爱的伟大 314

产检课堂 315

孕 38~42 周，每周一次产检 315

第 39 周 317

胎宝宝：这时候我安静了许多 317

孕妈妈：为了宝宝，要吃好睡好 317

生活保健 318

拉梅兹呼吸法，加速产程 318

分娩巧用力，有利于缩短产程 320

营养课堂 321

剖宫产孕妈妈手术当天不要进食 321

剖宫产前不宜吃的食物 321

*皮蛋瘦肉粥 消除疲劳 322

*羊肉丸子萝卜 滋补身体 322

胎教课堂 323

语言胎教：绕口令：小柳和小妮，增强胎宝宝对语言的敏感 323

情绪胎教：欣赏《向日葵》，感受光明和希望 323

第 40 周 324

胎宝宝：我随时都会来“报到” 324

孕妈妈：日夜守候，只为那一刻 324

生活保健 325

缓解分娩痛苦的放松法 325

高龄初产妇必须剖宫产吗 326

待产房与产房的区别 326

过了预产期的应对策略 326

营养课堂 327

分娩能量棒和电解质补水液，提供能量 327

喝些蜂蜜水，可缩短产程 327

*肉末豆角手擀面 补充体力 328

*番茄苹果汁 增强食欲 328

胎教课堂 329

运动胎教：腹式呼吸给胎宝宝输送新鲜氧气 329

情绪胎教：小天使如约而至 329

附录 1： **孕期产检速查** 330

附录 2： **孕期安全用药指导** 331

附录 3： **母乳喂养姿势与技巧** 332

PART 1

安心备孕，等待“幸孕”敲门

要想顺利升级为准爸爸妈妈，就要保证良好作息、健康饮食、适当运动等全面调养身体，为孕育一个健康、聪明的宝宝打下良好的基础。

孕前基础知识课堂

各司其职的生殖器官

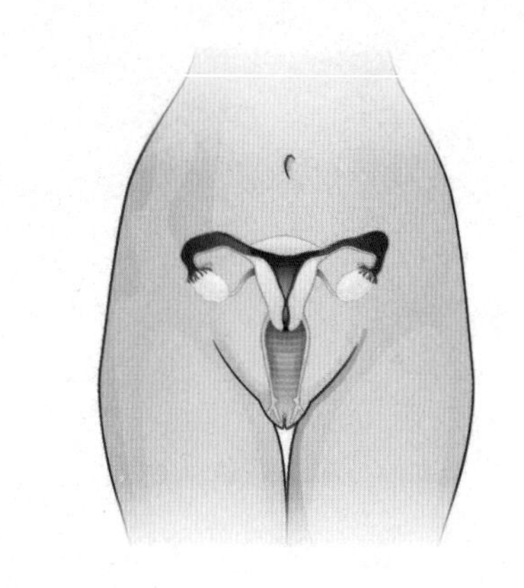

● 子宫：孕育胎宝宝的“家”

子宫是孕育胎宝宝的器官，位于骨盆腔中央，是一个空腔，像一个倒着放的鸭梨，由子宫底、子宫体、子宫峡部、子宫颈组成。宫腔上端两侧连通输卵管。女性受孕成功后，受精卵会一边发育一边移到宫腔内，进而植入子宫内膜，安营扎寨。而子宫内膜会为受精卵提供丰富的营养，所以受精卵发育顺利的话，就会在这里发育成胎宝宝。

● 卵巢：卵子的贴心“管家”

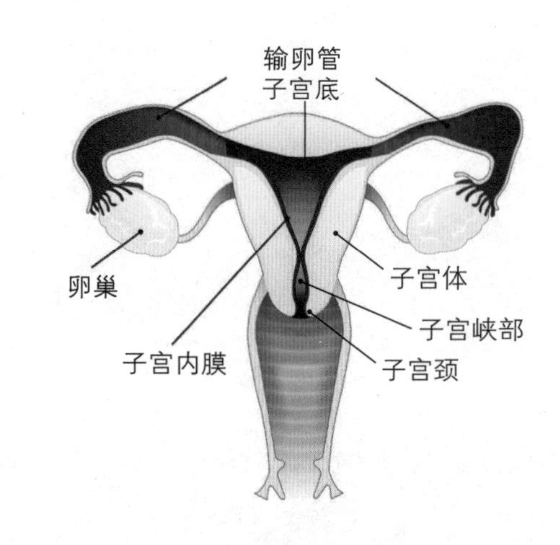

卵巢是一对椭圆形的生殖腺，坐落在子宫两侧，输卵管后下方。卵巢中生长着成千上万的卵泡，而卵子就待着卵泡中，所以卵巢是孕育生命的小仓库。

卵巢肩负着产生卵子、排卵的重大作用。从青春期开始，卵巢在垂体周期性分泌的促性腺激素的影响下，每隔28天左右就有1个卵泡发育成熟并排出1个卵子，当卵子离开卵巢后，会移动到输卵管，和精子汇合，形成受精卵。

● 卵子：妈妈携带的生命种子

卵子被包裹在原始卵泡中，在促性腺激素的影响下，每个月只有1个卵泡发育成熟并排出卵子。其实，具备成熟条件的卵泡并非只有1个，但只有1个卵子被排出，而其余成熟的卵泡都将退化。而被排出的1个卵子的寿命一般是24小时左右，然后与精子相遇并受精。

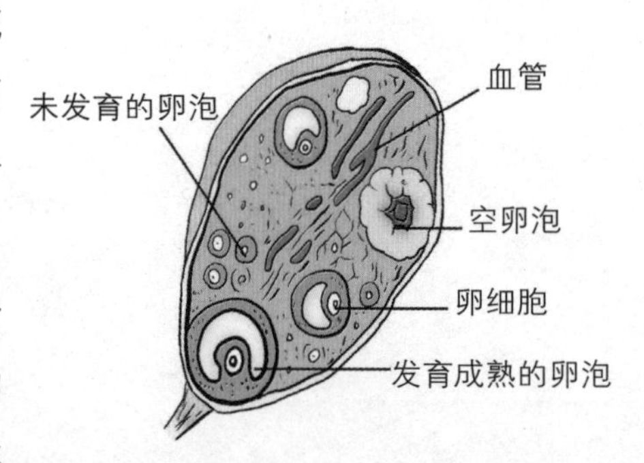

如果失去这次受精的机会，就要等到1个月后另一个卵泡成熟并排出卵子，再次和精子相遇受精，重复同样的过程，直到受精成功。左右卵巢交替排卵，女人一生中排

卵 400 余个。少数情况下同时排出 2 个或多个卵子，这时如果和精子相遇成功，就会出现双胞胎或多胞胎。

输卵管：卵子和精子“约会”的地方

输卵管是一对细长而弯曲的肌性管道，全程 7~14 厘米，位于子宫底的外侧。当卵巢排出卵子时，输卵管会把卵子拾起来，然后等待精子前来，精子和卵子“约会”成功后，受精卵开始向宫腔内进行发育。

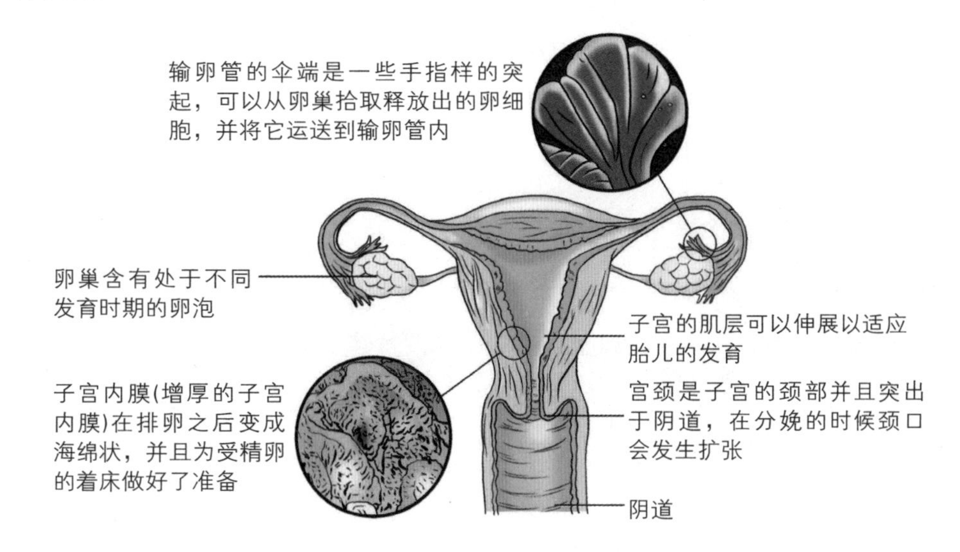

睾丸：制造精子的工厂

阴茎和阴囊是男性外生殖器的两部分，阴囊内有两个睾丸，睾丸是精子生成的场所。男性从青春期开始，两个睾丸就会以大约每天 1 亿个的速度不断产生精子，而这些精子肩负着传宗接代的重任。

要想“造人”成功，男性睾丸的健康至关重要。睾丸的温度维持在 35℃才能持续、高效地生成精子。当男性体温过低时，可以通过阴囊的收缩，使睾丸贴紧身体，从而在一定范围内使睾丸维持合适的温度，因此，低温的影响相对较小。一般来说，高温作业的工人或长时间穿着紧身内裤的男性，其精子的生成都会受到影响，这是由于他们的阴囊无法散热，温度过高所引起的。

附睾：精子成熟的地方

附睾是由无数曲折、细小的管子构成的器官，全长 4~5 米。它一边连接输精管，一边连接睾丸。当精子离开睾丸后，就会移动到附睾中继续生长成熟。附睾管除了能贮存精子外，还能分泌附睾液，如某些激素、酶和特异的营养物质，这些物质有利于精子的成熟。

● 精子：爸爸携带的生命种子

精子在睾丸内生成后，转移到附睾中进入成熟阶段，然后储存在精囊内，射精时进入子宫。每次射精时，一般会有2亿个左右精子射出，但受精的只有1个，其余精子在移动到输卵管过程中逐渐被淘汰。一般来说，精子的寿命最多72小时，如果历经艰难到达输卵管时，没有卵子排出，就不能受精，然后被白细胞吞噬。

● 输精管：运送精子的通道

输精管是一对全长约40厘米的弯曲细管，与输尿管并行，负责将精子从附睾中运送到尿道，输精管也会储存一部分成熟的精子。输精管在去甲肾上腺素作用下，进行节律性收缩，从而将精子从输精管中射出，完成整个射精。

受精卵着床，生命由此开始

受精卵一开始只是附着在子宫内膜上，慢慢地，受精卵会在内膜上溶出一个缺口，并植入这个缺口，这就是受精卵着床。与此同时，子宫内膜也做好了一切准备，让受精卵像种子在土壤里生根一样，长出根来，就是绒毛，绒毛很少，扎入很浅，但随着一天天的生长，绒毛会越来越密、越来越深地长进去，直到长入子宫肌体。这时，有些孕妈妈会感到腹部很不舒服，有隐痛感。受精卵与母体牢固地结合在一起，必须等到绒毛长好为止，这个过程大约需要持续2个月，因此孕早期的3个月很关键。孕妈妈要慎之又慎，一定要注意保持心态平和、平衡膳食、适度运动、及时进行产检，避免因患病导致受精卵着床失败。

胎盘：滋养胎宝宝的源泉

胎盘是胎宝宝向母体索取生长发育所需营养物质的重要器官。也就是说，胎宝宝在子宫内成长的10个月中所需要的营养物质都是通过胎盘提供的，而胎宝宝也将自己的代谢废物通过胎盘传递给妈妈，再由妈妈的代谢系统排出体外。女性分娩后，胎盘会随胎宝宝娩出而完成自己的使命。

脐带：妈妈和胎宝宝血脉相连的象征

脐带是连接胎宝宝和胎盘的管状结构，肩负着母体和胎宝宝血液间进行二氧化碳和氧气的交换，也进行代谢废物和营养物质的交换。脐动脉将胎宝宝排出的废物运送到胎盘，最后由子宫静脉将胎宝宝排出的代谢废物运走。而脐静脉将氧气和营养物质从胎盘输送给胎宝宝。所以脐带的作用非常重要。

羊水：胎宝宝的保护膜

孕周	羊水量
孕12周	羊水约50毫升
孕20周	增加为500毫升左右
孕38周	达到最大量1000毫升左右
足月	又减少到800毫升左右

羊水是指怀孕时子宫羊膜腔内的液体。它是胎宝宝在子宫内的安全护垫，并且孕育着胎宝宝生长发育。在整个怀孕过程中，它是维持胎宝宝生命所不可缺少的重要物质。

正常妊娠时，羊水并不是一成不变的，它会随着孕周的增加而逐渐增多。另外，胎宝宝吞食羊水和排尿也能够调节羊水的量和成分。

总之，羊水具有保护胎宝宝免受外界冲击、保持胎宝宝恒温、调节胎宝宝的体液平衡、检测胎宝宝在宫内的情况等作用。

生男生女的秘密

在精子和卵子不期而遇结合为受精卵的那一瞬间，宝宝的性别就已经被决定了，起关键作用的是性染色体。在人类的生殖细胞中，有 23 对染色体，其中 22 对为常染色体，1 对为性染色体，女性为 XX，男性为 XY。受精时精卵的结合是随机的，机会均等，亦即生男生女概率各占一半。

受精时，若含 X 性染色体的精子与卵子结合，受精卵为 XX 型，发育为女宝宝；若含 Y 性染色体的精子与卵子结合，受精卵为 XY 型，发育成男宝宝，因此，胎宝宝的性别完全由男性的精子决定。

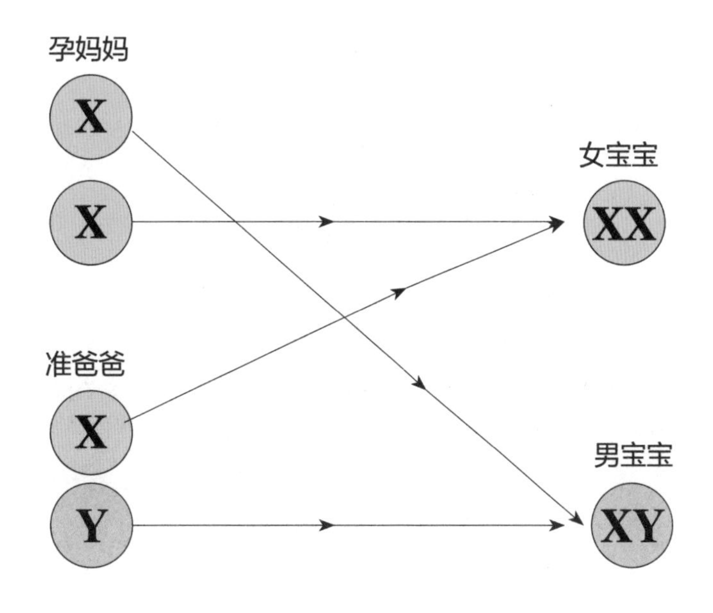

神奇的遗传密码

宝宝长得更像谁？是爸爸还是妈妈？这由什么决定的？很多准爸爸妈妈都带着这个疑问憧憬过了 10 个月的漫漫孕途。当宝宝降生后，周围人恐怕也把最为关注的目光投向这个话题上。甚至有父母不解：怎么孩子没有继承我的大眼睛、双眼皮呢？如此等等，其实，这主要归结为遗传的概率。

接近百分百的“绝对”遗传

肤色	父母皮肤都比较黑，绝对不会有白嫩肌肤的子女；如果一方白、一方黑，那么，会“平均”后给子女一个“中性”
下颚	下颚形状属于明显的显性遗传。如果父母有一方的下巴是突出的，子女很可能具备这种外貌特征
双眼皮	父亲的双眼皮几乎100%会遗传给子女。另外，大眼睛、大耳垂、长睫毛都是五官遗传时从父母那里得到的特征遗传

50%以上概率的遗传

身高	子女身高中的35%来自父亲的遗传，35%来自妈妈的遗传，其余30%来自后天环境的影响。所以，若父母中有一方个子较矮，子女也往往会偏矮
肥胖	父母双方都肥胖，其子女有53%的机会成为胖子；如果只一方肥胖，子女成为胖子的概率会下降到40%
秃头	秃头这个特征只遗传给男性。父亲秃头的话，儿子秃头的概率为50%，就连外公秃头，外孙秃头的概率也有25%

有遗传但概率不高

少白头	这是概率比较低的隐性遗传。所以，不用过分担心父母的少白头会在子女的头顶上“如法炮制”

遗传但后天可改善

声音	一般来说，男孩的声音大小和高低像父亲，而女孩则像妈妈。但是，这种由父母遗传的音质如果不悦耳，多数可通过后天发音训练得到改善
萝卜腿	酷似父母的那双脂肪堆积的腿，完全可以通过健美运动而塑造成修长、健壮的腿。但是，如果因遗传而显得过长或过短时，就无法再改变，只能任其自然发展

血型的遗传

血型是有遗传规律的，父母的血型是可以遗传给子女的，这也是我们习惯将亲情关系称之为“血缘关系”的原因。人类的血型系统中最常见的是“ABO 血型系统”和“Rh 血型系统”。

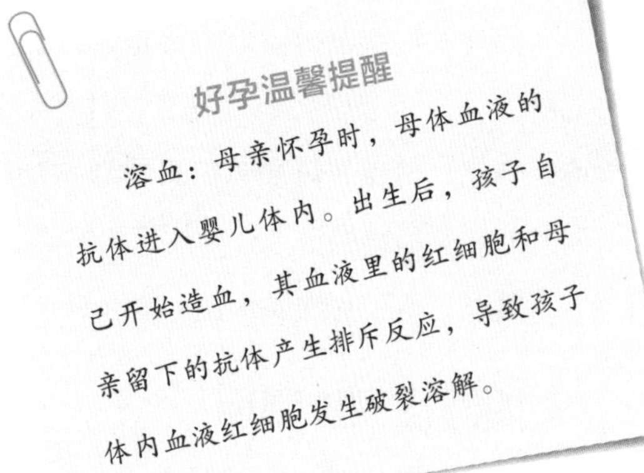

● ABO血型

ABO 血型是按照人类血液中的抗原、抗体所组成血型的不同而分为 A 型、B 型、AB 型、O 型，其中 O 型血比较常见，被誉为“万能捐血者”，AB 型是“万能受血者”。

ABO血型系统遗传规律表

父母血型	O+O	O+A	O+B	O+AB	A+A	A+B	A+AB	B+B	B+AB	AB+AB
子女血型	O	A、O	O、B	A、B	A、O	AB、A、B、O	A、B、AB	B、O	A、B、AB	A、B、AB

● Rh血型

恒河因子 Rh 是恒河猴（Rhesus）外文名称的头两个字母，是血液中另一主要特点，也被读作 Rh 抗原、Rh 因子。兰德斯坦纳等科学家在 1940 年做动物实验时，发现恒河猴和多数人体内的红细胞上存在 Rh 血型的抗原物质，故而命名。Rh 是由第一对染色体上一对有 2 个等位的基因所控制。Rh+，称作“Rh 显性”，表示人体红细胞有“Rh 因子”；Rh−，称作“Rh 阴性”，表示人体红细胞没有“Rh 因子”。

ABO 血型中配合 Rh 因子是非常重要的，错配（Rh+ 的血捐给 Rh− 的人）会导致溶血。不过 Rh+ 的人接受 Rh− 的血是没有任何问题的。

Rh血型系统遗传规律表

父母Rh血型	Rh+、Rh+	Rh+、Rh-	Rh-、Rh-
子女血型	Rh+	Rh+	Rh-

安全期并非绝对安全

安全期是指通过推算排卵期，且在排卵期内停止性生活的一种生理避孕法，被很多人认为是“天然避孕法”，但事实上，安全期避孕并非最安全的。

因为女性推测排卵期主要是通过基础体温、排卵试纸、B 超监测、月经周期、宫颈黏液变化五种方法，但它们各有优缺点，往往导致排卵期推测出现失误。此外，推测女性排卵期还受环境、情绪、健康、体质等因素的影响，使排卵期提前或者延后等情况出现，导致女性意外怀孕。而意外怀孕所得的宝宝，可能因为夫妻的生活、饮食等不注意，导致胎宝宝畸形的概率增大。

所以，备孕女性要想生一个健康、聪明的宝宝，就要有计划的怀孕，尽量避免安全期怀孕。

如何推测排卵期

● 基础体温测排卵期，生活规律的女性不妨试试

基础体温测量法是根据女性在月经周期中基础体温呈周期性变化的规律来推测排卵期的方法。一般情况下，女性排卵前为卵泡期，卵巢会分泌雌激素，基础体温大多在 36.6℃以下，以排卵日体温最低。排卵后残存的卵细胞形成黄体，并逐渐成熟，基础体温上升 0.3~0.5℃，持续 14 天，从排卵前 3 天到排卵后 3 天这段时间是容易受孕期，可作为受孕计划的参考。

测量基础体温的方法

1. 准备基础体温表格。备孕女性可以在网上下载，也可以自己动手画一个基础体温表格。这个表格其实就是一个折线统计图，横轴坐标表示日期，纵轴坐标表示当天所测得的基础体温，然后把每天的体温连接起来就形成了基础体温趋势曲线，这样备孕女性就能很直观地了解自己的基础体温变化，从而找到最佳受孕时机。

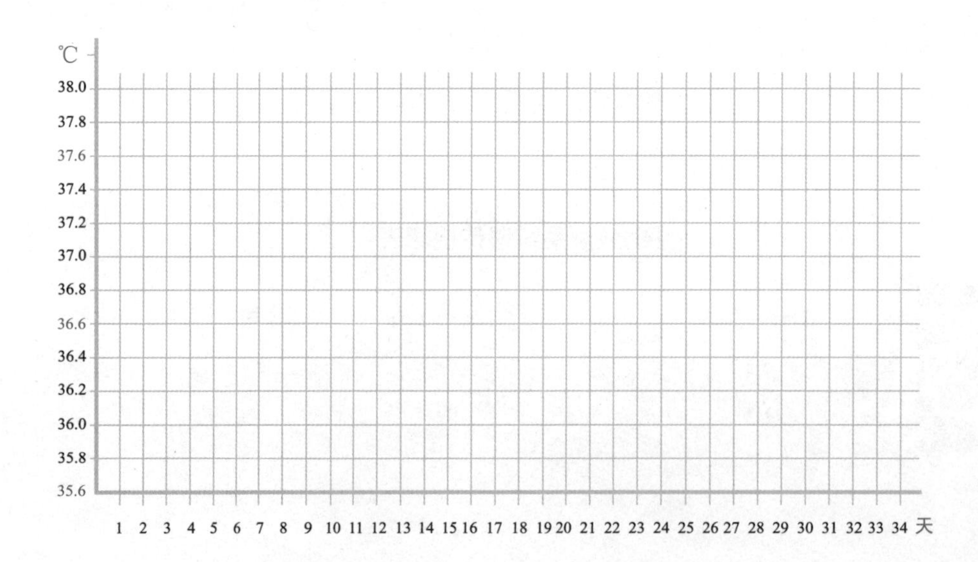

2. 睡前将基础体温计放在方便拿取的地方。基础体温计不同于普通的水银体温计，它的精度较高，一般用更安全的电子体温计。为了保证睡醒后第一时间内测量体温，备孕女性前天晚上将基础体温计放在床边容易拿取、夜里翻身不会碰到的地方，注意体温计周围不能有热源。

3. 睡醒后不要活动。备孕女性睡醒后不要翻身、伸懒腰、上厕所等，因为这些活动可能会导致体温上升。应该将基础体温计放入舌下静卧 5 分钟。

4. 及时记录数据。备孕女性每天要把测出来的数据及时记入到表格中，做成曲线图，找出排卵日。

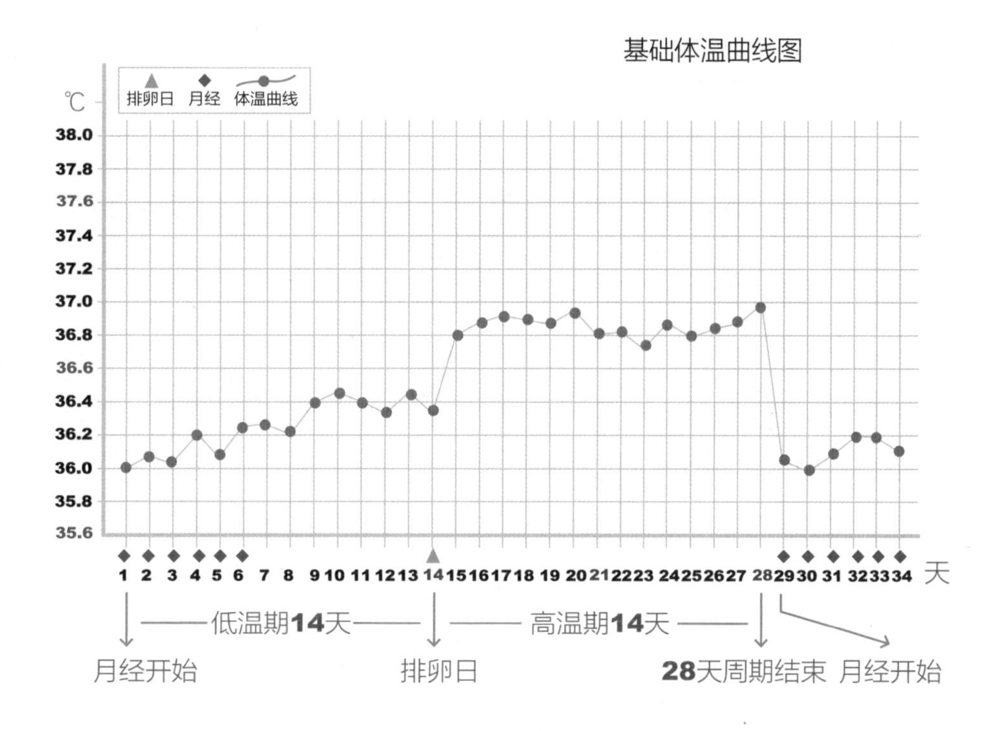

从上述图中，我们可以发现月经周期基础体温呈双向型，即月经前半期体温偏低，后半期体温偏高。发育成熟的女性，从月经期结束以后至排卵期开始前，其基础体温偏低，排卵期开始时基础体温降到较低点（有的人不降低），但仅为 1 天，此后至下一次月经开始前，体温持续升高至 36.7℃左右。在排卵前 3 天、排卵日和排卵后体温上升的第 3 天同房，能大大提高受孕率。

好孕温馨提醒

对于生活不规律、常上夜班的女性，不建议用基础体温测排卵，因为基础体温要求在生活规律的情况下，定时、定点地测试，它只是一个间接估算排卵的方式，如果体温监测不准确就不能推算出排卵日期了。

● 排卵试纸推测排卵期，是最便利的方法

卵泡是在促卵泡成熟激素（FSH）和黄体生成素（LH）的共同作用下发育成熟的。在排卵前的 24 小时内，LH 会出现一个高峰，排卵试纸就是用来检测这个高峰的，确定排卵的时间范围。

通过月经来锁定易孕期

备孕女性首先要掌握自己的月经周期，用最短的月经周期减 18，最长的月经周期减 11 就可以得出答案，例如你的月经周期是 30~32 天，用 30 － 18=12，32 － 11=21，那么，易孕期就是 12~21 天，在这期间使用排卵试纸进行测试即可。考虑到精子和卵子的存活时间，一般将排卵日的前 3 天和后 3 天，连同排卵日在内共 7 天称为排卵期。所以，排卵期又称为易受孕期。在预计排卵前的 3 天内和排卵发生后的 3 天内发生同房最容易怀孕。

使用方法

用洁净、干燥的容器收集尿液。收集尿液的最佳时间为上午 10 点至晚上 8 点。尽量采用每天同一时刻的尿样。将测试纸有箭头标志线的一端浸入尿液中，约 3 秒钟后取出，平放 10~20 分钟，观察结果。

结果判断

阳性：在检测区（T）及控制区（C）各出现一条色带。T 线与 C 线同样深，预测 48 小时内排卵，T 线深于 C 线，预测 12~24 小时内排卵。

阴性：仅在控制区（C）出现一条色带，表明未出现黄体生成激素高峰或峰值已过。

无效：在控制区（C）未出现色带，表明检测失败或检测条无效。

注意事项

1. 每天测一次，如果发现阳性逐渐转强，就要提高检测频率了，最好每隔 4 小时测一次，尽量测到强阳性，排卵就发生在强阳转弱的时候，如果发现快速转弱，说明卵子要破壳而出了，要抓住强阳转弱的机会。

2. 收集尿液前 2 小时应减少水分摄入，因为尿样稀释后会妨碍黄体生成激素高峰值的检测。

3. 需要注意的是，不能使用晨尿进行检测。

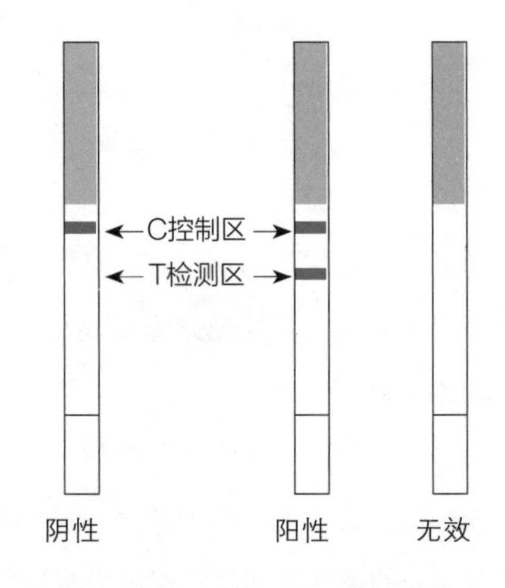

● B超监测排卵期，可以说是最准确的方法了

在目前所知的所有测排卵的方法中，B超监测排卵是最准确的，因为它不仅能测出卵巢中是否有优势卵泡，还能测出优势卵泡的大小、子宫内膜的厚度等，但不能确定卵子是否一定能排出。

如何选择B超监测的时间

在几种B超监测方式中，以阴道B超最为准确。通常第一次去做B超监测的时间可选择在月经周期的第10天，也就是说从来月经的第10天到医院去监测。

B超是如何推算出排卵日

卵泡的发育是有规律可循的。经过大量统计得出，排卵前3天卵泡的直径一般为15毫米左右，前2天为18毫米左右，前1天达到20.5毫米左右。这样便可以通过B超监测卵泡的大小来推算出排卵日了。

● 怎样通过宫颈黏液变化来推测排卵日

通过宫颈黏液变化来推测排卵日是由澳大利亚的比林斯医生研究所得，主要是根据宫颈黏液分泌的理化性质改变来观察排卵发生时间的一种方法。

宫颈黏液的周期性变化

宫颈黏液由子宫颈管里的特殊细胞所产生，随着排卵情况和月经周期的变化，其分泌量和性状也跟着发生周期性变化。

平日，白带呈混浊黏稠状，量也不多。但是在月经中期接近排卵日时，宫颈内膜腺体细胞分泌功能趋于旺盛，白带明显增多，呈蛋清状，稀薄透明。实际上是女性为迎接精子进入子宫而铺设的红地毯。精子没有双脚，只有一条尾巴，只能靠摆动尾巴游泳前进，于是女性就在主要的通道上布满了液体，帮助精子顺利通过。所以，当你觉得分泌物明显增多，且可拉成长丝时，就要留意，排卵日马上要到了。

观察方法

1. 观察宫颈黏液，需要每天数次，一般可利用起床后、洗澡前或小便前的机会，用手指从阴道口取黏液，观察手指上黏液的外观、黏稠度并用手指做拉丝测试。

2. 重点观察黏液从黏稠变稀薄的趋势，一旦黏液能拉丝达数厘米时，就可以定为处于排卵期了。

注意事项

1. 观察宫颈黏液前，一定要将手洗干净。

2. 观察宫颈黏液的前一天晚上最好不要同房，这样观察的结果会更加准确。

3. 对宫颈黏液的观察可能需要2~3个月的练习，才能判断得比较准确。

4. 阴道内宫颈黏液的变化受多种因素影响，如阴道内严重感染、阴道冲洗、性兴奋时的阴道分泌物、同房后黏液、使用阴道内杀精子药物等。因此，观察宫颈黏液前要先排除这些因素。

5. 判定白带性状时要与各种阴道炎引起的病理性白带增多相区别，后者可呈黄脓性、块状、黄色肥皂水样，常有臭味，还可伴有外阴奇痒等症状，需要就医治疗。

6. 宫颈黏液法也适用于月经不规律的女性掌握自己的排卵期。

抓住最佳生育年龄，不当高龄产妇

女性年龄在24~29岁时，生理成熟，卵子质量高，精力充沛，容易接受孕产、育儿方面的知识。若怀孕生育，胎儿生长发育良好，产力和生殖道弹性好，分娩危险系数小，有利于自然分娩，也有孕育和抚育婴儿的精力，因此女性最佳生育年龄是24~29岁。

相比较而言，女性超过35岁时，卵巢功能减退，卵子质量和受孕能力下降，受孕后胎儿发生畸形的概率增加，流产率和难产的发生率也会随年龄增长而提高，因此，尽量不要在35岁以上受孕。

所以，为了自身和胎儿的健康，女性要抓住受孕的最佳年龄，不当高龄产妇。

好孕温馨提醒

男性生育最佳年龄段是25~35岁，因为男性的精子质量一般在30岁时达到高峰，并将在随后的5年持续产生高质量的精子，但过了35岁之后，男性体内的雄性激素开始衰减，而且精子基因突变的概率也相应地提升，精子的数量和质量都得不到保证，对孕育下一代很不利。

有最佳受孕季节吗

其实没有绝对的最佳受孕季节，什么季节受孕都很好，最重要的是夫妻双方保持愉悦的心情，相信科学，掌握基本的生理知识和必要的应用技巧，怀上一个健康、聪明的宝宝是不成问题的。

注意同房体位，让精子顺利进入子宫

好的同房体位，能保证精子射出时，尽可能地靠近女性子宫颈，达到受精的目的。要想达到这种效果，一般有2种姿势，如男上女下体位、胸膝位。尤其是男上女下体位，被认为是最佳的“受孕姿势”。

● **男上女下体位**

男上女下的同房体位是最有利于受孕的。女方弯曲双腿，把双脚放在男方肩上，这样能使阴道尽量露出，阴道的距离也可缩短，阴茎更加深入。同时，由于后阴道腔位置较低，能储存射出的精液，使其不致倒流出来。此外，还可以在女方臀部垫一个小枕头，能帮助精子游向子宫颈口，从而增加其进入子宫的可能性。男方射精后，最好等到阴茎变软后再抽出。

● **胸膝位**

女方跪着，放低胸部，并抬高臀部，采取这种体位时，阴茎固然无法深入，但阴道腔的位置降低，能储存精液。采取这种体位时，女方最好在男方射精后平躺30分钟，这样能使精子更顺畅地进入子宫。

孕前心理调整

接受即将为人母的事实

备孕女性在计划怀孕之前，就要做好即将为人母的事实，这样当宝宝到来时，就不会手忙脚乱。因为宝宝的到来往往会打乱妈妈的日常生活，甚至会波及夫妻之间的关系，所以，备孕女性要做好充分的思想准备，保持一个乐观、平和的心态，这对未来宝宝的成长是非常有好处的。

好心情，让子宫和卵子成为好客体

备孕女性保持好心情，有利于体内多种激素平衡，促进内分泌正常功能，有利于卵巢正常工作，促使高质量卵子的排出，也为生出一个健康、聪明的宝宝提供了好客体。

子宫是孕育胎宝宝的摇篮，备孕女性保持愉悦的心情，可以保持雌激素正常分泌，且发挥正常的作用，有利于保持子宫功能正常。

由上可知，备孕女性保持好心情，能让子宫和卵子成为好客体，提高受孕成功的概率。

释放压力，让身体的激素平衡

现代快节奏的生活，让备孕女性承载着巨大的生活和工作压力，容易出现失眠、抑郁等症状，导致生物钟紊乱，进而影响月经周期变化异常，使得下丘脑、脑垂体和生殖腺的正常功能受到影响，进而导致体内激素失衡，影响卵巢的功能，不能正常排卵，就很难受孕。

● 雌激素是女性的基础激素

雌激素是女性体内最重要的性激素，控制着女性的生殖系统。同时也控制着月经这个周而复始的循环过程，这一切从卵巢中由一个或几个卵泡发育开始的，随着卵泡慢慢长大，女性体内的雌激素慢慢增加，子宫内膜增生了、加厚了，这是一层种子播种必需的土壤。说得通俗一点，雌激素使得子宫内膜出现分泌期的转变，为土壤施加肥料。

如果备孕女性身体内雌激素过少，会容易身心疲惫、皱纹增加、乳房下垂、发色枯黄、面部潮热、胸闷气短、心跳加快、消化系统功能失调、腹泻或便秘、失眠健忘、烦躁不安、情绪不稳，即便是平时很温顺的女性也无法控制自己的怒火，经常莫名其妙地发脾气，敏感多疑，有时还会产生莫名的忧伤感。

如果体内雌激素过多，会使它的接收器官发生病变，造成乳腺增生、乳腺癌；子宫内膜增生、子宫癌；还有卵巢癌等。

由上可知，备孕女性体内雌激素少了不好，多了也不好，需要有一个削峰补谷的方法。而豆类食物中含有类似雌激素的物质，可以让体内雌激素保持在合理的范围内，所以备孕女性平时可以吃些豆类及豆制品等。

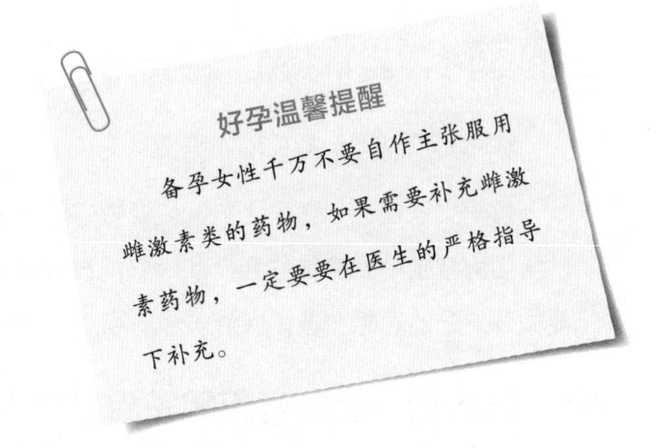

● **孕激素，怀孕不可或缺**

备孕时，由于孕激素的拮抗，避免了雌激素对子宫内膜长期刺激而出现的过度增生，使子宫内膜出现分泌期的变化，为受精卵着床建立起适宜的环境。

如果缺乏孕激素，子宫受雌激素的长期刺激，首先会有内膜过度增生的危险；其次，由于雌激素只有波动，没有规律性的撤退，子宫内膜随着它的波动而不断出现脱落和修复的现象，会引起不规则的子宫出血。所以，当女性的月经周期一旦出现紊乱，时而大量出血，时而闭经，就应该想到可能是受雌激素影响的无排卵月经了。

这时，备孕女性可以吃些富含大豆异黄酮和天然维生素 E 的成分的食物，如豆类及豆制品、各种植物油等。

生娃事业两不误

很多职场女性都会面临着生娃，还要工作的问题，其实，两者之间是不矛盾的。因为女性即使怀孕期间也可以继续工作，只要控制好工作强度和工作时间就好。

● **对工作早做安排**

为了避免怀孕后手忙脚乱，职场女性在孕前要对工作早做安排，将在休产假期间可能要做的工作逐渐交接，不要等到临请假了才突然提出，影响整个工作的进度和流程。

● **经济上要做全盘考虑**

产检、生宝宝、买衣服、补充营养等都需要费用，养育宝宝更是需要不少开销，要提前有所准备。对于买（换）房、购（换）车等计划，怀孕前办妥比较好。

● **宝宝照顾提前考虑**

将来宝宝的照顾问题，也应提早考虑。根据实际情况，可以找专职保姆、由老人照顾等。

所以，生娃做好提前准备，就不会成为职业生涯的“拦路虎”。

孕前身体调理

调养好妈妈体质，给宝宝打好健康的底子

怀孕期间，胎宝宝成长所需的营养完全来源于母体，所以，母体状况良好，营养充足，胎宝宝就会健康发育，而母体营养不足和营养过剩，可能会影响胎宝宝发育，甚至会导致流产、早产、宝宝天生体质差等问题，所以胎宝宝在母体内时，妈妈身体状态良好，会给宝宝打下健康的底子。而这里所说的母体状况良好与否，主要是指母亲体质。

体质是指一个人特有的生理特性，受先天遗传、社会环境、后天饮食、生活习惯、工作压力等多种因素影响。因此，备孕女性要想给宝宝一个营养丰富的适宜环境，那么孕前调养好体质，就变得非常重要。

● 调整生活习惯，合理饮食

备孕女性要养成健康的生活习惯，如不熬夜、不吸烟等。坚持合理的饮食，多吃蔬菜水果，肉蛋奶合理搭配，少吃烧烤、腌制等食物。平时要养成定时吃饭、细嚼慢咽的习惯。

● 保持充足的睡眠

充足的睡眠能增强机体的免疫力，消除疲劳，保持体力和精力，同时，睡眠还能加快各组织器官的自我康复，所以，备孕女性保持充足的睡眠，可以提供良好的身体。

● 每天坚持运动

运动能增强体质、愉悦心情，但要注意运动强度、运动时间等，进行科学锻炼，达到增强体质和抵抗力的作用。备孕女性可以根据自身状况、兴趣爱好，选择自己喜欢的运动，如散步、跑步、游泳等。

● 过好生理期

生理期时盆腔会充血，经血下行，血室开放，抵抗力减弱，且情绪易波动，要加强营养、注意卫生，否则会导致妇科炎症。

备孕女性跑步时，不要太快，以身体出汗为宜。

排排毒，为胎宝宝提供干净无毒的“居所”

对胎宝宝来说，妈妈的肚子是他来到这个世界的第一个临时“居所”。一般来说，胎宝宝积聚毒素的速度比成人快，且代谢速度更慢。所以，要想给胎宝宝提供一个干净无毒的居所，孕前排毒势在必行。

● 食物排毒

备孕女性应该有意识地吃些营养又排毒的食物，能够帮助身体排出体内毒素。

糙米　含有丰富的膳食纤纤维，能润肠通便，有助于排毒。

猪血　含有血浆蛋白，经胃酸和消化酶分解后，可以产生一种物质，可解毒、滑肠通便。

海带　含有褐藻胶，在肠内能形成凝胶状物质，能帮助排出体内毒素，阻止人体吸收铅、镉等重金属，还能抑制放射性元素的吸收。

蜂蜜　含有丰富的果糖，能对人体起到润肠、促进排便的作用，从而帮助人体清除肠道内的毒素。

● 运动排毒

出汗是排毒的最好方法，所以运动排毒是首选。备孕女性运动前后要多喝水，才能借助排汗、排尿来排毒。

● 按摩排毒

肝是人体的排毒工厂，能够生成新鲜血液，也能够将人体的废物排出体外，所以，备孕女性可以经常按压肝俞穴，可以起到排毒的作用。

快速取穴：两侧肩胛骨下缘的连线与脊柱相交处为第 7 胸椎，往下数 2 个突起的骨性标志，其棘突之下，旁开二横指处即是肝俞穴。用双手拇指指腹按压肝俞穴 5 秒钟后放松，重复 5 次。

过胖或过瘦都不利于受孕

备孕女性身体过胖或过瘦都会影响内分泌的正常功能，导致生殖系统异常，不利于受孕成功，还会增加宝宝发生心脏问题或缺陷的概率。

● 过胖女性要减减肥

据研究显示，备孕女性过胖会增加月经不调的发生率，进而出现无排卵、排卵延迟或排卵少等情况，不利于受孕，所以备孕女性为了自身和胎宝宝的健康，孕前应该适时地减减肥。

1. 快走。备孕女性坚持每天快走 30 分钟，有助于消耗热量，加速燃烧脂肪，有利减肥瘦身。

2. 爬楼梯。备孕女性爬楼梯时以慢速为宜，时间控制在 15~20 分钟内，每天 1~2 次。

3. 跳绳。跳绳可以随时随地进行，为一种有效的减肥方法，备孕女性可以每周进行 3~4 次即可。

● 过瘦女性要增增肥

过瘦女性的体内脂肪含量过少，容易让雌激素失去作用，还能影响脑下垂体的工作，导致卵巢不排卵，那么这时即使有卵子排出，也不可能怀孕。所以，过瘦的备孕女性要适时增加身体的脂肪含量。

综上所述，备孕女性不能太胖，也不能太瘦，否则会影响顺利怀孕，孕前应该将身体调整到最佳状态。

呵护好子宫，让宝宝住得更舒服

子宫是孕育新生命的摇篮，因此，呵护好子宫是每个女性都不可轻视的。对于正在备孕的女性来说，呵护好子宫能够助你早日怀上胎宝宝。那么，如何让子宫变得年轻而充满活力呢?

● 情绪和日常饮食要合理

医学上一般认为，子宫疾病与雌激素有着不可分割的关系。保持正常的内分泌很重要，而情绪与雌激素分泌水平有直接的关系。保持乐观开朗的心态，疾病就会少光顾你。临床上有些患者的病症能够意外消除并痊愈，也是得益于良好的心态。另一方面，辛辣食物、酒类、冰冻食品等也是备孕女性需要忌口的，应尽量坚持低脂饮食，多喝水，多注重各种维生素的吸收和多吃含铁食物。

● 每天快走30分钟

中医认为，“走则生阳”，如果你常感到宫寒、经痛，建议你采取快步走的暖宫办法。对于正在备孕的女性，千万别让自己活成 60 岁的状态。只要你能坚持每天晨练时快走 30 分钟，子宫血液循环速度便可提高 10%，能有效地改善子宫状态，让怀孕变得更容易。

有些病调理得当，一样顺利怀孕

● 月经不调

很多女性不能快速怀孕和月经不调有关系。这是由于月经不调的女性不排卵的概率也比常人高。月经不调可能由多囊卵巢综合征等常见的妇科疾病引起，这些疾病可能会造成不孕，但备孕女性调理得当，一样可以顺利怀孕。

调理建议

1. 规律生活。 备孕女性熬夜、过度劳累、生活不规律都会导致月经不调，所以备孕女性养成规律生活，月经就可能恢复正常。

2. 放松心情。 备孕女性月经不调如果由于受挫折、压力而造成，就需要及时放松压力，保持愉悦的心情。

3. 注意保暖。 月经期间，备孕女性不要长期吹电风扇纳凉，也不要长时间坐卧在风大的地方，更不要直接坐卧在瓷砖地上，以免受寒。此外，经期不要冒雨涉水，避免小腹受寒。

4. 多食富含膳食纤维的食物。 因为富含膳食纤维的食物可以促进雌激素分泌，增加血液中镁含量，起到改善月经不调的作用。

5. 多吃富含铁和滋补性的食物。 因为备孕女性营养不良或营养搭配不合理，也容易引起月经不调。因此，女性在平时也应合理地搭配饮食，避免过度减肥，多补充足够的铁质，以免因月经量过多而发生缺铁性贫血。

好孕温馨提醒

近来，人们发现，不仅是肥胖，就连体重过轻也会对怀孕造成障碍。不当的减肥及减肥的后遗症都有可能导致不孕。适当的运动不仅对于月经不调和痛经有治疗作用，还能起到安定心理的效果，但过度的减肥会把怀孕所必需的脂肪组织减去，从而引起月经不调或闭经。

● 痛经

痛经是指经期前后或行经期间，下腹和腰部出现痉挛性疼痛。如果痛经严重影响日常生活，甚至让人无法做任何事情，则说明情况比较严重，往往会导致备孕女性不孕。但备孕女性调理得当，还是可以怀孕的。

调理建议

1. 保持身体暖和，并松弛肌肉，尤其是痉挛及充血的骨盆部位。多喝热的药草茶或热柠檬汁。也可在腹部放置热敷垫或热水袋，一次数分钟。

2. 在月经来潮前夕，走路或从事其他适度的运动，在月经期间会比较舒服。

3. 在月经来潮前 3 ~ 5 天内应进食易于消化吸收的食物，不宜吃得过饱，尤其应避免进食生冷食物，以免诱发或加重痛经。

4. 月经来潮时，应避免一切生冷及不易消化和刺激性的食物，如辣椒、生葱、生蒜、胡椒、烈性酒等。此期间，痛经者可适当吃些有酸味的食品，如酸菜、食醋等，酸味食品有缓解疼痛的作用。

5. 常食用些具有理气活血作用的蔬菜和水果，如荠菜、香菜、胡萝卜、橘子、佛手、生姜等。身体虚弱、气血不足者，宜常吃补气、补血、补肝肾的食物，如鸡肉、鸭肉、鸡蛋、牛奶、动物肝肾、鱼类、豆类等。

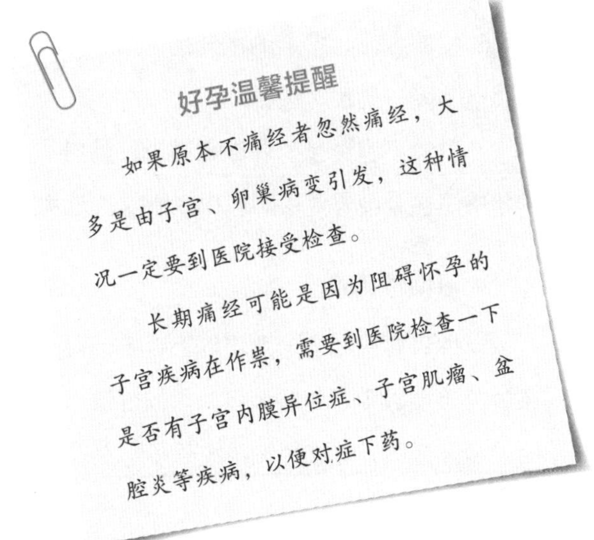

● 体寒

寒症主要由血液循环不畅引起，它是引发月经不调、痛经、带下的“罪魁祸首”。所以，备孕女性改善体寒，有利于成功受孕。

调理建议

1. 保持身体暖和。避免穿露脐装或者迷你裙，预防寒气侵袭。

2. 随身准备坐垫。避免坐在阴冷潮湿的地方，一定要坐的话最好铺上坐垫。

3. 经常搓搓手脚。闲暇时，多搓搓手脚，摩擦能生热。

4. 多吃一些性属温热的食物，以提高机体耐寒力。常见的温热食物有牛肉、羊肉、鸡肉、大蒜、辣椒、生姜、洋葱、山药、桂圆等。

5. 适当摄取盐分。中医认为，盐有温热身体的作用，适当摄取盐分具有调剂血液循环的效果。

6. 控制水分。多余的水分是体寒女性的敌人，过多的水分不仅会吸走身体的热量，还会使肾脏功能下降，导致恶性循环。

7. 进食不宜过量。如进食过量，肠胃活动就会减慢，而大部分的血液会在肠胃中滞留，腹部的集中温热就会导致手脚寒冷。所以，进食宜八分饱。

● 习惯性流产

女性只要连续流产两次以上就要怀疑是否为习惯性流产了，要到医院接受相应的检查。一般来说分娩次数多、年龄大者，习惯性流产的概率高。习惯性流产需要查明原因，并对症下药、及时治愈。应该记住，哪怕已经有了两次流产，下次能怀上正常、健康胎儿的可能性还是很大的。

调理建议

1. 流产后俗称“坐小月子”，同样需要调理身体，使身体机能恢复正常，切忌触碰冷水。加强个人卫生，保持会阴清洁，禁止盆浴。注意稳定情绪，避免恼怒、担忧或受到惊吓，丈夫应多安抚妻子，但在短期内不要有性生活。

2. 应去医院检查，听从医生的建议，不可自己胡乱用药。禁止接触X线、放射性同位素，绝对避免用此类设备对腹部进行检查，以防胎儿发生畸形而流产。

3. 尽量避免到流行性感冒、伤寒、肺炎等流行病区活动，也不应去人群拥挤的公共场所，以减少受感染的可能；不要主动或被动吸烟；不接触宠物。

● **盆腔炎**

盆腔炎是指女性的内生殖系统（包括子宫、输卵管、宫旁结缔组织及盆腔腹膜）发生的炎症。盆腔炎一般分为急性盆腔炎和慢性盆腔炎两种类型。急性盆腔炎要及时治疗，以免转为难治的慢性盆腔炎。但无论是急性盆腔炎还是慢性盆腔炎，都应在治疗后病情稳定时再考虑怀孕，以免发生宫外孕。

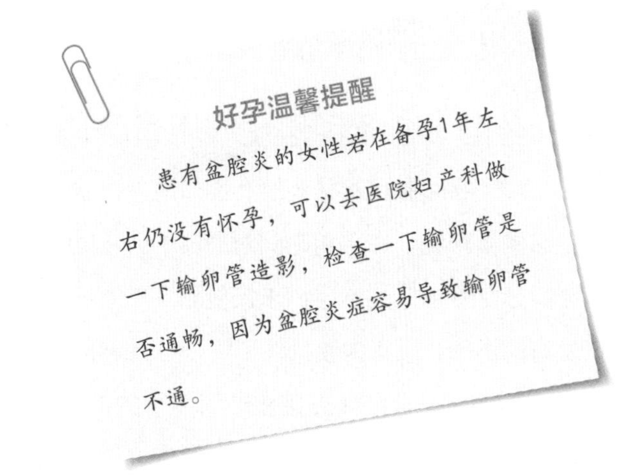

调理建议

1. 注意个人卫生与性生活卫生，严禁经期房事，平时保持外阴、阴道清洁，防止人工流产及分娩后感染。

2. 劳逸适度，保持好心情。

3. 积极治疗阴道炎、宫颈炎等妇科炎症性疾病。

4. 发热期间宜吃些清淡、易消化的食物，高热伤津的人可饮用梨汁或苹果汁、西瓜汁等，但不可冰冻后饮用。

5. 白带色黄、量多、质稠者属湿热症，忌吃煎烤、油腻、辛辣食物。

6. 小腹冷痛、怕凉、腰部酸痛的患者，属寒凝气滞型，在饮食上可选用姜汤、红糖水、桂圆肉等温热性食物。

7. 可多吃肉、鱼、蛋、禽类食物，以滋补强身。

孕前生活保健

孕前 1~2 个月停止服用避孕药

对于平时服用避孕药的女性如果想怀孕，最好在停服避孕药 1~2 个月后再怀孕。因为避孕药是激素类药物，在服用期间对卵巢的分泌功能有一定的抑制作用，在刚停药的几次行经中，由于卵巢分泌性激素的水平尚未恢复到正常水平，会导致子宫内膜有些变薄，子宫内膜是妊娠后胚胎发育的温床，子宫内膜条件不好，容易导致受精卵着床不牢而流产。

所以，备孕女性应该在计划怀孕的时间之前 1~2 个月停止服用避孕药，等体内存留的避孕药完全排出体外，卵巢的功能和子宫内膜的周期变化都恢复正常再怀孕，这样受精卵可以顺利着床，并生育出身体健康的宝宝。此期间，可以采用男性避孕套进行避孕。

早产、流产后 2~3 个月可以怀孕

当女性早产或者流产时，身心会受到一定的打击，但这时候，并不提倡用马上怀孕来弥补，这样做对女性是很不利的。

无论是早产还是流产，女性都已经进入一个妊娠过程，只要开始妊娠，身体各器官都会为适应怀孕而发生一系列变化，如子宫逐渐增大变薄、子宫峡部逐渐伸展拉长变薄，扩张成为子宫的一部分；卵巢变大，停止排卵；乳房变大，乳腺发育；内分泌系统等发生变化。只有卵巢功能、子宫内膜、激素、内分泌等调整到正常状态，才能为受精卵顺利着床和胚胎的良好发育提供保障，所以早产或者流产后至少要过 2~3 个月再受孕。

备孕女性照 X 线时，要做好防护

女性在怀孕前一段时间内最好不要照 X 线。医用 X 线的照射虽然很少，但却能杀伤人体内的生殖细胞。因此，为了避免 X 线对下一代的影响，接受 X 线透视的女性，尤其是腹部透视者，要注意穿防护装置，过 4 周后怀孕是比较安全的。

新装修的房子不要马上住进去

新装修的房子会产生甲醛、苯等有害物质，新房装修完成后至少通风 2 个月，最好通风 3 个月到半年，尽快将室内主要污染物排放到室外。入住前应该委托室内环境检测部门进行室内空气检测，在确保没有室内污染后入住。无论是甲醛、苯，还是其他污染物，只要新房保持通风，就

能得到很好的散发，使其浓度迅速降低。此外，甲醛的挥发受温度影响，温度越高挥发越快。因此，装修后应避免夏天入住。

女性宜选择浅色、宽松的纯棉内裤

女性阴道内有保持阴道呈酸性环境的分泌物，外有大小阴唇半闭门户，防止病菌侵袭，保持阴道清洁。此外，内裤也是一道人工屏障。

● 内裤选择的小建议

根据女性特殊的生理特点，备孕女性应选择浅色、宽松的纯棉内裤。

1. 浅色的内裤能及早发现白带异常，如患阴道炎女性，白带浑浊、带血等，发现异常，可以及时治疗，但如果穿太花的内裤，异常的白带不能被及时发现，就会延误病情。

2. 纯棉的内裤通透性和吸湿性都较好，有利于阴部的组织代谢，保持阴道干净，防止细菌的滋生，可远离阴部炎症等。

● 内裤的选择和护理

内裤的选择和穿很重要，同样清洗也非常重要，建议备孕女性的内裤，天天换、天天洗、及时洗。

1. 要及时清洗，可以避免滋生细菌，增加清洗的难度。

2. 最好手洗，建议用拇指和食指捏紧、细细搓弄，增加摩擦密度，可以洗得干净、彻底。

3. 要用专门的脸盆、洗衣液清洗。

4. 洗净的内裤要先放在阴凉通风处吹干，再放到阳光下暴晒消毒。

保持阴道正常的菌群，可提高受精成功率

很多女性并不知道，阴道的正常菌群环境对促进生育有重要作用。其实，阴道内有很多种健康细菌存活，在阴道内形成一个微生态系统，阻止不健康细菌或真菌的入侵。但阴道冲洗会打破阴道内生物体正常的平衡，增加感染阴道的细菌增生症发生概率，虽然无明显症状表现，但会延缓受孕的速度，甚至增加流产、异位受孕的风险。所以，为了最大限度提高受精的可能性，最好不要人工冲洗，让阴道自行进行清洁最好。

孕前需要调换岗位的工作

随着社会的发展，越来越多的女性加入到各行各业中，成为职业女性。但部分女性工作环境中有较高浓度的化学物质，会影响女性的生殖功能，进而影响胎宝宝的健康发育。所以，为了实现优生优育，有些危险岗位的女性应考虑备孕期间暂时调换工作岗位。以下职业岗位的女性应调换工作岗位。

工作岗位	原因
医务人员	传染病流行期，医务人员会因为密切接触患者而被感染，尤其是风疹病毒、流感病毒、水痘病毒、麻疹病毒等可能导致胎宝宝先天畸形，所以备孕女性应暂离易患传染病的工作岗位
接触电离辐射的工种	研究发现，电离辐射会损害胎宝宝健康，甚至造成胎宝宝畸形、死胎等，所以，接触工作中有电离辐射的备孕女性，孕前应该暂时调离工作岗位
噪声过大、高温作业和振动作业的工种	研究表明，工作环境噪声过大、温度过高、剧烈震动等，都会对胎宝宝的生长发育造成不良影响，所以，备孕女性应该暂时调离工作岗位
密切接触农药的工种	有研究证实，农药可危机女性和胎宝宝的健康，引起流产、早产、胎宝宝畸形、弱智等，因此，备孕女性应该远离农药
某些特殊工种	从事某些化工生产的女性，由于经常接触铅、镉、甲基汞等重金属，会增加胎儿畸形、流产、死胎等危险性，所以孕前应调换工种

孕前口腔保健

备孕女性要想牙齿好，就要做好日常口腔保健工作，下面我们就来听听过来人都有哪些保护牙齿的小方法?

1. 选择软毛的小头牙刷。牙刷是用来清除牙齿表面的食物残渣，所以要选择清洁能力更强的牙刷，同时具有柔软的刷毛和小头来适应口腔的大小，以便彻底地清除牙齿污垢，呵护妈妈的牙齿。

2. 选择合适的刷牙方法，能更好地清洁牙齿。竖刷法：就是沿着牙齿的方向刷，上牙向下刷，下牙向上刷，牙齿的咬合面来回刷，保证牙的内外面和咬合面都要刷到。颤动法：就是刷毛和牙齿成45°角，使刷毛的一部分进入牙龈和牙面间的缝隙，另一部分进入牙缝内，来回做短距离的颤动。对于咬合面，刷毛应平放在牙面上，做前后短距离的颤动。这种方法是短距离的横刷，不会损伤牙龈。

3. 少用牙签，改用牙线。牙签能去除牙缝中的部分食物残渣，但对牙龈有一定的损伤。而牙线一般由尼龙线等制成，能有效去除牙缝间的食物残渣、牙菌斑等，彻底清洁牙齿，而且不损伤牙龈，更安全。

4. 用清水或盐水漱口即可。漱口水主要分为药用和非药用两种。药用漱口水主要在药店出售，用于治疗牙周炎、牙龈炎、口腔溃疡等口腔炎症。非药用漱口水主要是消除口腔异味，对人群没有什么限制，但不管是药用还是非药用漱口水都含有很多药物成分，所以备孕女性还是少用为好，只用清水或盐水漱口即可。

为了预防牙齿敏感，备孕女性宜用35℃左右的温水刷牙，既有利牙齿，还有利于清除口腔里的细菌和食物残渣，让人产生一种清爽、舒服的口感。

这些运动，能让女性盆腔动起来

骨盆是由骶骨、尾骨和两块髋骨所组成的。女性骨盆一般比男性更宽、更轻、更浅且更圆，这样分娩时胎宝宝的头和身体更容易通过。此外，女性两侧骨盆交界处的关节较软，分娩时可以扩大，所以，女性的骨盆天生是为分娩设计的。为了更好地孕育宝宝，顺利分娩，在孕前备孕女性就应该开始做做骨盆操。

● 以骨盆画“8”

1. 两脚张开，比肩略宽，膝盖朝外侧略弯。

2. 从左往右，以腰为轴画 8 字，动作幅度要大，重复做 16 次。

● 摆动骨盆

1. 骨盆向右摆动，两边张开与肩同宽，两臂平展，手掌向下。

2. 骨盆向左摆动，两臂用力上抬，在头顶上做拍手状，重复做 16 次。

好孕温馨提醒

备孕女士运动后不要立即洗澡，因为运动时，血液多在四肢和皮肤，运动后血液尚未回流，马上洗澡，会导致血液进一步集中到四肢及皮肤，造成大脑、心脏供血不足，易产生不适应症状。

预防感染，孕前注射疫苗

备孕女性在孕前注射相关的孕前疫苗，可以保证受孕后胎宝宝的正常发育，减少病残儿的出生，有助于优生。

● 遵医嘱接种疫苗

目前，疫苗分为减毒活疫苗、死疫苗和基因重组疫苗等。备孕女性可以听取医生的建议，选择合适的疫苗进行孕前接种。

1. **减毒活疫苗**。也称为活疫苗，用减低毒力或无毒的病原微生物及其代谢产物如细菌、病毒，经培养繁殖后制成的，注射后可在人体内繁殖或复制，但不会发病，能起到长期或终生保护的作用。

2. **死疫苗**。也称为灭活疫苗，是将病原微生物及其代谢产物用物理或化学的方法经过处理，产生保护抗体。死疫苗不能在体内繁殖，要反复注射几次才能发挥长期保护功能。

3. **基因重组疫苗**。它是将病毒的部分基因片段整合到其他微生物中，让它不断地复制，产生该病毒的抗原部分所组成的疫苗。这类疫苗同样可以使机体产生抗体，且机体无不良反应。

● 三种常用疫苗

疫苗	时间	主要作用
流感疫苗	孕前3个月	属于短效疫苗，抗病时间只能维持一年左右，且只能预防几种流感，对抵抗力相对较弱的备孕女性有益。有心脏病的备孕女性，可以根据自己的身体状况进行选择
水痘疫苗	孕前3个月	孕妈妈孕早期感染水痘可导致胎宝宝患先天性水痘或新生儿水痘，孕晚期感染水痘可能导致孕妈妈患严重肺炎甚至致命。所以备孕女性接种水痘疫苗有助于预防感染
乙肝疫苗	孕前9个月	母婴传播是乙型肝炎最重要的途径之一。一旦传染给胎宝宝，85%~90%的人会发展成慢性乙肝病毒携带者，其中25%在成年后会转化成肝硬化或肝癌。为了预防怀孕后得肝炎，并使胎宝宝免遭乙肝病毒侵害，备孕女性一定要在孕前进行乙肝疫苗的接种。按照0、1、6的程序注射，即从第一针算起，在此后1个月时注射第2针，在6个月时注射第3针

（注：无论注射何种疫苗，都应征求医生的建议，不能私自做决定。）

● 孕前接种疫苗注意事项

1. 曾有流产史的备孕女性，不宜接种任何疫苗。

2. 接种任何疫苗后，都要在现场停留 30 分钟，以确保备孕女性对疫苗无过敏反应，一旦出现严重过敏反应及疫苗相关的不良反应，应及时处理。

3. 接种疫苗后，备孕女性要多喝水、保证睡眠，来减轻由于疫苗接种引起的不适。

孕前营养课堂

彩虹饮食，保证精强卵肥

食物有红、黄、绿、黑（紫）和白色，就像彩虹一样，每种食物都有自己特有的营养素，备孕夫妻摄入食物颜色越多，营养越均衡，越有利于精强卵肥。

红色食物

红色食物具有益气补血和促进血液生成的作用，可以增强神经系统的兴奋性，缓解身体疲劳，如牛肉、羊肉、猪肉、猪肝、番茄、胡萝卜、红薯、红豆、红苹果、樱桃、草莓、西瓜、枸杞子等。

黄色食物

黄色食物富含维生素A、维生素C、维生素D等营养素，能保护胃肠黏膜，防止胃炎、胃溃疡等疾病发生；能抗氧化，延缓皮肤衰老，维护皮肤健康；还能促进钙、磷元素的吸收，强筋壮骨，如莲藕、金针菇、玉米、黄豆、柠檬、橙子、橘子、柚子、菠萝、香蕉、木瓜、枇杷等。

绿色食物

绿色食物中的维生素和矿物质能帮助排出体内毒素，减少毒素对人体的伤害，如菠菜、油菜、西蓝花、韭菜、丝瓜、黄瓜、苦瓜、芦笋、豌豆、绿豆、猕猴桃等。

黑色食物

黑色食物大都具有补肾的功效，可降低动脉硬化、冠心病的发生率，对肾病、贫血、脱发等均有很好的疗效。此外，黑色食物中含有的抗氧化成分可清除体内自由基，延缓衰老，养颜润肤，如黑木耳、海带、牛蒡、紫菜、黑米、黑芝麻、黑豆等。

白色食物

白色食物可补肺益气，而且大多数白色食物，如牛奶、大米等都富含蛋白质，经常食用能消除疲劳，如白萝卜、冬瓜、竹笋、茭白、花椰菜、银耳、豆腐、大米、糯米、莲子、面粉、梨、鸡肉、鱼肉、牛奶等。

女性备孕饮食

● 孕前就要开始吃叶酸

神经管畸形是危害人类健康最严重的先天性畸形，表现为无脑畸形、脑水肿和脊柱裂等。而中国是神经管畸形的高发国家，几乎每出生一千名婴儿中就有 3 个患有这种病。

叶酸是一种含单一有效成分的维生素，能够预防胎宝宝畸形，所以从孕前 3 个月开始，直到孕后 3 个月结束，每天需要补充 0.4~1 毫克即可，且建议备孕女性规律补充。

需要特别注意的是，以下三类备孕女性，需要重点补充叶酸：

1. 年龄超过 35 岁的女性，由于受孕后卵细胞的纺锤丝老化，生殖细胞在分裂时容易出现异常，所以容易生出有先天畸形的宝宝。

2. 曾经有过 1 胎神经缺陷的女士，再次发病的概率是 2%~5%，曾经有过 2 胎同样缺陷者，概率达到 30%。

3. 经常吃不到绿叶蔬菜及柑橘的山区或高原地区的女性。

● 酸奶调节身体的微生态环境

酸奶中含有大量的保加利亚乳杆菌、乳酸杆菌和嗜酸乳杆菌等有益菌种，进入人体后，首先会在肠道中抑制致病菌和腐败菌的繁殖，调节肠道中菌群之间的平衡；连续吃过 14 天后，就能在女性阴道中分离出乳酸杆菌，将阴道内的菌群调节到一个正常的状态，促进身体健康，为胎宝宝提供一个良好的母体环境，所以，备孕女性平时可以多喝些酸奶。

● 黑豆，让女性体内激素更利于生育

豆类食物中含有类似植物雌激素的物质，而黑豆中这种物质含量较高。备孕女性常食用黑豆，可以补充雌激素，调节内分泌功能，特别是维持体内雌激素和孕激素的平衡，使分泌周期变化保持正常，提高受孕成功的概率。所以，备孕女性平时可以多吃些黑豆。

备孕女性如果不喜欢吃一颗一颗的黑豆，可把黑豆做成豆浆，从月经第一天到排卵前四天吃，有助于补充雌激素。

● 素食女性

不少女性逐渐喜欢上了素食，原因很多，有的女性觉得吃素是一种时尚，有的女性觉得吃素会更健康、更年轻，也有的女性吃惯了大鱼大肉，突然觉得吃素更自然……但实践证明，长期吃素会导致女性体内激素分泌异常、月经周期紊乱等，进而降低受孕能力。所以，素食女性在孕前应该调整一下饮食习惯，来加强营养。

每天摄取60~80克蛋白质

蛋白质能辅助调节女性的雌激素，帮助子宫内膜出现分泌期的转变，为怀孕准备良好的身体状态，所以素食女性要保证每天要摄取60~80克蛋白质，可以多吃些鱼、蛋、奶等食物。

每天摄入动物胆固醇50~300毫克

素食女性每天要保证摄入50~300毫克的动物胆固醇，这样才能更好地发挥雌激素作用，促进卵巢排卵，为顺利怀孕准备优质的卵子，平时可以多吃些猪肾、鲤鱼、猪瘦肉、牛瘦肉等。

每天补充铁15~20克

素食女性易患贫血，并影响身体内激素分泌，所以每天应该补充15~20克铁，可以吃些动物肝脏、动物血、瘦肉等。

每天补充维生素 B_{12} 3~4微克

素食女性容易出现维生素 B_{12} 缺乏症，出现神经忧郁的情况，不利于顺利怀孕。平时可以多吃些深绿色蔬菜、酵母、动物内脏、瘦肉、花生、牛奶等。

● 过敏体质女性

1. 需要补充维生素C和黄酮素。因为维生素C具有抗组织胺的作用，而组织胺是诱发过敏的重要物质，而黄酮素进入身体后，能妨碍组织胺的释放，有利于节省维生素C的使用，所以备孕女性平时可以多吃些富含维生素C的食物。

2. 多吃豆类食物。因为过敏体质的人，血液中游离氨基酸比正常人少，而豆浆中这种物质含量丰富，每天喝些豆浆，能降低过敏症的发病率。

3. 远离容易过敏的食物，如螃蟹、鲍鱼、田螺等。

4. 谨慎选择异性蛋白类食物，如肉、肝、肾、蛋等，这些食物必需熟透再吃。

● 贫血女性

如果备孕女性出现贫血的症状，会导致免疫力下降，对失血的耐受力差，分娩时宫缩无力，增加出血量，也会导致胎宝宝宫内发育迟缓、早产及新生儿窒息等，所以备孕女性应该查明贫血原因，及时治疗，也可以通过饮食补血。

多吃补血的食物

备孕女性平时要多吃些富含蛋白质、铁、铜、叶酸、维生素 B_{12} 等食物。

1. 动物肝脏不仅含铁量高，而且吸收也好，如猪肝、鸡肝、牛肝、羊肝等。

2. 吃些黄绿色的蔬菜，这些蔬菜富含铁质和胡萝卜素，而胡萝卜素能促进血红素的增加，提高血液浓度和血液质量，如菠菜、胡萝卜、南瓜等。

搭配维生素 C，提高对铁的吸收

维生素 C 可以帮助铁质的吸收，帮助制造血红素，改善女性贫血症状。富含维生素 C 的食物，如鲜枣、猕猴桃等。

做菜时多使用铁器

备孕女性做菜时尽量使用铁锅、铁铲等，这些炊具在烹调时会产生一些铁屑融入食物中，形成可溶性铁盐，被肠道吸收后也能补充铁。

男性备孕饮食

● 韭菜让男性“雄”起来

韭菜是一种常见的蔬菜，中医上讲有补肾助阳的作用，因此在药典上有“起阳草”之称。适用于阳痿、早泄、遗精等症，是男性之友，尤其适用于备孕爸爸哟！

● 男性也要补充叶酸

平时我们总是建议女性备孕补充叶酸，以避免因叶酸缺乏而造成胎儿神经管畸形。现在新的研究表明，叶酸对于男性备孕来说也同样具有重要意义。当叶酸在男性体内呈现不足时，男性精液的浓度会降低，精子的活动能力减弱，进而使得受孕困难。

另外，叶酸在人体内还能与其他物质合成叶酸盐，它对于孕育优质宝宝也起着关键作用。如果男性体内的叶酸盐不足，就可能增加染色体缺陷的概率，增大孩子长大后患严重疾病的危险性。

要多补充叶酸，可以让备孕男性多吃以下的食物：动物肝、红苋菜、菠菜、生菜、芦笋、龙须菜、豆类、苹果、柑橘、橙子等。

当然，除了补充叶酸之外，备孕爸爸也要多食用一些富含维生素的食物，对提高精子的成活率有很大的帮助。备孕爸爸可以根据不同的季节挑选一些时令蔬果，比如春天可以多吃一些新鲜的菠菜、野菜，而秋天正是水果丰盛的季节，可以多多享用水果。

● 戒烟戒酒

备孕男性要主动戒烟戒酒。烟草中产生的尼古丁和多环芳香烃类化合物会引起睾丸萎缩和精子形态改变，而酒精对人体肝脏和睾丸有直接影响，容易导致精液质量下降。因此，备孕爸爸们可要离烟酒远一点。

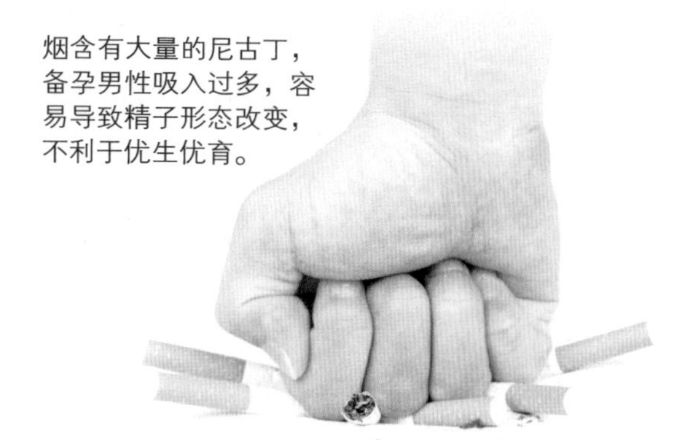

烟含有大量的尼古丁，备孕男性吸入过多，容易导致精子形态改变，不利于优生优育。

二孩进行时

已放置避孕环的女性这样做

● 要二孩，取环后的调养很重要

取环不久的女性千万不要着急怀孕，等身体恢复好后再怀孕也不迟。取环后的具体注意事项及身体调养建议如下。

适当休息，避免过重的体力劳动

一般取环后要休息1~2天，一周内不要做过重的体力劳动，以免造成出血过多。

注意卫生，避免感染

取环后要保持阴道的清洁卫生，每天温水清洗外阴，不要着凉。2周内不要进行性生活，也不要坐浴、盆浴、游泳及洗桑拿浴，以防感染引发炎症。

注意阴道流血

有些女性取环后阴道会出少量血或血性白带，一般过一两天就会自然消失。因为取环会对子宫内膜及子宫颈产生刺激，故而会导致出血。如果发现阴道流血较多，超过平时月经血量一倍以上或流血时间较长，月经周期的变化比较明显，应到医院检查。

注意补充营养

取环后应注意饮食调理，适当增加营养，特别是多吃一些铁质含量丰富的食物，如瘦肉、猪肝、猪腰、鸡蛋等食品，也可多吃豆制品，增加新鲜蔬菜和水果的摄入，少食酸辣、生冷等刺激性强的食物。一般经过上述饮食调理，能有效地预防因取环后副作用给人体带来的体能消耗。

● 取环后1~2个月要二孩最好

取环后不能立刻受孕，一般1~2个月再怀孕比较合适。因为曾放置在宫腔内的节育环会导致子宫内膜出现无菌性的炎症反应，增生了白细胞和巨噬细胞，子宫也有所改变，从而让受孕困难。

对于正在计划怀二孩的妈妈，取环后最起码要经过2~3次正常的月经周期后再怀孕，让子宫内膜有恢复的时间。

顺产妈妈隔1年可以考虑二孩

如果头胎是顺产，产后恢复期相对较短，一般只需经过1年，女性的生理功能就可基本恢复。经过检查，输卵管、子宫等生殖系统情况正常，就可以考虑怀第二孩了。

剖宫产后 2 年可以考虑怀二孩

虽然剖宫产后 2 年可以考虑生二孩，但备孕女性也要通过孕前超声或核磁共振检查评估剖宫产疤痕愈合情况，再结合自己的月经情况，请专业人士进行判断，是否可以考虑怀二孩。

怀二孩的年龄别太大

怀二孩最好在 35 岁前。随着女性年龄的增大，卵巢、输卵管、子宫、宫颈这些具有生殖功能的脏器也会衰老，就像暴露在空气中的机器一样，随着使用频次的增多和时间的延长，会逐渐磨损、生锈或坏掉。而一些不良的生活方式（如抽烟、喝酒、熬夜、过度减肥等）、有害因素（如药物、射线、有害气体、化学污染、手术损伤等）和有害行为（多次人工流产）还会加剧损害它们的功能，加速它们的衰老，尤其是卵巢。

女性的卵巢就像一个仓库，里面储存着大量的卵子。当女性尚处于胎儿期时，卵巢中卵子的储备就已成定局。卵子是随着时间推移变老的。当女性 40 岁时，卵巢中的卵子也 40 岁了，它默默地陪着你经历各种疾病的折磨、接受各种有害物质的伤害。而且，卵子是不能再生的。

因此，对每一个女性来说，年龄都是非常重要的因素，直接影响到是否能顺利怀孕，是否能生育健康的宝宝。

女性生二孩前做好一孩的思想工作，可以给一孩安全感，有利于以后一孩和二孩和谐相处。

孕前检查

备孕女性要做的检查

● 常规检查项目

检查项目	检查内容	检查目的	检查方法
身高体重	测出具体数值，评判体重是否达标	如果体重超标或过低，最好先调整体重使其控制在正常范围内	用秤、标尺来测量
血压	血压的正常数值： 90毫米汞柱<收缩压<140毫米汞柱 60毫米汞柱<舒张压<90毫米汞柱	若孕前及早发现血压异常，及早治疗，有助于安全度过孕期	用血压计测量
血常规 血型	白细胞、红细胞、血红蛋白、血小板、ABO血型、Rh血型等	是否患有地中海贫血、感染等，也可预测是否会发生血型不合等	采指血、静脉血检查
尿常规	比重、蛋白、酮体、红细胞等	有助于肾脏疾病的早期诊断，有肾脏疾病的需要治愈后再怀孕	尿液检查
生殖系统	通过白带常规筛查滴虫、真菌感染、尿道炎症以及淋病、梅毒等性传播疾病，有无子宫肌瘤、卵巢囊肿、宫颈上皮内病变等	是否有妇科疾病，如患有性传播疾病、卵巢囊肿、子宫肌瘤、宫颈上皮内病变，要做好孕前咨询、必要的治疗和生育指导	通过阴道分泌物、宫颈涂片及B超检查
肝肾功能	肝肾功能、血糖、血脂等项目	肝肾疾病患者怀孕后可能会出现病情加重，早产等情况	静脉抽血
口腔检查	提前半年进行口腔检查，看是否有龋齿、未发育完全的智齿及其他口腔疾病	怀孕期间，原有的口腔隐患容易恶化，严重的还会影响到胎宝宝的健康。因此，口腔问题要在孕前就解决	口腔检查
甲状腺 检查	促甲状腺激素TSH、游离甲状腺素FT_4、甲状腺过氧化酶抗体TPOAb	孕期可使甲状腺疾病加重，也会增加甲状腺疾病发生风险。而未控制的甲状腺疾病会影响胎宝宝神经和智力发育	静脉抽血

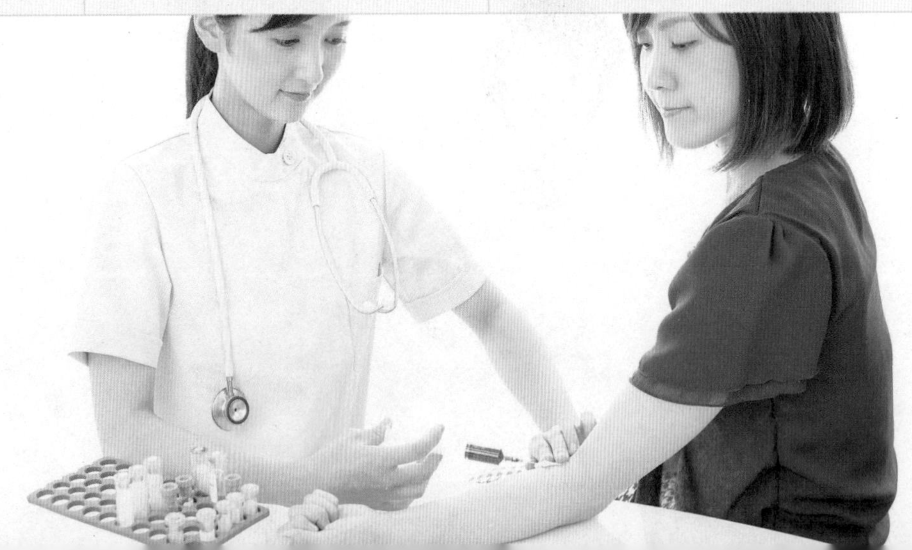

● 特殊检查项目

检查项目	检查目的
糖尿病检测	备孕女性怀孕后会加重胰岛的负担，可能会出现严重并发症，因此备孕女性要做空腹血糖检测，有糖尿病高危因素的女性要进行葡萄糖耐量试验
遗传疾病检测	为避免下一代有遗传疾病，备孕女性有遗传病史的要进行相关检测
性病检测	艾滋病、梅毒等性病具有传染性，会严重影响胎宝宝的健康，做此项检测可让备孕女性及早发现自己是否患有性病
ABO、Rh血型检查	了解备孕夫妻双方血型，尤其是当备孕女性为Rh阴性血、备孕男士为Rh阳性血时，孕期要检测新生儿溶血问题
脱畸(TORCH)检查	检查备孕女性是否感染弓形虫、风疹病毒、巨细胞病毒、单纯疱疹病毒等，备孕女性一旦感染这些病毒，怀孕后可能会引发流产、死胎、胎宝宝畸形、先天智力低下、神经性耳聋等
染色体检查	有不良孕产史，或家族有遗传性染色体疾病，或双方有染色体异常者可进行基因检测分析

备孕男性要做的检查

检查项目	检查目的
血常规、血型	检查有无贫血、血小板少等血液病，ABO、Rh血型等
血糖	检查是否患有糖尿病
血脂	检查是否患有高血脂
肝功能	检查肝功能是否受损，是否有急（慢）性肝炎、肝癌等肝脏疾病的初期症状
肾功能	检查肾脏是否受损、是否有急（慢）性肾炎、尿毒症等疾病
内分泌激素	检查体内性激素水平
精液检查	了解精液是否有活力或者是否少精、弱精。如果少精、弱精，则要进行治疗，加强营养，并戒除不良生活习惯，如抽烟、酗酒、穿过紧的内裤等
男性泌尿生殖系统检查	检查是否有隐睾、睾丸外伤、睾丸疼痛肿胀、鞘膜积液、斜疝、尿道流脓等情况，这些对下一代的健康影响极大
传染病检查	如果未进行体格检查或婚检，那么肝炎、梅毒、艾滋病等传染病检查也是很有必要的

妊娠是有一定规律可循的，这些规律我们可以用数字体现，如下表：

时间点	所代表的意义
排卵期同房后15天左右	最早的验孕时间
受孕后40左右	早孕反应出现的时间
按照末次月经第一天开始计算，月份减3或加9，日期加7	预产期的计算
怀孕6周	胎心音最早出现的时间
怀孕12周以内	容易发生自然流产的时间
一般情况下，第一次正式产检在12周之前，12~28周间每4周检查一次，28~36周间每2周检查一次，36周后每1周检查一次。具体应根据医生的安排进行产检	全程的产检时间
每分钟120~160次	正常的胎心率
孕18~20周	自觉胎动出现时间
一般为每小时3~5次	正常的胎动次数
孕28~32周	胎动最频繁的时期
孕37周后，每周1次	胎心监护
羊水的正常深度为3~7厘米，超过7厘米是羊水增多，低于3厘米是羊水减少	羊水深度
孕期，孕妈妈的体重增加在12千克左右为宜	孕期体重增加总值
怀孕28~36^{+6}	容易发生早产的时间
孕37~42周	足月妊娠
孕42周以后	过期妊娠

PART 2

孕早期
（0~12 周）
顺利踏上了“幸孕”旅程

真的怀孕了吗？看着测试纸上的两道杠，喜悦中夹杂一些紧张、忐忑，得赶紧跟老公分享。此时，可能有类似感冒的症状，有发热、困倦时，别乱服药哦。

孕早期（0~12周）

母婴体重增长规律

不增反降的孕早期

胎宝宝的情况

胚胎正在发育，形成最初的脊椎、心脏等重要部位。到12周末，胎宝宝身长约9厘米，体重约14克

孕妈妈的情况

孕妈妈的体型并没有太大的转变，但胸部会有些发胀。大部分孕妈妈的体重增长仅为1~1.5千克，还有一些孕妈妈因为孕吐或其他原因体重不增反降，这是正常的

如何控制体重

孕妈妈正处于孕吐反应期，这时不用过分地控制体重，但也不要吃得过多，尤其是油炸等高热量的食物。这段时间要禁止剧烈运动，不可以通过运动来控制体重，注意休息才是重点

（注：胎宝宝身长、体重参考人民卫生出版社《妇产科学》。）

孕早期产检早知道

备孕和孕早期的保健重点是补充叶酸，孕妈妈快来多吃点富含叶酸的菠菜、莴苣、番茄等食物吧。

定期产检的目的是为了检测胎宝宝的生长发育情况，及时发现、防治妊娠期各种疾患，保证孕妈妈和胎宝宝的健康，降低孕期的风险。

产检时间	重点产检项目	备注
5周：孕检	确定怀孕	B超确定胎囊位置，是否是宫外孕
6周：孕检	B超看胎儿心跳	高龄或有过流产史的孕妈妈需要做B超检查
8~12周：第一次正式产检	给胎宝宝建立档案	大多数孕妈妈建档的时间在12周，其实在8~12周内都可，但最晚不可晚于16周
11~13周：孕检	颈项透明层厚度（NT）	超声进行早期排畸检查

孕早期孕妈妈VS胎宝宝变化轨迹

0~4 周孕妈妈 VS 胎宝宝的变化

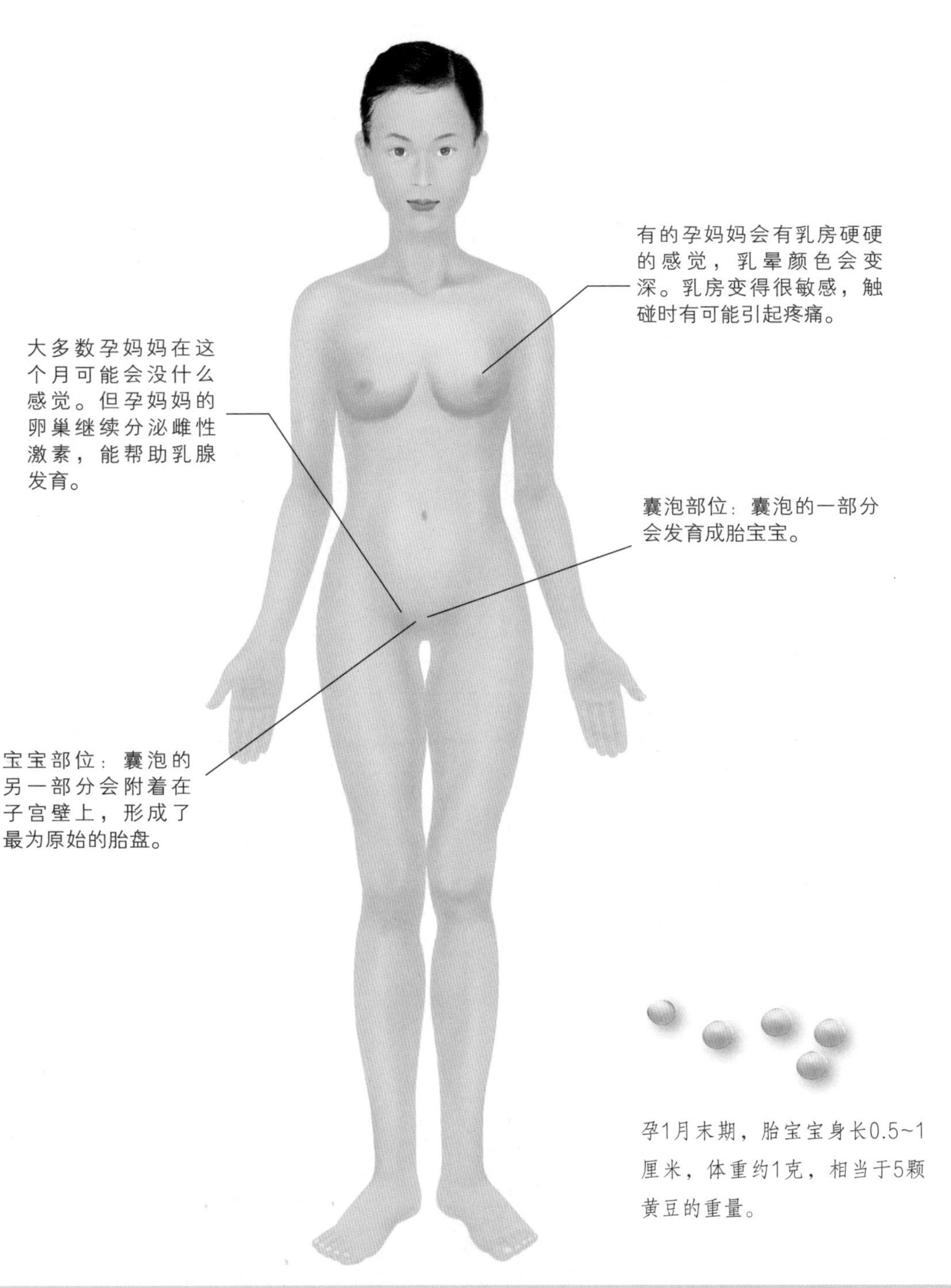

孕1月末期，胎宝宝身长0.5~1厘米，体重约1克，相当于5颗黄豆的重量。

5~8 周孕妈妈 VS 胎宝宝的变化

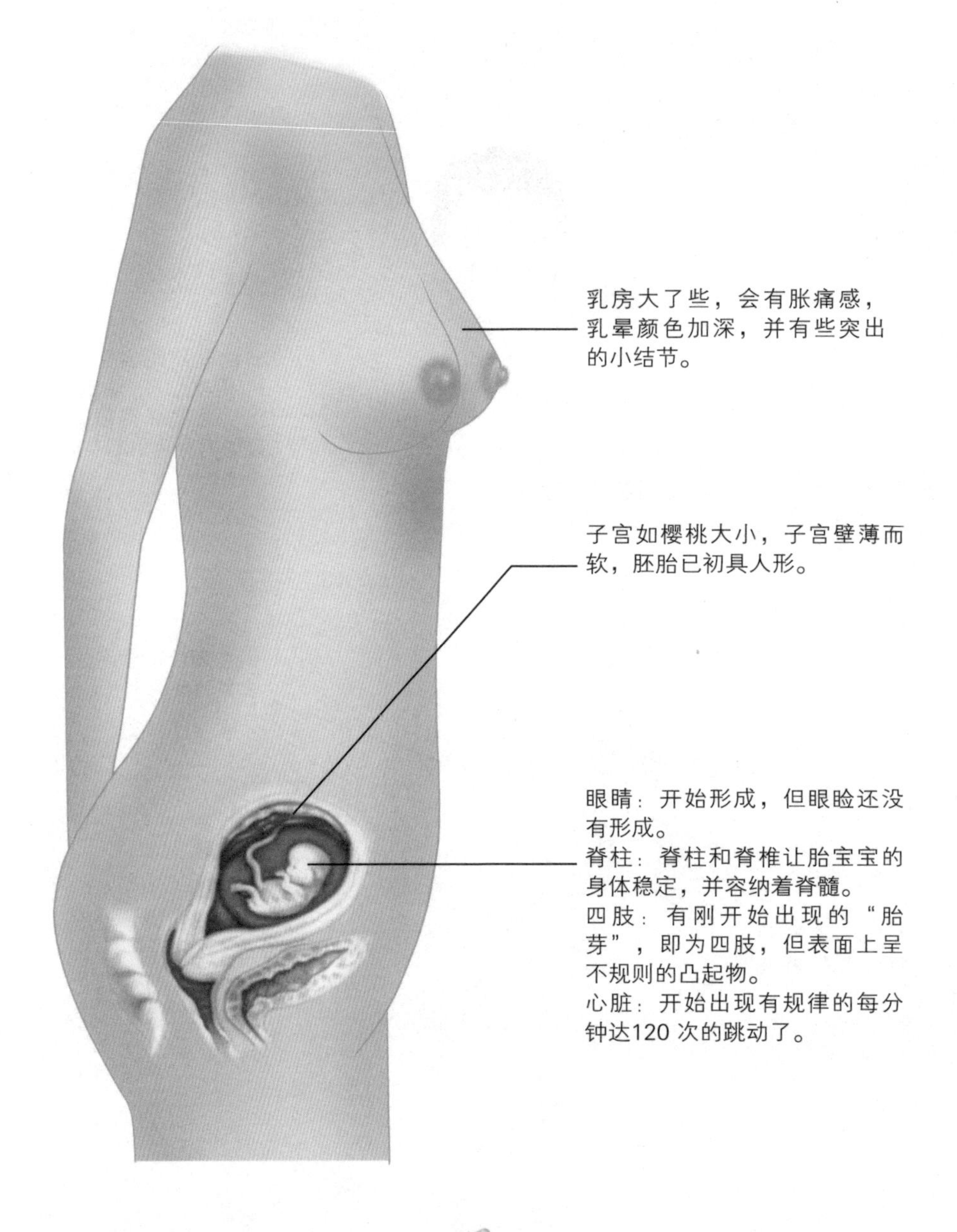

孕2月末期，胎宝宝的身长约2.5厘米，体重约4克，相当于1个小樱桃的重量。

9~12 周孕妈妈 VS 胎宝宝的变化

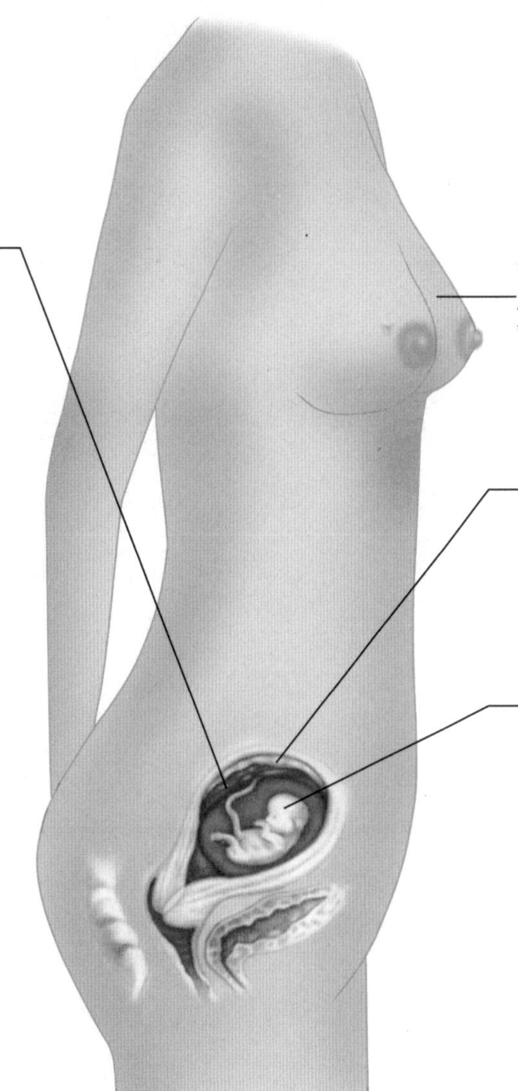

孕3月末期，胎宝宝身长7.5~9厘米，体重约14克，相当于2个圣女果的重量。

孕早期每日饮食推荐

餐次	食物	原料	量（克）	能量（千卡）	蛋白质（克）	脂肪（克）	碳水化合物（克）
早餐	拌蔬菜	胡萝卜	50	17.76	0.48	0	3.84
		菠菜	50	10.68	1.335	0	1.335
	牛奶	牛乳	250	135	7.5	7.5	7.5
	燕麦粥	燕麦片	50	183.5	7.5	3.5	31
	煮蛋	鸡蛋（白皮）	60	72.036	6.786	4.698	1.044
上午加餐	橘子	橘子	200	60.3	1.34	0	13.4
午餐	金银卷	小麦粉（标准粉）	50	172	5.5	1	36
		玉米面（白）	25	85	2	1	16.75
	里脊炒油菜	香菇（鲜）	50	9.5	1	0	1
		猪肉（里脊）	50	77.5	10	4	0.5
		花生油	5	44.95	0	5	0
		油菜	50	10.005	0.87	0	1.305
	芹菜豆干	豆腐干	25	35	4	1	2.75
		芹菜（白芹，旱）	50	4.62	0.33	0	0.66
		花生油	5	44.95	0	95	0
下午加餐	饼干	饼干	25	108.25	2.25	3.25	17.75

晚餐	荞麦米饭	大米	50	173	3.5	0.5	38.5
		荞麦	25	81	2.25	0.5	16.5
	清炒西蓝花	西蓝花	100	27.39	3.32	0.83	2.49
		花生油	5	44.95	0	5	0
	柿椒鸡丝	青椒	100	18.04	0.82	0	3.28
		鸡胸脯肉	50	66.5	9.5	2.5	1
		花生油	5	44.95	0	5	0
晚上加餐	龙须面	鸡蛋（白皮）	25	30.015	2.8275	1.9575	0.435
		小麦粉（标准粉）	25	86	2.75	0.5	18
		菠菜	20	4.272	0.534	0	0.534
合计				1612.17	72.3935	51.7	212.823

（注：孕早期每日饮食推荐是以孕前体重55~60千克、身高160~165厘米的孕妈妈为例。）
（参考：协和医院营养餐单）

好孕温馨提醒

在第一次建档时，医生会建议孕妈妈少吃多餐，控制总量，每天监测体重，这样好生养。协和专家给出了孕早期、孕中期和孕晚期的每日饮食推荐，早期热量控制在1600千卡，中晚期热量控制在2000千卡。孕早期、中期的菜单别看菜品一样，但其中主食的分量不同，全天的热量也不同，孕中晚期我就是按照协和的这个餐单进行饮食的。孕晚期是胎儿长肉的时期，但热量也不能过高，以防巨大儿，跟中期保持平衡即可。

孕中期每日饮食推荐见第135页。孕晚期每日饮食推荐见第244页。

胎宝宝 卵子离开卵巢，进入输卵管

这时妈妈正值经期，我还不是一个完整的胚胎，以精子和卵子的状态分别存在于备孕爸爸和妈妈的身体内。终于，有一个卵子从妈妈的卵巢内“脱颖而出”，率先成熟了，它离开卵巢，进入输卵管，迈着缓慢稳重的步伐迎接着属于自己的另一半。

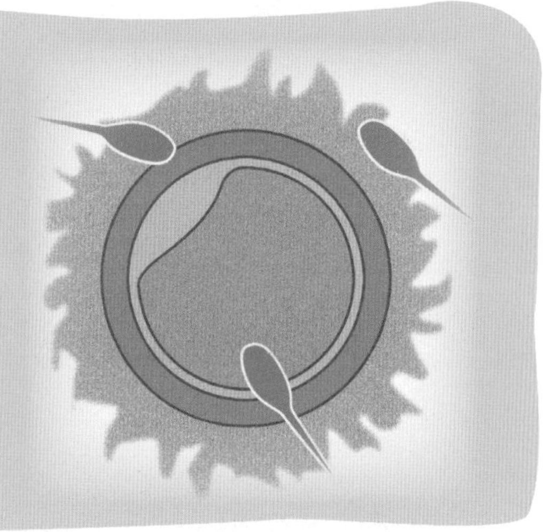

孕妈妈 身体没有什么变化

在怀孕的前半个月，对于大多数孕妈妈来说，只是每月如期而至的月经不再出现，其他症状暂时还不明显。此时还没有到下个月月经“光顾”的日子，孕妈妈也意识不到自己已经怀孕了。这时，子宫的大小与怀孕前基本等同，所以孕妈妈的身体看起来没有什么变化。

生活保健

为了安全起见，暂时把自己当成孕妈妈吧

经过备孕，女性随时都可能怀孕，但由于胚胎刚开始发育，怀孕与否可能还感觉不出来，但为了安全起见，可以暂时把自己当成孕妈妈来对待。

1. 穿着上。衣服尽量选择宽松、舒适的。由于怀孕期间，孕妈妈皮肤敏感，衣料要选择纯棉的。此外，不要穿高跟鞋了，尽量选择平底鞋或低跟鞋。

2. 饮食上。养成定时定量进餐的习惯，不要吃辛辣、刺激、油腻的食物，如辣椒、八角、肥肉等。

3. 生活习惯上。养成规律作息，保持平和心态，不要过度忧伤、兴奋等。

骑车出行讲究多

现在主张绿色出行，很多人都会骑自行车出行，那么刚刚知道自己怀孕的孕妈妈是否可以继续骑自行车呢？其实，在不存在高危流产风险的情况下，是可以骑自行车出行的。但需要注意以下几点：

1. 骑女式自行车，因为车子小巧，上下车方便。

2. 适当将车座后边调高点，且配个柔软的海绵车座套，可以缓冲车行过程颠簸对会阴部的冲击。

3. 车速要慢，不要长途行驶，因为车速过快，时间过长，很容易造成孕妈妈盆腔过度充血而引起阴道出血等。

4. 不要载重物，因为这样孕妈妈上下车不方便，也不好控制自行车，容易导致摔倒等危险，造成流产。

5. 道路不平时要推行，这样可以避免剧烈震动或过度用力伤到会阴，甚至影响胎宝宝的健康。

6. 患有高血压、心脏病的孕妈妈，为了避免发生流产、早产等风险，最好不要骑车。

孕妈妈要保持乐观的心态，有利于快乐度过孕期。

雾霾天孕妈妈应如何防护

雾霾天对大家来说都不陌生，也都知道对身体有害，尤其是对孕妈妈的伤害更大。

● 雾霾天对人体的伤害

雾霾天气易诱发心血管疾病：雾霾天气时气压低，湿度大，人体无法排汗，诱发心脏病的概率会比较高。

诱发呼吸道疾病：雾霾中含有大量的颗粒物，这些包括重金属等有害物质的颗粒物一旦进入呼吸道并黏着在肺泡上，轻则会造成鼻炎等鼻腔疾病，重则会造成肺部硬化，甚至还有可能造成肺癌。

上呼吸道感染：雾霾天气，空中浮游大量尘粒和烟粒等有害物质，会对人体的呼吸道造成伤害。空气中飘浮大量的颗粒、粉尘、污染物病毒等，一旦被人体吸入，就会刺激并破坏呼吸道黏膜，使鼻腔变得干燥，破坏呼吸道黏膜防御能力，细菌进入呼吸道，容易造成上呼吸道感染。

● 如何选择空气净化器

雾霾天，孕妈妈即使呆在室内也不能隔绝PM2.5，质量好的窗户能达到50%~70%的隔绝，因此应选择空气净化器。那么如何选择合适的空气净化器呢？

第一，尽量选择获得国家或国际权威机构认证的产品，这些产品往往具有较好的品牌知名度和美誉度，不仅产品性能和质量有保证，而且在产品售后服务方面也值得信赖。

第二，室内面积不是唯一考量因素。按照国家标准GB/T 18801《空气净化器》规定，空气净化器的性能指标要用“洁净空气量”（CADR），以m^3/h表示，就是每小时提供的洁净空气量。只有当CADR ≥ $170m^3/h$时，对雾霾天才有效。

第三，空气净化器应保持24小时开启，且要及时更换滤芯，有利于保持室内空气清新。

第四，空气净化器工作方式不同，净化效果也不同。主要有过滤型、静电型、光触媒型、负离子型、紫外线型五种，但过滤式空气净化器对PM2.5可吸入颗粒物的净化效果较好，适合孕妈妈选用。

● 减少外出时间

在雾霾严重的日子里，孕妈妈应避免外出散步等，可以在雾霾散去后再外出散步、锻炼等。如果孕妈妈因有事必须外出时，一定要戴上防霾专用的口罩，进而减少对自身和胎宝宝的伤害。

● 什么样的口罩对防雾霾有效

美国、欧洲和中国口罩过滤标准对比

口罩过滤主要分为美标、欧标和咱们国内的标准。接下来是美国、欧洲和中国标准的详细参数。

美国NIOSH标准对颗粒物防护口罩的分类

分类	过滤效率≥95%	过滤效率≥99%	过滤效率≥99.97%
N类	N95	N99	N100
P类	P95	P99	P100
R类	R95	R99	R100

注：1. N（Non-oil），适合于过滤非油性颗粒物。

2. P（OilProtective），适合于过滤油性和非油性颗粒物，用于油性颗粒物时使用实践参照制造商建议，3M建议不超过40小时或30天，以提前达到者为准。

3. R（OilResistance），适合于过滤油性和非油性颗粒物，但用于有颗粒的限制使用时间不得超过8小时工作班。

欧洲EN标准对颗粒物防护口罩的分类

分类	FFP1	FFP2	FFP3
过滤效率	≥80%	≥94%	≥99%

注：均适合过滤油性和非油性颗粒物。

中国GB 2626—2006标准对颗粒物防护口罩的分类

分类	过滤效率≥90%	过滤效率≥95%	过滤效率≥99.97%
KN类	KN90	KN95	KN100
KP类	KP90	KP95	KP100

注：1. KN类适用于过滤非油性颗粒物。

2. KP类适用于过滤油性和非油性颗粒物。

3. 非油性颗粒物包括固体和非油性液体颗粒物及微生物，如煤尘、水泥尘、酸雾、油漆雾等。

4. 油性颗粒物包括油烟、油雾、沥青烟、柴油机尾气中的颗粒物等。

由上可知：

1. 数大的比数小的好一些，美标N99比N95要强，欧标FFP3比FFP1要强，国内标准KN95比KN90要强。

2. 标100的实际防护率是99.7和99.97这样接近100的数，没有完全防护的产品。

所以，孕妈妈买口罩如果没有上面的等级认证，只是医用口罩、时尚口罩、保温口罩，这些对雾霾都是没有一点用的。因为大多数致病菌和病毒都会附着在非油性颗粒物上。而各种油烟，尾气则属于油性颗粒物。而抵抗通过空气传播的病菌和PM2.5颗粒，使用N95级别的口罩就可以做到。欧洲和中国对应的同级别的口罩为别是FFP2级别和KN95。

佩戴口罩的正确方法

1. 佩戴防护口罩前预先用双手将头带每 2~4 厘米一段一段地拉伸（仅适用于 8210，其他型号的头带无需预拉伸）。

2. 用手托住口罩，使鼻夹位于指尖，让头带自然垂下。

3. 使鼻夹朝上，用口罩托住下巴，将上头带拉过头顶，放在脑后较高的位置，将下头带拉过头顶，放在颈后耳朵以下的位置。

4. 将双手指尖放在金属鼻夹顶部，用双手，一边向内按压，一边向两侧移动，塑造鼻梁形状（用单手捏鼻夹会导致密合不当，降低口罩防护效果，请使用双手）。

5. 孕妈妈外出前必须检查口罩与脸部的密合性。

a. 用双手罩住口罩，避免影响口罩在脸上的位置。

b. 如口罩无呼气阀，快速呼气；如口罩带呼气阀，快速吸气。

c. 如空气从鼻梁处泄漏，应按步骤 4 重新调整鼻夹；如空气从口罩边缘泄漏，应重新调整头带；如不能取得良好的密合，应重复步骤 1~4。

d. 如没有感觉泄漏，可进入户外。

● 外出回来要及时清洗口、鼻、脸

雾霾天外出回家后要及时洗脸、漱口、清理鼻腔，以去掉身上所附带的污染残留物，减少 PM2.5 对人体的危害。

第一，温水洗脸。洗脸时最好用温水，利于洗掉脸上的颗粒。洗脸后，手心相对，搓热手指，可用双手中指揉两侧鼻翼旁的迎香穴 20 次，然后双手上行搓到额头，再沿两颊下行搓到下颌部汇合。

第二，漱口。俗话说，病从口入。雾霾天可能有少量颗粒物随风吹入口中，因此建议回家后漱口。用 35℃左右的温水漱口，既能清理口腔内的细菌，又能避免刺激，减少牙髓炎症的发生。

第三，清理鼻腔。比起第一步和第二步，第三步更为重要，也最为必要。雾霾天气清理鼻腔很简单，可以用干净棉签蘸水反复清洗，或者反复用鼻子轻轻吸水并迅速擤鼻涕，同时要避免呛咳，也可以用生理盐水清洗鼻腔。但清洗鼻腔时需要注意的是，洗的时候动作要轻柔，水流不要太大，以免刺激过大损伤鼻黏膜。

还需提醒的是，洗鼻腔不宜频繁。因为频繁清洗鼻腔，很可能会损伤鼻黏膜或引发鼻窦炎等疾病。有专家指出，PM2.5 颗粒很小，有很多会直接吸入肺里，而没有附着到鼻腔内，因此单靠洗鼻腔很难将其洗出来。

营养课堂

孕早期饮食宜忌

宜

1 少吃多餐、均衡饮食。

2 应该多吃富含维生素C的食物，如新鲜蔬菜等，提高孕妈妈的抵抗力。

3 注意吃一些富含优质蛋白质的食物，如鱼类、肉类、乳蛋类及豆制品等。

4 宜多吃些富含叶酸的食物，如菠菜、油菜等绿叶蔬菜及动物肝脏。

忌

1 有些食物可能会导致流产，如芦荟、螃蟹、甲鱼、马齿苋等。

2 最好不要用药物止呕，孕吐不严重的话，会自然地来也会自然地去。

3 过敏体质的孕妈妈在孕期要避免食用鱼、虾、贝壳类，接触或食用某一类产品后如有过敏现象，应立即停用。

孕早期关键营养素

在孕早期，只要孕妈妈不偏食、不挑食，日常饮食基本可以满足自身和胎宝宝的需要，就没有必要大补特补。但是，得确保这个时期的关键营养素都要摄取足够。

营养素	功效	日摄取量	食补来源
蛋白质	能保证受精卵的正常发育	60~70克	鱼类、蛋类、乳类、肉类和豆制品等
维生素A	促进胎宝宝皮肤、胃肠道和肺部的健康发育	0.8毫克	鱼子、牛奶、动物肝脏、禽蛋、芒果、柿子、杏、黄绿色蔬菜、鱼肝油等
维生素B_6	促进胎宝宝中枢神经系统发育，缓解孕妈妈的早孕不适症状	1.9毫克	糙米、大米、燕麦、蛋黄、鸡肉、鱼类、动物肝脏、酵母、麦芽糖等
钙	坚固胎宝宝的骨骼和牙齿	800毫克	牛奶、虾皮、蔬菜、鸡蛋、豆制品、海产品等
铁	预防贫血	20毫克	动物肝、肾、血，红色瘦肉，蛋黄，海产品、水果等
锌	增强机体免疫力	9.5毫克	牡蛎、扇贝、猪肉、牛肉、羊肉、动物内脏等
碘	胎宝宝发育的动力	230微克	海带、紫菜、海藻、洋葱等

本周营养食谱

猪肚大米粥　补益气血

材料：大米40克，猪肚150克，猪瘦肉100克。

调料：料酒3克，盐2克，鸡精少许，水淀粉适量。

做法：

1. 猪肚洗净，用1/3盐、水淀粉抓匀，再用清水洗净，入沸水汆烫熟，捞出切片；猪瘦肉洗净切片，加料酒、1/3的盐、水淀粉抓匀，入沸水汆烫后捞出。
2. 大米淘净，与适量清水一同放入锅中，大火煮滚后放入猪肚片、瘦肉片，以小火熬煮至熟，加入鸡精、剩下的1/3盐调味即可。

香菇油菜　增强免疫力

材料：油菜250克，香菇（水发）100克。

调料：盐2克，生抽3克，葱花5克。

做法：

1. 香菇洗净去蒂，切片；油菜择洗干净，对半剖开。
2. 锅中水烧开后加点盐，分别放入油菜和香菇焯熟摆盘，撒葱花即可。

功效：香菇含有蛋白质及硒，可以抗氧化，提高人体免疫功能；油菜中维生素A及维生素C含量比较高，可以帮助人体抗病毒，两者搭配的这道菜是增强孕妈妈免疫力的佳品。

胎教课堂

如何正确理解胎教

胎教是根据胎宝宝各感觉器官发育成长的实际情况，有针对性地采取如抚摸、对话、音乐、游戏等各种胎教措施，使胎宝宝神经细胞不断增殖，神经系统和各个器官的功能得到合理的开发和训练，最大限度地发掘胎宝宝的智力潜能。

胎教包括孕妈妈和胎宝宝两个方面，有健康的孕妈妈才能孕育出健康的宝宝。有时候，人们过于重视胎宝宝，反而忽略了孕妈妈的感受。其实，孕妈妈的身心健康就是对胎宝宝的最佳胎教。

胎教强调的就是女性在怀孕期间将包括子宫在内的身体各个部分都调整到黄金状态，并给予胎宝宝适当的刺激，以期望能生出聪明健康的宝宝。由此可知，胎教应该列入优生保健的范畴，而不是教育学范畴。

古代的胎教思想

- 调情志：孕妈妈宜心情愉悦，静心宁欲，心胸开阔，遇事乐观。
- 慎寒温：孕妈妈应避免风寒侵袭、忽冷忽热。
- 节饮食：孕妈妈宜食用营养丰富而易于消化的饮食，切忌辛辣生冷食品。
- 慎起居、调劳逸：孕妈妈宜起居有序、劳逸适度。
- 远房事：孕期节制性生活，以免伤胎。
- 美环境、悦子身：要多处于美好的环境当中，多接触美好的艺术作品。
- 戒酒浆：古人指出酒能伤胎，宜戒为佳。
- 避毒药：孕期应减少不必要的服药。
- 慎针剂：慎针灸穴位，避免引起流产与早产。
- 安待产：临产时应安详、镇静，莫恐慌，以减少难产发生的概率。

第3周

胎宝宝 我还是一个小小的受精卵

在排卵期，一个成熟的卵子排出，并进入输卵管最粗的腹部等待精子的到来。在那场翻云覆雨的做爱运动中，数以亿计的精子离开准爸爸，大约3天后，有约200个精子进入输卵管的壶腹部，与卵子相遇，所有的精子都会朝着卵子，向卵子做内部运动，其中最有活力的精子会最早穿透卵子外面的透明带进入细胞内部，正式与卵子相结合，形成受精卵，开始生命之旅。

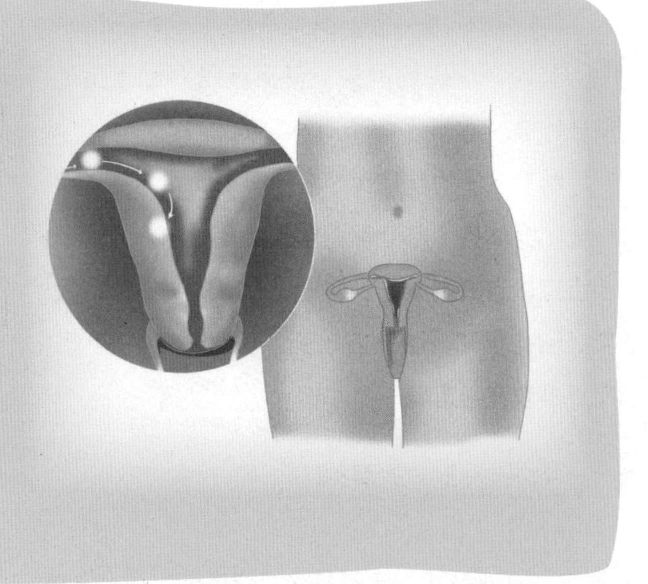

孕妈妈 孕妈妈少量出血可能是胚胎植入

这时孕妈妈还感觉不到什么变化。如果在这周末，发现月经还是迟迟未到或者下体有少量的血水流出，就要提高警觉性了，可以到医院或自行做怀孕尿检。如检测的结果呈阳性，那么，恭喜你已经成功升级为孕妈妈了。

比较细心的女性在排卵时能感到轻微疼痛等不适，阴道分泌物也开始增多。受精卵种植到子宫壁上时，有些人会注意到有少量出血，这是正常现象，孕妈妈不要过于担心。

生活保健

发现怀孕的征兆

受精卵进入子宫着床时，孕妈妈大多没有什么感觉，但有些敏感的孕妈妈可能会捕捉到自己身体的细微变化。

尿频或排尿不尽	孕妈妈有些尿频或有排尿不尽的感觉，平时上街不怎么上厕所的女性，突然变得一直想上厕所，这可能是怀孕了。但尿频或排尿不尽并不是怀孕的固有症状，因为轻微的尿路感染也可能出现尿频等症状
外阴不适	受精卵往子宫内膜植入时，有些女性的小腹可能会有轻微疼痛等不适，且阴道分泌物带有淡淡的血丝
乳房胀痛	有些女性会感觉乳房胀痛，这是乳房向你发出的信号——乳房要为哺乳做准备了。此外，乳房变得更加丰盈，乳头、乳晕颜色加深，乳晕上细小的孔腺变大。这时就要换一个宽松的内衣了
情绪不稳	有些女性情绪变得不稳定，一会儿兴高采烈，一会儿垂头丧气，一会儿夸夸其谈，一会儿沉默寡言……尤其面对丈夫时，情绪波动会更大，往往自己意识不到，但情绪确实变得烦躁、看周围的人不顺眼等

别把怀孕征兆误当感冒

怀孕初期，孕妈妈会有一些征兆像感冒，如体温升高、头痛、精神疲乏、脸色发黄等，这时候，还会感觉特别怕冷，这就很容易让没有经验的孕妈妈当成感冒来治疗。如果打针、吃药是很危险的，会伤害到脆弱的胚胎，所以孕妈妈要了解一些怀孕征兆。

洗澡时水温不宜太高

怀孕期间，孕妈妈不一定非要放弃泡热水澡的乐趣，但需要将水温降一点，泡澡时间缩短一点，尤其是孕早期。研究显示，在怀孕前3个月，如果让身体温度持续高于39℃，很容易造成胎宝宝发生脊髓缺损，在怀孕的第1个月末，这个伤害达到最高点。但到底多高水温会伤害胎宝宝还没有明确的定论。

如果孕妈妈认为在怀孕期间，泡澡可以放松身心，就可以进行，但要注意以下几点：

1. 当感到身体不舒服时，就要赶快出来，因为这时说明水温过高了。

2. 泡热水澡不要超过15分钟。此外，泡澡时可以分几次短时间浸泡，这样比长时间全身浸泡更安全。

验孕试纸和验孕棒怎样使用更准确

验孕试纸和验孕棒是最便宜、使用最简单的测试怀孕的两种方法，两种方法都是通过检测尿液中 HCG（人绒毛膜促性腺激素）的值来判断是否怀孕。

● 验孕试纸：清晨第一次尿液准确率可达95%~98%

用验孕试纸测试怀孕最好选择清晨第一次尿液，因为这次尿液较浓，含的激素较多，验孕准确率可达 95%~98%。具体方法：用干净的容器收集清晨第一次尿液，将验孕纸标有箭头的一端浸入其中，3~5 秒后取出平放，在 30 秒 ~5 分钟内对照说明书判断自己是否怀孕。

● 验孕棒：排尿时间应持续2秒钟

验孕棒一般在受精卵着床 11 天后，就可以测出是否怀孕，且准确率达 85%~95%。具体方法：尽量采取清晨第一次尿液，保证对准验孕棒侧面的吸尿孔排尿，让尿液穿透验孕棒上的吸尿孔，排尿时间应持续 2 秒钟。

中药≠安全

怀孕后，孕妈妈不能保证身体永远处于最健康状态，也不能保证自己不生病、受伤。人们往往认为，西药会伤害胎宝宝，而中药相对较为安全，其实中药也并非绝对安全，有些中药可用，有些相对可用（权衡利弊后可用），有些尽量远离。

建议孕妈妈禁用的中药

<table>
<tr><td rowspan="4">中药材</td><td>活血破气药</td><td>这类中药有桃仁、红花、乳香等。“活血”指使血液循环加速，迫血下溢，促胎外出；“破气”会使气行逆乱，气乱则无力固胎</td></tr>
<tr><td>利下药</td><td>如甘遂、芫花、牵牛子、木通、巴豆等。这类中药往往具有通利小便、泻下通腑的作用，常会伤阴耗气</td></tr>
<tr><td>大辛大热药</td><td>这类中药有附子、肉桂、川乌、草乌等，有引起堕胎的危险</td></tr>
<tr><td>芳香渗透药</td><td>这类药物如麝香、草果、丁香和降香等，辛温香燥，有通胎外出之弊</td></tr>
<tr><td>中成药</td><td colspan="2">牛黄解毒丸、大活络丸、小活络丸、牛黄清心丸、风湿跌打丸、小金丹、玉真散、苏合香丸、木瓜丸、活血止痛散、再造丸、苁蓉通便口服液、冠心苏合丸、五味麝香丸、利胆排石片、上清丸、藿香正气丸、防风通圣丸、蛇胆半夏片、安宫牛黄丸、祛风舒筋丸、六神丸、十滴水等</td></tr>
</table>

营养课堂

继续口服叶酸补充剂十分必要

怀孕的前3个月是胎宝宝神经管发育的重要时期，孕妈妈应该继续口服叶酸补充剂，可以防止胎宝宝神经管畸形的出现。

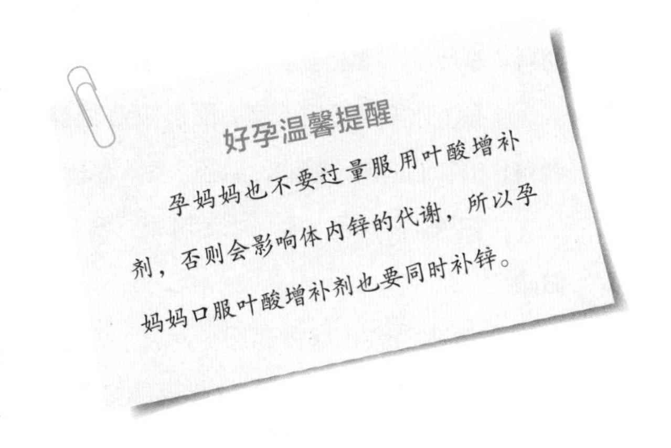

漏服叶酸不需要补回来

叶酸在人体内存留时间较短，一天后体内水平就会降低，因此叶酸增补剂孕妈妈必须天天服用，不能漏服。但如果漏服了，也没有必要补服。

吃些富含叶酸的食物

孕妈妈补充叶酸除了服用叶酸增补剂，还可通过食用富含叶酸的食物补充叶酸。

叶酸含量比较丰富的食物（每100克可食部分）

食材	叶酸含量（微克）	食材	叶酸含量（微克）
绿豆	393	紫菜	116.7
猪肝	335.2	茼蒿	114.3
腐竹	147.6	鸡蛋	113.3
香菇（干）	135	核桃	102.6
大豆	130.2	竹笋（干）	95.6

怀孕了，不必刻意进补

在孕3~4周，胚胎在快速增殖着，但这并不需要太多营养，孕妈妈已有基础足够供应，不需刻意进补。如果此时大补特补，胎宝宝不需要的营养就会全部长在孕妈妈身上，造成肥胖，给后面的孕期生活增加烦恼，或者引起妊娠并发症等。所以，孕早期，孕妈妈进食和孕前一样就行，但要保证均衡饮食。

本周营养食谱

番茄鸡蛋打卤面　缓解疲劳

材料： 番茄丁、鸡蛋液各 60 克，水发黄花菜段、水发黄豆各 5 克，面条 150 克。

调料： 植物油适量，酱油、盐各 2 克，葱段、白糖、蒜片各 5 克，水淀粉 15 克。

做法：

1. 锅内倒油烧热，爆香葱段、蒜片，放入番茄丁、黄花菜段、水发黄豆翻炒2分钟，加足量水大火烧开3分钟，水淀粉倒锅中勾芡，加盐、白糖、酱油调味，淋入蛋液即成卤。
2. 面条煮熟，倒入卤即可。

韭菜炒绿豆芽　开胃

材料： 绿豆芽 60 克，韭菜 300 克。

调料： 盐 2 克，鸡精、植物油各适量。

做法：

1. 绿豆芽掐头、掐尾，放水中浸泡，捞出沥干；韭菜择洗干净，切成段。
2. 锅内倒油烧热，放入绿豆芽翻炒一会儿，倒入盐、韭菜段快炒至熟，再加鸡精调味即可。

功效： 韭菜含膳食纤维较多，能促进肠道蠕动，保持大便畅通；绿豆芽含有丰富的维生素 C，这两种食材放一起能起到促进肠胃消化的作用，有利于孕妈妈开胃，增强食欲。

胎教课堂

胎教让女性更美丽

40周的孕期，孕妈妈要为胎宝宝付出很多，但是在这个过程中，胎教会带给你很大的益处，让你成为一个内外兼修的美丽女人。

● 提高个人修养

胎教要求孕妈妈对生活习惯、个人修养、兴趣爱好等都进行调整和提高，以便给胎宝宝良好的言传身教。孕妈妈不妨利用这个机会，丰富自己的知识，修身养性，变身为一名温文尔雅的魅力女性。

● 培养兴趣爱好

怀孕后，生活范围受到局限，在家的时间多了，可以发展多种兴趣爱好，或者深入钻研一种爱好，例如看书、绣十字绣、画画儿、种花等。这些活动在丰富孕妈妈业余生活的同时还能起到胎教的作用，而且使孕妈妈的脑部时刻保持灵活运作，心情保持舒畅，还有助于分散注意力，减轻妊娠不适反应。

● 搭建与宝宝爱的桥梁

胎教是孕妈妈和未见面的胎宝宝之间爱的沟通。宝宝出生后，这种爱依然会存留在双方的记忆里，长久地影响着母子之间的关系，并对胎宝宝的性格形成有着积极的作用。

胎教能激发胎宝宝的潜能

没有任何东西能够取代胎儿时期对人一生的健康所起到的重大影响，错过胎教时机将是毕生的遗憾。

● 胎教对胎宝宝IQ的影响

调查显示，人类的智力有48%受遗传因素的影响，剩余52%与胎内环境有关。这就说明，进行有效的胎教可以生出聪明又健康的孩子。

● 胎教对胎宝宝EQ的影响

研究表明，接受过胎教的宝宝性格活泼，喜欢与人接触，与未接受过胎教的宝宝相比，较早学会笑，对别人的表情和语言的理解能力也较强，并且喜欢表现出与人的互动；情绪较稳定，容易安慰，适应环境能力强，很少无故哭闹，容易养成良好规律的生活习惯，让父母更加省心。

胎教让胎宝宝身心健康

胎教在一定程度上决定着宝宝出生后的健康状态，不仅仅是畸形、心脏病、糖尿病、癌症等疾病，其他身体素质也多多少少和子宫内环境有关。甚至孩子一生的体质都受到胎内环境的影响。所以，孕妈妈的健康是对胎宝宝的最好胎教。

第4周

胎宝宝 我在妈妈的肚子里“扎根”了

在第 4 周，我已经在子宫内安全“着床”了。受精卵会分泌能分解蛋白质的酶，破坏子宫内膜，在内膜表面造成一个缺口，并逐渐往里层侵蚀。当受精卵进入子宫内膜后，子宫膜上的缺口迅速修复，把受精卵包围，直到这时，受精卵便着床了，此时的胚胎称为囊胚。

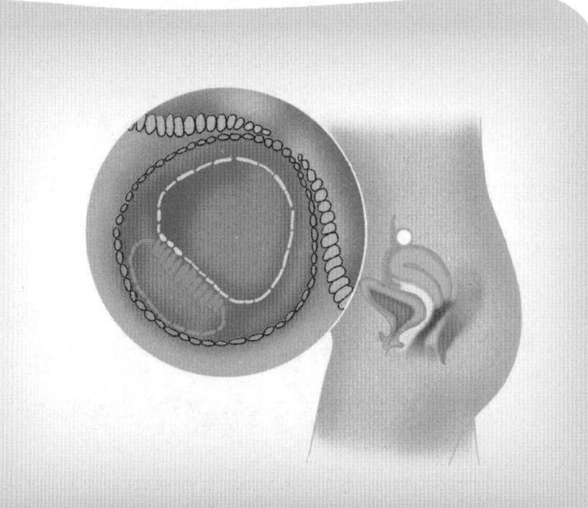

我作为胚胎着床后，慢慢长大。受精卵不断地分裂，一部分形成大脑，另一部分则形成神经组织。到第 4 周末时，我已经约长 5 毫米了，如同一个椭圆形的小物体，腹部隆起，其中便是心脏原基。

孕妈妈 可能有感冒或腹泻的症状

排卵后，释放卵子的破裂卵泡即形成黄体，黄体快速发育形成血管，为分泌黄体酮等激素做好准备，从而在胎盘形成之前维持早期妊娠。此时，胚泡在子宫中如同苹果的种子一样，一点点成长着。但外表看，孕妈妈的体形没有任何变化。孕妈妈的子宫如同鸡蛋般大小，只是稍微软一些，并且胎宝宝已经形成了脑和脊髓。

不少孕妈妈有类似感冒或腹泻的症状，要细心留意，想到自己有怀孕可能。此时宝宝对药物比较敏感，孕妈妈切忌随意用药。

生活保健

尽量远离人群密集的地方

怀孕的第1个月，孕妈妈尽量避免前往人群密集的公共场所，如超市、电影院、医院等人员复杂，细菌、病菌较多的地方，否则可能会导致孕妈妈感染流感、肝炎等传染病。这时子宫内的胚胎正是发育的关键时期，一旦感染病毒，就非常危险。如果孕妈妈必须去一些人群聚集的地方，那么尽量带上纯棉的或是棉纱材质的口罩，这样可以降低感染的风险，为胚胎的正常发育增加一份"保险"。

好孕温馨提醒

孕妈妈也要尽量远离噪声环境，因为噪声会影响孕妈妈的中枢神经系统的机能活动，会使胎心率加快、胎动增加，对胎宝宝很不利。高分贝的噪声还可对宝宝的听觉器官产生损伤，并使孕妈妈的内分泌功能紊乱，诱发子宫收缩而引起早产、流产。孕妈妈长期在噪声环境中，生出的胎宝宝体重会较轻或出现先天性畸形。

养成规律作息，从胎儿期做起

孕妈妈怀孕后，由于体内激素的变化，增加了新陈代谢的速度，这样孕妈妈就很容易感到疲劳。如果此时生活无规律，容易导致身体状态不佳，影响胎宝宝的正常发育。如果过于劳累，甚至会导致早产。所以孕妈妈要养成规律的作息习惯，这样才能让全身各器官和系统保持稳定的状态，为胎宝宝提供良好的成长环境。那么宝宝出生后，也会养成规律的作息时间。所以，给孕妈妈以下几点建议：

1. 尽量不要熬夜，保证每晚22：00前上床睡觉。
2. 每天保证有8~9小时的睡眠时间，白天也要有短暂的休息。
3. 只要觉得有疲惫感，就尽快让自己休息，别逞强硬撑。

孕妈妈要及早调整自己的作息习惯，以有利于母婴健康。

适合自己的运动，才能提高身体机能

怀孕后，很多孕妈妈都成了家里重点保护对象，什么都不做，还不运动，这样是不好的。做些适合自己的运动，可以舒缓紧张焦虑的情绪，缓解孕吐，还能帮助孕妈妈保持健康的体魄，更好地度过快乐孕期生活和为胎宝宝提供良好的发育环境。如经常跑步的孕妈妈，只要掌握好时间和度，继续跑步是没有问题的。如喜欢骑车外出的孕妈妈，只要注意方式和方法，也是可以继续骑车的。

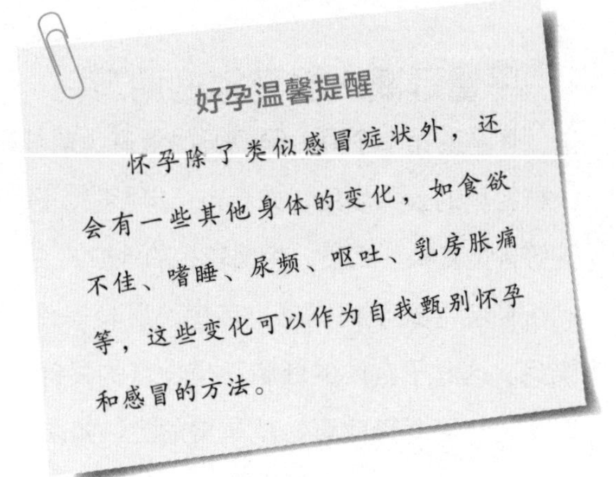

算算预产期，憧憬天使的诞生

一旦知道自己怀孕了，孕妈妈最想知道的就是胎宝宝何时会出生。根据预产期预算法则，从最后一次月经的首日开始往后推算，怀孕期为 40 周，每 4 周计为 1 个月，共 10 月。

- **计算预产期月份**

月份 = 末次月经月份 – 3（相当于第 2 年的月份）或 + 9（相当于本年的月份）

- **预产期日期的计算**

日期 = 末次月经日期 + 7（如果得数超过 30，减去 30 以后得出的数字就是预产期的日期，月份则延后 1 个月）

预产期其实不是精确的分娩日期，只是个大概的时间。一般而言，在预产期前三周或后两周出生都算正常。临床研究表明，只有 53% 左右的女性在预产期那一天分娩，所以不要把预产期这一天看得过于精确。虽然并不是说预产期这个日子肯定生，但计算好预产期可以提醒自己宝宝安全出生的时间范围。一般到了孕 37 周最好就开始做分娩准备了，如到了孕 41 周还没有分娩征兆，应到医院，听从医生的安排。

预产期日历——一眼看出预产期

黑色数字：代表您末次月经的起始日期。

浅色日期：代表您的预产期。

末次月经起始日　预产期

1月（Jan）			10/8 1	10/9 2	10/10 3	10/11 4
10/12 5	10/13 6	10/14 7	10/15 8	10/16 9	10/17 10	10/18 11
10/19 12	10/20 13	10/21 14	10/22 15	10/23 16	10/24 17	10/25 18
10/26 19	10/27 20	10/28 21	10/29 22	10/30 23	10/31 24	11/1 25
11/2 26	11/3 27	11/4 28	11/5 29	11/6 30	11/7 31	

2月（Feb）			11/8 1	11/9 2	11/10 3	11/11 4
11/12 5	11/13 6	11/14 7	11/15 8	11/16 9	11/17 10	11/18 11
11/19 12	11/20 13	11/21 14	11/22 15	11/23 16	11/24 17	11/25 18
11/26 19	11/27 20	11/28 21	11/29 22	11/30 23	12/1 24	12/2 25
12/3 26	12/4 27	12/5 28	12/6 29			

3月（Mar）			12/7 1	12/8 2	12/9 3	12/10 4
12/11 5	12/12 6	12/13 7	12/14 8	12/15 9	12/16 10	12/17 11
12/18 12	12/19 13	12/20 14	12/21 15	12/22 16	12/23 17	12/24 18
12/25 19	12/26 20	12/27 21	12/28 22	12/29 23	12/30 24	12/31 25
1/1 26	1/2 27	1/3 28	1/4 29	1/5 30	1/6 31	

4月（Apr）			1/7 1	1/8 2	1/9 3	1/10 4
1/11 5	1/12 6	1/13 7	1/14 8	1/15 9	1/16 10	1/17 11
1/18 12	1/19 13	1/20 14	1/21 15	1/22 16	1/23 17	1/24 18
1/25 19	1/26 20	1/27 21	1/28 22	1/29 23	1/30 24	1/31 25
2/1 26	2/2 27	2/3 28	2/4 29	2/5 30		

5月（May）			2/6 1	2/7 2	2/8 3	2/9 4
2/10 5	2/11 6	2/12 7	2/13 8	2/14 9	2/15 10	2/16 11
2/17 12	2/18 13	2/19 14	2/20 15	2/21 16	2/22 17	2/23 18
2/24 19	2/25 20	2/26 21	2/27 22	2/28 23	2/29 24	3/1 25
3/2 26	3/3 27	3/4 28	3/5 29	3/6 30	3/7 31	

6月（Jun）			3/8 1	3/9 2	3/10 3	3/11 4
3/12 5	3/13 6	3/14 7	3/15 8	3/16 9	3/17 10	3/18 11
3/19 12	3/20 13	3/21 14	3/22 15	3/23 16	3/24 17	3/25 18
3/26 19	3/27 20	3/28 21	3/29 22	3/30 23	3/31 24	4/1 25
4/2 26	4/3 27	4/4 28	4/5 29	4/6 30		

注：表中 3、4、5、7、12 月份因为年份关系，与公式计算法相比，预产期可能差 1 ~ 2 天。

7月（Jul）			4/7 1	4/8 2	4/9 3	4/10 4
4/11 5	4/12 6	4/13 7	4/14 8	4/15 9	4/16 10	4/17 11
4/18 12	4/19 13	4/20 14	4/21 15	4/22 16	4/23 17	4/24 18
4/25 19	4/26 20	4/27 21	4/28 22	4/29 23	4/30 24	5/1 25
5/2 26	5/3 27	5/4 28	5/5 29	5/6 30	5/7 31	

8月（Aug）			5/8 1	5/9 2	5/10 3	5/11 4
5/12 5	5/13 6	5/14 7	5/15 8	5/16 9	5/17 10	5/18 11
5/19 12	5/20 13	5/21 14	5/22 15	5/23 16	5/24 17	5/25 18
5/26 19	5/27 20	5/28 21	5/29 22	5/30 23	5/31 24	6/1 25
6/2 26	6/3 27	6/4 28	6/5 29	6/6 30	6/7 31	

9月（Sep）			6/8 1	6/9 2	6/10 3	6/11 4
6/12 5	6/13 6	6/14 7	6/15 8	6/16 9	6/17 10	6/18 11
6/19 12	6/20 13	6/21 14	6/22 15	6/23 16	6/24 17	6/25 18
6/26 19	6/27 20	6/28 21	6/29 22	6/30 23	7/1 24	7/2 25
7/3 26	7/4 27	7/5 28	7/6 29	7/7 30		

10月（Oct）			7/8 1	7/9 2	7/10 3	7/11 4
7/12 5	7/13 6	7/14 7	7/15 8	7/16 9	7/17 10	7/18 11
7/19 12	7/20 13	7/21 14	7/22 15	7/23 16	7/24 17	7/25 18
7/26 19	7/27 20	7/28 21	7/29 22	7/30 23	7/31 24	8/1 25
8/2 26	8/3 27	8/4 28	8/5 29	8/6 30	8/7 31	

11月（Nov）			8/8 1	8/9 2	8/10 3	8/11 4
8/12 5	8/13 6	8/14 7	8/15 8	8/16 9	8/17 10	8/18 11
8/19 12	8/20 13	8/21 14	8/22 15	8/23 16	8/24 17	8/25 18
8/26 19	8/27 20	8/28 21	8/29 22	8/30 23	8/31 24	9/1 25
9/2 26	9/3 27	9/4 28	9/5 29	9/6 30		

12月（Dec）			9/7 1	9/8 2	9/9 3	9/10 4
9/11 5	9/12 6	9/13 7	9/14 8	9/15 9	9/16 10	9/17 11
9/18 12	9/19 13	9/20 14	9/21 15	9/22 16	9/23 17	9/24 18
9/25 19	9/26 20	9/27 21	9/28 22	9/29 23	9/30 24	10/1 25
10/2 26	10/3 27	10/4 28	10/5 29	10/6 30	10/7 31	

营养课堂

吃些缓解疲劳的食物

怀孕后，孕妈妈总是感到莫名的疲惫，整天有气无力、昏昏沉沉，甚至开始怀疑自己能否继续工作。孕早期孕妈妈身体如果缺乏铁元素、蛋白质和足够的能量，这种疲倦感会更加强烈。疲倦感是孕期正常的反应，不会对孕妈妈身体和胎宝宝的发育产生影响。

无论什么因素引发疲劳，都需要及时补充能量，力求维持供耗平衡，才能有效地改善疲劳症状，轻松度过孕期。

● 缓解疲劳的饮食原则

1. 增加碱性食物的摄取量，孕妈妈可吃些能够缓解疲劳的碱性食物，如紫甘蓝、菜花、芹菜、油麦菜、萝卜缨、小白菜等；钙质是压力缓解剂，多食乳类及乳制品、豆类及豆制品、海产品、肉类等，可以中和体内的酸性物质（乳酸），以缓解疲劳。此外，多食一些干果，如花生、杏仁、腰果、核桃等，缓解疲劳的功效也较好。

2. 增加富含 ω-3 脂肪酸的鱼类，尤其是海鱼，如鲭鱼、鲑鱼、银白鱼和鲱鱼的摄入。

3. 多摄取富含 B 族维生素的食物，B 族维生素是缓解压力、舒缓神经的天然营养素。

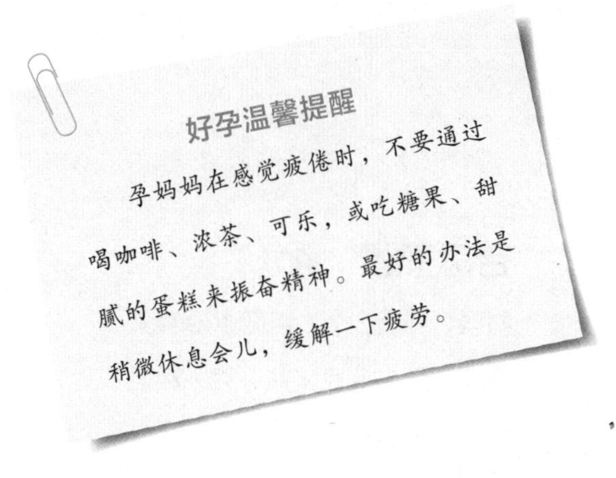

孕妇奶粉，不一定喝

孕妇奶粉是根据孕期营养的需求添加了各种各样的营养素，且容易被消化和吸收。孕早期孕妈妈往往会因为孕吐导致食欲缺乏，进而营养不良，这时喝些孕妇奶粉，可以补充一些营养。而孕中、晚期孕妈妈对营养的需求量会增大，喝些孕妇奶粉，可以补充充足的营养。

但孕妈妈也不一定非要喝孕妇奶粉。虽然孕妇奶粉营养丰富，但如果孕妈妈饮食合理、营养均衡，那么就没有必要一定要喝孕妇奶粉。

如果孕妈妈因自身原因导致营养不均衡，需要额外补充营养的话，可以在医生的指导下喝适量的孕妇奶粉。

本周营养食谱

蒜蓉西蓝花 缓解疲劳

材料：西蓝花250克，蒜蓉20克。

调料：盐2克，白糖5克，水淀粉、植物油各适量，香油少许。

做法：

1. 西蓝花洗净，去柄，掰成小块，放入沸水中焯烫一下。
2. 锅内倒油烧热，爆香蒜蓉，倒入西蓝花翻炒至熟，加盐、白糖，用水淀粉勾芡，点香油调味即可。

苦瓜煎蛋 减轻孕吐

材料：鸡蛋3个，苦瓜100克。

调料：葱末5克，盐2克，料酒3克，植物油适量。

做法：

1. 苦瓜洗净，切丁；鸡蛋打散。
2. 将苦瓜丁和鸡蛋液混匀，加葱末、盐和料酒调匀。
3. 锅内倒油烧热，倒入蛋液，煎至两面金黄即可。

功效：苦瓜有刺激唾液及胃液分泌、促进胃肠蠕动，加速孕妇的消化吸收、增进食欲，缓解孕吐的作用。

胎教课堂

胎教需建立在胎宝宝生理变化基础上

也许还有人在担心胎教是否真的有效，“胎宝宝看不见又摸不着，怎么能接受教育呢？”其实，胎教有着科学的理论依据，那就是胎宝宝的生理变化。

胎宝宝脑部成长全记录

月龄	脑部发育
孕1个月	妊娠18天起，胎宝宝的大脑就会形成管状的神经管，神经管头端会变厚，形成3个膨大物，中间部分会发育为脑，另一端则会发育成脊髓
孕2~3个月	脑的各部分，如间脑、小脑以及以后成为大脑皮质的端脑开始进行分化，还形成了聚集脑脊液的脑室
孕4~5个月	此时的胎宝宝脑部迅速发育，端脑会逐渐变大形成大脑半球，同时脑部的神经系统也开始发育，首先出现感受触觉和气味的感觉区，脑内部也开始形成感受快感和不快感的领域。但脑的表面尚未产生褶皱
孕6~7个月	脑细胞分化逐渐形成，大脑半球表面开始发育，包裹间脑和小脑而形成大脑皮质。其中前方的皮质特别厚，形成额叶，听觉和视觉的神经回路也逐渐形成。接近成人的脑部构造
孕8~9个月	胎宝宝的脑部发育完成，大脑皮质的细胞分裂已达到高峰，表面皱褶也基本形成，到9个月时，胎宝宝的脑细胞会达到140亿个，与成人基本相同
孕10个月	脑的重量约400克，脑的神经细胞约有1000亿个。此后，神经细胞数量不会再增加。这时脑部开始髓鞘化，神经胶质细胞开始增加，脑部逐渐发达

第5周

胎宝宝 大脑发育的第一个高峰

这个阶段的我也还只是一个胚胎，我的身长约1.2厘米，体重约2克。此时，我这个圆形的细胞团开始伸长，头尾可辨，样子就像一根小豆芽。我的细胞迅速分裂，中枢神经系统开始发育，脑开始形成，开始了大脑发育的第一个高峰。

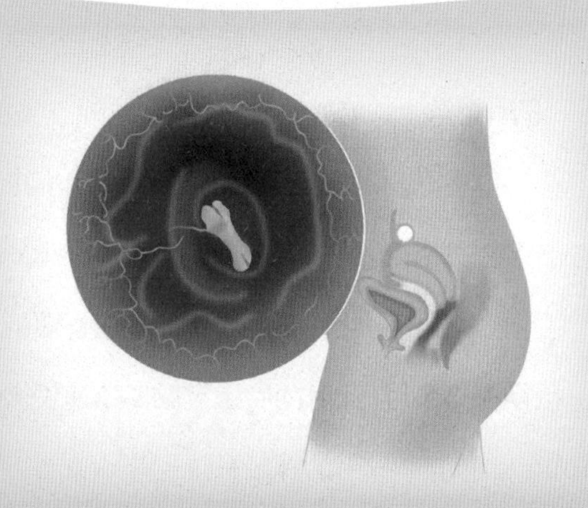

我的脊髓开始形成，肝脏和肾脏开始发育，肌肉和骨骼也开始形成。手臂开始长芽，看起来像是身上长出了一个疙瘩似的。面部器官开始形成，眼睛的视网膜也开始形成了。我的小心脏开始有规律地跳动及开始供血。

孕妈妈 月经过期不至

每月按时光顾的月经没有来，孕妈妈会是什么心情呢？一定是欣喜激动吧。如果觉得去医院测试早孕太麻烦，你也可以买来早孕试纸在家里检查，只要使用方法正确，准确率也非常高。有些孕妈妈在这时会流少量的经血，这属于正常现象，如果你仍觉得不放心，不妨去医院诊断一下吧。

生活保健

黄体酮的利与弊

黄体酮的主要成分是孕激素，可以让胎囊更好地依附在子宫壁上。所以可以治疗黄体功能低下导致的先兆流产。但服用黄体酮时，一定要选择天然制剂，才可以保证用药安全。然而黄体酮不能滥用，孕妈妈必须经过医生检查诊断，在医生的指导下使用。

只有三类孕妈妈需要用黄体酮

● **第一类：习惯性流产者**

这类情况需建议孕前做系统检查，排除内分泌代谢、自身免疫疾病，甚至遗传基因异常，并做相应的治疗。如果存在黄体功能不足，需用黄体酮。

● **第二类：有不孕不育史者**

这类女性应注意补充营养，多食富含维生素 E 的食物，促进胎宝宝发育。此外，还要尽量避免性生活。

● **第三类：先兆流产者**

孕早期一旦出现出血、小腹隐痛等先兆流产的征兆时，应及时进行用药治疗。

造成流产的原因很复杂。如果夫妻的受精卵结合时出错，导致异常的受精卵，在子宫内也不能发育成熟，一般孕早期就会流产，这种情况下，就不需要进行保胎。因为这是人类自身的一种自然淘汰，也不要惋惜。孕妈妈和家人应了解一些优生知识，这样在确定不能用药时，应及时终止妊娠，顺其自然。

另外，还要警惕宫外孕这一妇科急症情况，配合医生进行检查，避免大出血的发生。

和上司说怀孕这事，需要技巧

职场孕妈既要应对妊娠反应所带来的身体不适，又要担心自己的工作是否会因为孕育宝宝而受到影响，甚至会害怕上司知道了有可能会失去这份工作。其实，只要方法正确，尽早把自己怀孕的消息告诉上司也许会对你更有利。

● **选择合适的时机把怀孕的事告诉上司**

孕妈妈把孕事告诉上司需要技巧，不要拿着医院的检查报告径直走进他的办公室，或是在一起吃饭的时候装作漫不经心地透露出来。最好提前跟上司约个日子，最佳的时机是在一项工作圆满完成后，因为这样做本身就传达了一个很有说服力的信息："我虽然怀孕了，但是工作表现丝毫没有受到影响。"

● **要提前做好周密的安排**

在你向上司提出休产假之前，你必须先跟他沟通好。你打算什么时候离开公司？你将怎么结束你的工作？你什么时候能够回来继续工作？你甚至还可以告诉老板，在你离开的时期里，你将怎么解决你的工作，是否有合适的人选来接替你的工作……

向上司解释你的所有计划和准备。这些问题的答案应该都是你在告诉老板之前就应该想好的，你必须让他提前知道你的计划和行动，这样的话老板肯定也更容易接受一些。

国家关于孕妇聘用保护的制度

1.《中华人民共和国妇女权益保障法》第二十七条规定：任何单位不得因结婚、怀孕、产假、哺乳等情形，降低女职工的工资，辞退女职工，单方解除劳动（聘用）合同或者服务协议。但是，女职工要求终止劳动（聘用）合同或者服务协议的除外。

2.《中华人民共和国劳动法》第二十九条规定：女职工在孕期、产期、哺乳期内的，用人单位不得依据《劳动法》第二十六条、第二十七条的规定解除劳动合同。而《劳动法》第二十六条规定，有下列情形之一的，用人单位可以解除劳动合同，但是应当提前三十日以书面形式通知劳动者本人：（一）劳动者患病或者非因工负伤，医疗期满后，不能从事原工作也不能从事由用人单位另行安排的工作的；（二）劳动者不能胜任工作，经过培训或者调整工作岗位，仍不能胜任工作的；（三）劳动合同订立时所依据的客观情况发生重大变化，致使原劳动合同无法履行，经当事人协商不能就变更劳动合同达成协议的。

3.《关于贯彻执行〈中华人民共和国劳动法〉若干问题的意见》规定：除劳动法第二十五条规定的情形外，劳动者在医疗期、孕期、产期和哺乳期内，劳动合同期限届满时，用人单位不得终止劳动合同。劳动合同的期限应自动延续至医疗期、孕期、产期和哺乳期期满为止。

孕妇享有不被降低工资的权利

《女职工劳动保护特别规定》第五条：用人单位不得因女职工怀孕、生育、哺乳降低其工资、予以辞退、与其解除劳动（聘用）合同。

关于女职工的休假时间

《女职工劳动保护特别规定》第七条：女职工生育享受98天产假，其中产前可以休假15天；难产的，应增加产假15天；生育多胞胎的，每多生育1个婴儿，可增加产假15天。

女职工怀孕未满4个月流产的，享受15天产假；怀孕满4个月流产的，享受42天产假。

晚育产假，由各省、自治区、直辖市根据本地区计划生育条例规定。

营养课堂

嗜酸的孕妈妈要注意节制

如果孕妈妈喜欢吃酸味食物，可以选择天然的酸味食物吃，如杨梅、橘子、猕猴桃、番茄等酸味水果；也可以喝酸奶，或将酸奶和果汁、水果混合着吃，都很营养健康。孕妈妈不宜经常食用腌制的酸味食物，因为其中含有较多的亚硝酸盐，而且为了提味，加了大量的盐、味精，对孕妈妈都不适宜。

每天 1~2 个核桃，促进胎宝宝大脑发育

核桃仁的形状与大脑的形状十分相似，中医上讲“以形补形”，核桃的营养价值最基本的就是促进大脑发育。西医认为，核桃仁富含蛋白质和不饱和脂肪酸，能滋养脑细胞，促进大脑的发育，所以孕妈妈每天吃 1~2 个核桃，可以促进胎宝宝大脑发育。切记过量吃核桃，因为核桃仁中油脂丰富，多食会增重，而且可能会发生不良反应。

好孕温馨提醒

为了胎宝宝的健康，孕妈妈不能做太多的护肤，但皮肤日渐粗糙也是很苦恼。我们可以用核桃仁做面膜，给孕妈妈一个天然的美白机会。具体做法：将核桃仁打碎，放入蜂蜜、蛋清，然后敷于脸上即可，可以起到滋润美白、抗衰老的作用，且没有任何副作用。

- **推荐的核桃吃法**

煮粥

核桃仁除了生食，还可以搭配大枣等一起煮粥，香甜可口

糕点点缀

孕妈妈也可以将核桃仁打碎，用来点缀糕点，香甜酥脆，营养丰富

琥珀核桃

爱吃甜食的孕妈妈，可以将核桃微烤后，拌入红糖和蜂蜜，再放入微波炉中加热即成琥珀核桃，香脆爽口

本周营养食谱

香椿苗拌核桃仁 促进胎宝宝大脑发育

材料： 香椿苗 250 克，核桃仁 100 克。

调料： 盐 2 克，糖、醋各 5 克，香油适量。

做法：

1. 香椿苗去根、洗净，用淡盐水浸一下；核桃仁用淡盐水浸一下，去内皮。
2. 从盐水中取出香椿苗和核桃仁，加盐、糖、醋、香油拌匀即可。

功效： 核桃仁含有不饱和脂肪酸，可以促进脑神经的发育，孕妈妈常吃核桃仁有利于促进胎宝宝大脑的发育。

黑芝麻大米粥 补血益气

材料： 大米 30 克，黑芝麻 40 克。

做法：

1. 黑芝麻洗净，炒香，研碎；大米洗净，浸泡30分钟。
2. 锅置火上，倒入适量清水大火烧开，加大米煮沸，转用小火煮至八成熟时，放入芝麻碎拌匀，继续熬煮至米烂粥稠即可。

功效： 黑芝麻具有益精血的作用，研碎后的黑芝麻更易于人体吸收，孕妈妈经常食用，具有补血益气的作用。

胎教课堂

孕妈妈应该避开的胎教误区

● 误区一：胎教是为了培养神童

很多父母实施胎教时，都带有望子成龙、望女成凤的迫切心情，甚至想培养出神童。认为IQ指数高的孩子才能进入好的学校，获得轻松的工作和不错的收入，生活得更加轻松自如。但是，聪明的头脑并不能够代替人们的情感需要，更不能单独决定人的幸福。

● 误区二：胎教就是给胎宝宝听音乐

很多准爸妈认为胎教就是给胎宝宝听音乐。其实适当听音乐是正确的，但是也要讲究内容和方法，除了选择适当的音乐和控制听音乐的时间，还要注意音量大小。

除了音乐胎教以外，胎教还包括运动、营养、美术、光照、图形卡片等内容，从怀孕前的准备，到情绪的调节，再到散步、和胎宝宝说悄悄话等，都是胎教的内容。

● 误区三：胎教是迷信

有人不了解胎宝宝的发育情况，认为胎宝宝没有接受胎教的能力，其实这种想法是不对的。胎宝宝4个月时就具备了全方位的感知能力。此时根据胎宝宝各个时期的发育特点，有针对性地、积极主动地给予各种信息刺激，能够促进胎宝宝身心健康发育，为宝宝出生后的早教奠定基础。

实施胎教需要注意的事儿

胎教越来越受到年轻父母的重视，这是一件好事，但是实施胎教的时候可能会出现一些问题，所以需要注意以下两个方面。

● 传统胎教强调从孕前就要开始

科学研究显示，要使得精子质量最佳，孕育出健康的后代，那么胎教需要在孕前3个月时就开始。女性子宫内的温度、压力决定着胎宝宝的生长环境。良好的环境也是要提前创造。因此，夫妻二人从决定要宝宝的时候起，就应该为了给宝宝最棒的遗传基因而作出身心上的改善。

● 依据胎宝宝的发育进行胎教

从胚胎形成到婴儿出生，胎宝宝各阶段器官的发育是不同的，可以根据胎宝宝的发育状况有针对性地进行胎教，才能达到最理想的效果，否则很可能适得其反。

产检课堂

如何挑选适合自己的医院

● 根据位置选择医院

怀孕后，孕妈妈要经常到医院进行定期产检，临近分娩时，更需要在出现异常情况后迅速前往医院，因此医院不要离家太远。对上班族来说，大部分时间都在工作单位度过，所以距离工作单位近也是不错的选择。

● 考察医院的设施

首先应观察医疗设施的清洁度和安全性，还要确定产后是否可以喂母乳、住院病房共有多少床位、是否有儿科门诊等信息，以免等到分娩住院时才感觉医疗服务条件不满意，就很难更改。

好孕温馨提醒

孕妈妈不一定非要选择在知名度很高的综合性大医院生产。大医院在应急方面是会更好些，但如果身体健康、孕龄不大，就没有必要盲目选择大医院。综合性的大医院可能会接触其他各种疾病的患者，孕妈妈患上感冒或其他传染性疾病的可能性也会增加。

● 确认医院和医生的可靠性

在10个月的孕期生活中，妇产科医生要回答孕期咨询的许多问题，孕妈妈和他们的关系是否融洽也十分重要。如果对医生的医疗水平缺乏信任，或是医生忙得没时间一一解答患者的疑问，会对孕妈妈产生压力，所以要选择可靠的医院和医生。

● 关注下周围的评论

如果正在考察一家医院，可以参考一下患者的评论。选择离家近的医院时，还可以从身边的孕妈妈那里征求意见，比如检查时排队等候的时间长不长，是否需要长距离地为各项检查奔波，是否有单人的房间可供选择等。

最好将产检医院作为你的生产医院

如果没有特殊情况，产检和分娩最好在同一家医院，中途也不要变换产检医院。中途如更换医院，新医生不了解情况，容易造成信息的断层，影响医生对孕妈妈健康程度把握的连续性和全面性。而且，陌生的环境、新的程序对孕妈妈也是一轮新的考验，容易增加心理压力。

整个孕期要经过十几次常规产检，如有并发症，需要去医院的次数会更多，孕妈妈和产检医院的医生、护士的接触就会特别频繁，因此维护好关系就很重要。

自测怀孕后去医院需要做哪些检查

女性在家里可以通过“验尿试纸”来检测是否怀孕，只要按照包装盒上的说明进行检测即可。即使确定了怀孕，有些女性心里还是有些不放心，会进一步到医院进行检测是否怀孕。到医院检测怀孕的方法主要两种。

- **憋尿B超**

一般来说，医生会建议女性做憋尿 B 超来检测是否怀孕，但胚胎要大于 45 天，B 超才能测出来。

- **验血**

这是最准确的方法，通过抽取女性静脉血液，检测其中 HCG 值来判断女性是否怀孕。血检相比传统的尿液检测更加准确，误差更小。一般在卵子受精后 7 日即可在血清中检测出人绒毛膜促性腺激素（HCG），一般是采静脉血。

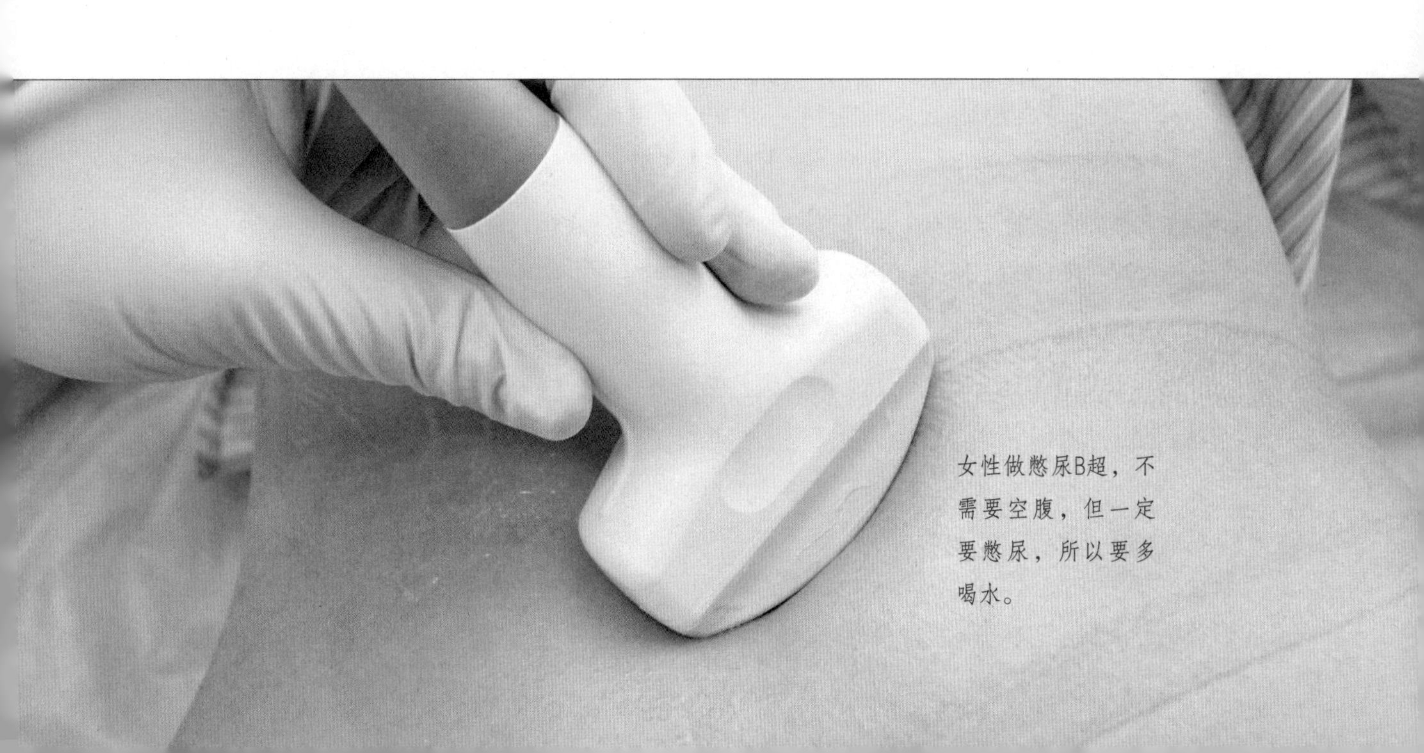

女性做憋尿B超，不需要空腹，但一定要憋尿，所以要多喝水。

胎宝宝 我是胳膊和腿渐现的小芽儿

在妈妈的子宫里，我正在飞速成长着，我已经有了大脑，头部也开始形成，包括肾脏和肝脏在内的器官继续发育，神经管开始连接大脑和脊髓。我的心脏此时已经开始划分心室，并进行有规律的跳动及开始供血。我的心脏现在已经可以跳到120次/分钟，遗憾的是妈妈还无法感觉到我的心跳，别急，大概到孕12周，借助多普勒听诊器就可以清晰地听到我的胎心音了。

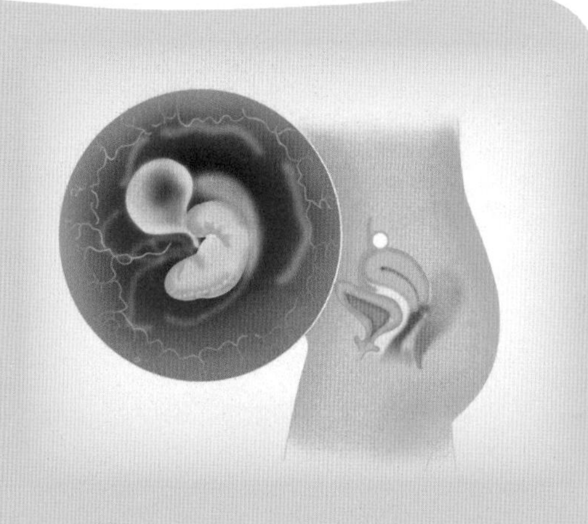

我原始的消化道及腹腔、胸腔、脊椎开始形成，胳膊和腿也有了小小芽儿。

孕妈妈 早孕反应的其他症状初见端倪

进入第6周，除了月经过期不至这一怀孕的最初迹象外，孕妈妈的身体已经开始出现了其他早孕反应的症状。由于雌激素与孕激素的刺激作用，孕妈妈会感到胸部胀痛，乳房增大变软，乳晕有小结节突出，会时常感觉疲倦、犯困，而且排尿次数增多。

多数孕妈妈在这周开始感到恶心，偶尔会呕吐，但一般来说都不严重。这些令人心烦的症状都是正常的，大约在3个月之后恶心与晨吐就会结束。妊娠期胃灼热症也可能在本周出现，孕妈妈会经常感到胃部不适，有烧灼感，并伴有心口痛，如果孕妈妈的胃部烧灼感很严重，可在医生的指导下用药。

生活保健

怀孕了，坚持上班有益身心

怀孕后，有些孕妈妈会想是继续工作还是回家休息？其实，如果孕妈妈身体没有异常情况，最好还是坚持上班最好。因为孕妈妈坚持上班好处多。

1. 工作可以分散注意力，缓解孕吐。

2. 工作充实生活，避免孕妈妈胡思乱想。

3. 一旦工作，运动就少不了，可以促进肠胃蠕动，减少孕期便秘的发生。

4. 孕妈妈坚持工作，可以保持良好的心态。

孕早期出现晕厥，可能是宫外孕

孕妈妈在孕早期如果出现晕厥的情况时，要小心，有可能是宫外孕（就是受精卵植入宫腔以外的地方），需要及时就医。

宫外孕95%是输卵管妊娠。当受精卵在输卵管中生长发育过大，撑破输卵管，就会造成腹腔急性大出血。如果出血过多，孕妈妈就会出现血压下降、头晕，甚至晕厥等情况。所以，当孕早期出现妊娠晕厥现象时，孕妈妈要高度重视。

刺激内关穴，减轻孕吐

内关穴位于前臂掌侧，距腕横纹向上三指宽处。孕妈妈用一只手的拇指，稍用力向下点压对侧手臂的内关穴后，保持压力不变，继而旋转揉动，以产生酸胀感为度。可以起到保护心脏、宁心安神、理气止痛的功效，能有效地缓解孕吐。

营养课堂

应对孕吐，看看过来人有哪些妙招

孕吐是怀孕早期最明显的表现之一，多数孕吐症状会在孕 16 周以后慢慢缓解，所以孕妈妈不必过于担心，下面看看过来人都有哪些小妙招应对孕吐。

● 妙招一：喝些果蔬汁

苹果甜酸爽口，可增进食欲，促进消化，孕妈妈可以用来打些果汁，能缓解孕吐。

● 妙招二：喝些姜汤

生姜被称为“呕家圣药”，孕妈妈可以将生姜切碎，放入开水中冲泡，品尝一杯独特的姜茶，也能缓解孕吐。

● 妙招三：吃苏打饼干、吐司

孕妈妈可以在睡前吃点苏打饼干、吐司等，这样第二天早晨起床时不会因为空腹感而出现恶心、呕吐的情况。

孕妈妈可以自己榨些蔬果汁缓解孕吐，干净卫生。

Q 孕吐是否会对胎宝宝产生影响？

A 孕吐严重时，会吃不下食物，很多人都担心会对胎儿产生不良影响。其实，孕早期的胎儿很小，孕妈妈体内积蓄的营养就足够供给胎儿成长，所以不必为营养而忧心。

但是，孕吐非常严重完全吃不下食物时，或是呕吐导致脱水、筋疲力尽的时候，就对孕妈妈和胎宝宝不利了，应该去医院看一下。因为严重的孕吐会导致体重减少、脱水、抑郁症、焦虑感等，会对胎儿肝脏、心脏、肾脏、大脑产生严重影响，甚至导致流产。特别是当孕妈妈体重减少 5% 以上时，胎宝宝出生后可能会成为低体重儿，并会经常生病。

吃些黑色食物，防治贫血

黑芝麻　黑芝麻中铁的含量比猪肝高，蛋白质的含量比牛肉和鸡蛋高。可以与核桃等一起磨粉，做成黑芝麻糊，也可加在牛奶或豆奶中饮用，都能起到很好的补血效果。

黑米　黑米煮粥颜色深棕，味道香浓，能滋阴补肾、益气强身、明目活血，对改善贫血、头昏目眩、腰腿酸软等有疗效。

黑枣　黑枣是精选优质大枣，经沸水烫过后，再熏焙至枣皮发黑发亮，枣肉半熟，干燥适度而制成，其功效与红枣相似而滋补作用更佳。与所有水果相比，黑枣含有最丰富的维生素C。中医认为，将黑枣鲜食、煨汤、煮粥都能起到很好的补血效果。

乌鸡　乌鸡体内的黑色物质含铁和铜等元素较为丰富，且血清总蛋白、维生素E、胡萝卜素和维生素C的含量均高于普通的肉鸡。乌鸡具有补肝肾、益气血等功效，煨汤或炖食味道鲜美，还能补血。

少量多次吃猪肝，补血效果更好

为预防缺铁性贫血，整个孕期都应该注意摄入含铁丰富的食物，如猪肝。为使猪肝中的铁更好地被吸收，建议孕妈妈食用猪肝坚持少量多次的原则，每周吃1～2次，每次吃30～50克。因为包括铁在内的大部分营养素，在胃肠道吸收时，摄入量越大，吸收率越低。而且，猪肝中不但含较多胆固醇、饱和脂肪和一些代谢物质，猪饲料中非法添加的抗生素、激素、瘦肉精等有害物质也会集中于肝脏，所以不宜一次大量食用。

为避免猪肝的安全隐患，不要购买来源不明或不可靠的；不要选择过于饱满、肥嫩的，有可能是“脂肪肝”；不要选择质地较硬、血色不足的；不要购买肝脏切面有太多白点的，有可能是寄生虫感染。最后，要买新鲜的生猪肝自己回家做，少买外面卤煮好的熟猪肝，卤煮时间过长，铁流失比较多。

本周营养食谱

豆芽椒丝 缓解孕吐

材料： 青椒、红椒各50克，绿豆芽100克。

调料： 白糖5克，盐2克，醋8克。

做法：

1. 绿豆芽择洗干净，入沸水中焯透，捞出，沥干水分，凉凉；青椒、红椒洗净，去蒂去子，切丝。
2. 将绿豆芽、青椒丝、红椒丝一起放入盘中，加盐、醋、白糖拌匀即可。

功效： 青椒、红椒、绿豆芽都含有丰富的维生素C，常食有利于减轻孕吐症状。

子姜炒肉 减轻孕吐

材料： 羊肉250克，子姜100克，青椒、红椒各30克。

调料： 植物油适量，葱丝30克，料酒10克，盐3克，醋、鸡精各少许。

做法：

1. 羊肉洗净，切丝；子姜洗净，切丝；青椒、红椒均洗净，去蒂、子，切丝。
2. 将羊肉丝放入碗内，加料酒和盐腌渍10分钟。
3. 锅内倒油烧热，爆香姜丝，将羊肉丝、青椒丝、红椒丝和葱丝下锅煸炒，烹入料酒，加盐和鸡精调味，最后淋少许醋即可。

胎教课堂

情绪胎教让胎宝宝性情平和

人的情绪变化与内分泌有关，如果孕妈妈在怀孕期间能够保持快乐的心情，宝宝出生后一般性情平和，情绪稳定，不经常哭闹，还能很快地形成良好的生活节律。一般来讲，这样的宝宝，智商、情商指数都比较高。而且，孕妈妈身心健康有利于改善胎盘供血量，促进胎宝宝的健康发育。所以，孕妈妈们每天都要保持好心情。

让孕妈妈快乐起来的胎教方法

情绪胎教的目的就是让自己快乐，孕妈妈可以做一些能够愉悦心情的事情，例如改善生活环境、和知心朋友聊天、做适度的运动，甚至进行短途的旅行等。

当然，生活中难免会遇到不如意的事情，它们会影响孕妈妈的心情。如果出现这种情况，孕妈妈不要苦闷，试着采用以下的方法，调节一下自己的心情，让自己转换情绪。

- **排除不必要的担心**

妊娠会给孕妈妈添加许多烦恼，如忧虑胎宝宝的发育、性别；担心分娩疼痛、难产；担心产后无奶、体形变化等。其实这大可不必，孕妈妈应该清楚地认识到，只要坚持进行必要的孕期日常保健，胎宝宝一定会很健康，通过饮食和运动调节，自己的体质也可以变得更好

- **寄情于艺术欣赏**

艺术给人以美的享受，能够使人精神放松，并变得充实，从而使人的心情保持愉悦。孕妈妈应该多接触艺术，例如阅读文笔生动、优美的小说、散文或诗歌，欣赏表现爱与美的绘画作品，看诙谐幽默的影视作品，或者听优美、柔和的乐曲。

- **尽快转移不良情绪**

当孕妈妈在生活中遭遇挫折或者不愉快的事情时，可以通过转移注意力的方式自我宣泄。离开让你感觉不愉快的地方，或做另外一件能够让你开心的事，如听听音乐、欣赏山水风景画册，出去散步等，也可以向密友倾诉，写日记或找同样处境的人交谈，用这些事将不良情绪转移掉。

- **提醒法**

要时时告诫自己不要生气、不要着急、不要烦恼、不要悲伤，宝宝和我在一起，我不是一个人，我要坚强一点、宽容一点。

产检课堂

孕 6 周，需要进行生育服务登记了

根据新修订的《中华人民共和国人口与计划生育法》规定，自 2016 年 1 月 1 日起，一对夫妇都可以生育两个孩子，取消二孩生育审批制度，实行生育服务登记制。

办理生育服务登记的夫妻仅需拿上双方身份证、结婚证、户口本，到所在村、社区填表格，可由村、社区计生人员代为办理，也可自已拿表格到街道直接领取“生育登记服务卡”。即时登记，即时发放，大大简化办事程序，缩短办事时间。

高龄或有过流产史的孕妈妈要去做 B 超检查

高龄产妇或者有过流产史的孕妈妈最好做一次 B 超。对于最后一次月经开始日不确定的人而言，B 超（超声波）检查也是确诊怀孕的重要依据。根据 B 超检查结果可计算出胎囊大小、根据胎儿头至臀部的长度值即可推算出怀孕周数和预产期，此外还能得知有无胎心搏动以及卵黄囊等，从而及时发现胚胎的发育异常情况。

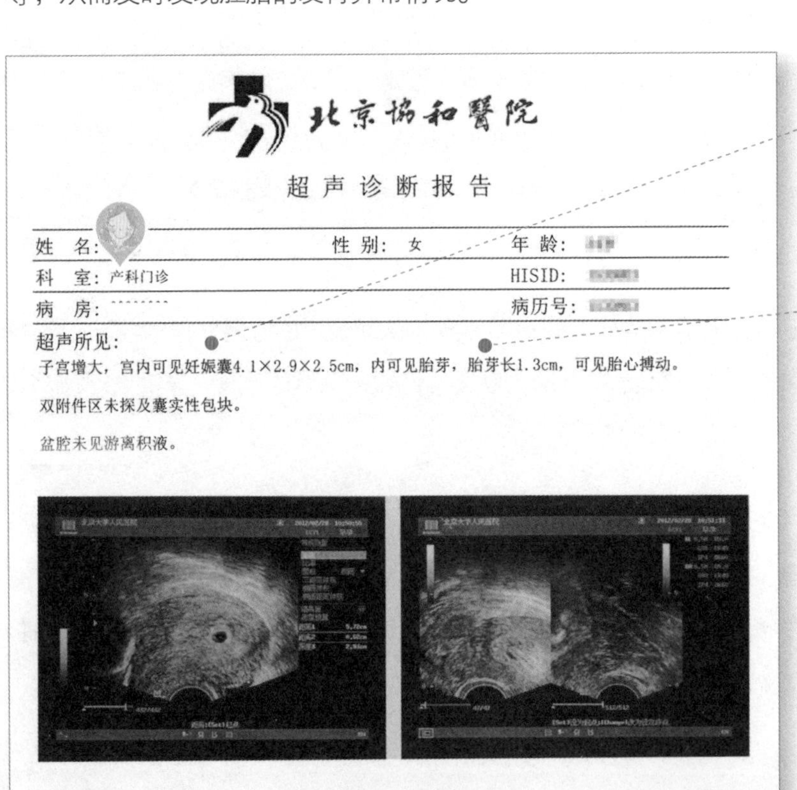

北京协和醫院

超声诊断报告

姓　名：　　性　别：女　　年　龄：

科　室：产科门诊　　HISID：

病　房：　　病历号：

超声所见：

子宫增大，宫内可见妊娠囊4.1×2.9×2.5cm，内可见胎芽，胎芽长1.3cm，可见胎心搏动。

双附件区未探及囊实性包块。

盆腔未见游离积液。

超声提示：

宫内早孕

妊娠囊：

妊娠囊大小4.1厘米×2.9厘米×2.5厘米指的是长、宽、高的数据。

胚芽：

胚芽长1.3厘米，在正常范围内。

胎盘前壁：

子宫一般为自己的拳头般大小，是一个倒置的梨形，宫腔也大致呈球状，受精卵要附着在子宫壁上为着床做准备。子宫是立体的，相对于人体而言，当然有前有后。靠近肚皮的一面为前壁，靠近背后的一面为后壁。所谓胎盘前壁，是说胎盘所附着的位置是在子宫的前壁，所以胎盘前壁是一种正常的附着。

第7周

胎宝宝 脑垂体开始发育

到本周末时，我看起来就像一颗豆子那么大，尾巴基本消失，俨然一个“小人儿”。我长着一个特别大的头，在眼睛的位置会有两个黑黑的小点，而且开始有了鼻孔，腭部也开始发育了，耳朵部位明显突起。我的手臂和腿开始变长，手指也从现在开始发育。这时心脏开始划分成心房和心室，而且每分钟的心跳可达150次，是成人心跳的2倍。我的脑垂体也开始发育，我会变得越来越聪明。

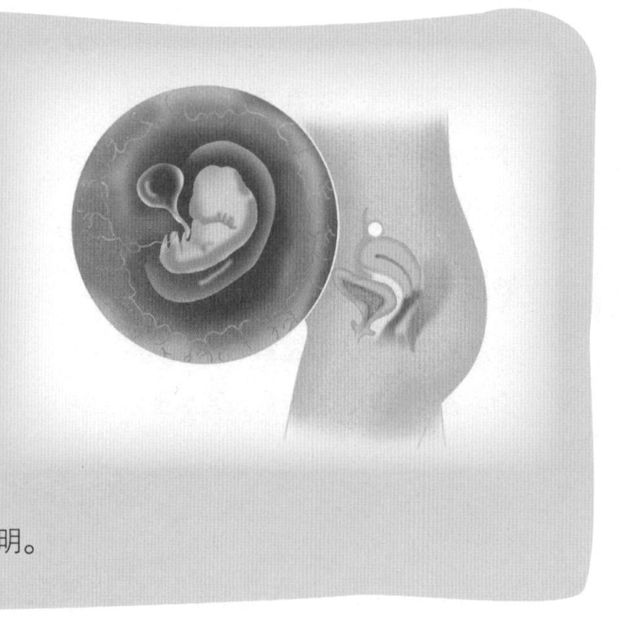

孕妈妈 早孕反应加剧

孕妈妈的心跳会明显加快，新陈代谢率增加了约30％。早晨醒来后孕妈妈可能会感到难以名状的恶心，而且嘴里有一种说不清的难闻味道，这是怀孕初期大多数孕妈妈都会遇到的情况。相反，有的孕妈妈也可能时常有饥肠辘辘的感觉，而且会饥不择食地吞咽各种食物。现在的孕妈妈经常会有莫名其妙的情绪波动，这是体内激素作用的结果。

由于子宫压迫，孕妈妈跑厕所的次数也比过去频繁多了，但是并不会有尿急、尿痛等现象，这种尿频属于正常的孕期现象，无需治疗，更不会影响到胎儿。

生活保健

预防感冒，看看过来人有哪些小妙招

● 妙招一：注意保暖，防止季节性感冒

孕妈妈要注意保暖，根据天气的变化及时添加衣服。特别是足部的保暖尤为重要。

● 妙招二：勤洗手，防止病从口入

孕妈妈要勤洗手，尤其是在碰触了钱、门把手、水龙头等后，孕妈妈还要避免接触感冒家人使用的碗碟，以免传染。

● 妙招三：少去人群密集的公共场所

要尽量避免前往人群密集的公共场所，防止被传染。去逛超市、看电影，要尽量带上纯棉的或是面纱材质的口罩。

● 妙招四：保持适宜的室内温度和湿度

居室应通风换气，并且保持温、湿度适宜。一般来说，适宜的室内温度是17~23℃，湿度为40%~60%。

如果房间空气干燥，孕妈妈可以使用加湿器，增加屋内空气的湿度；住在潮湿之处的孕妈妈，要利用除湿机去除空气中的湿气。

经常用醋熏蒸房间，对抑制和杀灭病毒微生物有一定作用。

轻松应对孕期感冒

孕期治疗感冒的原则是控制感染、排除病毒、降体温。

● 轻度感冒

仅有鼻涕、流涕及轻度咳嗽等症状，无需用药，多喝开水，注意休息，补充维生素C和保暖，大多数可不治而愈。如症状仍不改善，可口服感冒清热冲剂或板蓝根冲剂等中成药。

● 感冒较重并伴有高热者

可选用柴胡注射液退热和纯中药止咳糖浆止咳。同时，可采用物理降温法尽快控制体温，在颈部、额部放置冰块，或用湿毛巾冷敷，还可用30%~35%的酒精（或用白酒加水冲淡一倍）擦拭颈部及两侧腋窝。

● 对感冒合并细菌感染者

应加用抗生素治疗。若孕妈妈病情严重，需要打针，青霉素是首选。除少数特异体质可发生过敏反应外，孕早、中、晚期都可放心使用，对母婴双方都很安全。

感冒了，3种情况下不能吃药

如果孕妈妈感冒了，正好处于“致畸高度易感期”就不能吃药了，否则很容易导致胎宝宝畸形。主要有以下三种情况。

第一种情况：当卵子受精以后，大约从怀孕2周开始分裂并形成胚胎。

第二种情况：怀孕5~11周，细胞迅速分化并产生一系列的形态变化，胎儿发生畸形的可能性会大幅度增加。

第三种情况：在孕11周以后，胚胎细胞就失去了分化的多向性和代偿性修复的能力，开始定向发育。

白带增多是正常的

怀孕后，由于孕激素和机体血流量的增加，白带会有明显的增多，这是正常的，无需治疗。但为了防止感染，私处需要细心呵护。

● 每天用干净的温开水清洁外阴

用专用的盆和毛巾清洗外阴。用完后，将盆擦干，毛巾放在阳光下晒干，收在干净的地方。

好孕温馨提醒

如果孕妈妈的白带变成黄色或绿色，黏稠如奶酪或呈脓状或豆腐渣状，而且伴有难闻气味，同时阴部也有不适感，如烧灼、疼痛、瘙痒等，都要及时看医生，避免感染胎宝宝，造成流产。

孕妈妈清洗外阴要选择专用盆和毛巾，可避免细菌感染。

● 每天换内裤

将换下来的内裤用中性肥皂、专用的盆当天清洗。清洗前，可用开水浸泡30分钟杀菌。清洗后放阳光下晾晒，最后放置到干燥清洁的地方。

● 选择合适的内裤

内裤最好选择温和、透气的棉质材料。不要太紧，边缘也不要硬，以免血流不畅。

减少日常辐射的四个办法

● 方法一：保持安全距离

1. 手机在拨通、接听瞬间产生的电磁波最强，因此接通瞬间应尽量远离人体。

2. 电脑显示器背面与两侧产生的电磁波都比正面强，因此，孕妈妈要与电脑显示器背面保持1米以上的距离，与电脑屏幕保持70厘米以上的距离，使用后必须立即远离。

3. 用吹风机时，不要将吹风机贴近头部。

4. 最好与烤箱、烤面包机保持70厘米以上的距离；与音响、电冰箱、电风扇保持1米以上的距离；与电视机、冷气机、运作中的微波炉及电热器保持2米以上的距离；若屋外有输电缆线通过，要尽量将卧床放在距离输电缆线最远的地方。

● 方法二：减少使用的时间

孕妈妈每周使用电脑的时间最好控制在20小时以内。手机通话每天不可超过半小时。尽量少看电视、少打电动玩具。

● **方法三：电器不用时，最好拔掉插头**

电器在插上插头后，即使没有打开电源开关，也会有微量的电流通过，也会产生微量电磁波。拔掉插头，则可避免不必要的电磁波辐射，还能节省10%的电力。

● **方法四：吃点抗辐射的食物**

日常生活中，孕妈妈完全避开电磁辐射是不可能的，但我们可以有针对性地选择日常生活中的食物，以此降低辐射对人体的伤害。建议孕妈妈常吃以下5种食物，有利于母婴健康。

橘子　橘子中含有170余种植物化合物和60余种黄酮类化合物，这些大都是天然的抗氧化剂，其抗氧化剂含量名列所有柑橘类水果之首，可显著增强人体免疫力，有效对抗电磁辐射。

绿茶　黑茶叶中含有丰富的维生素A原，它在体内能迅速转化为维生素A。维生素A不但能合成视紫红质，还能消除电脑辐射的危害，起到保护和提高视力的作用。

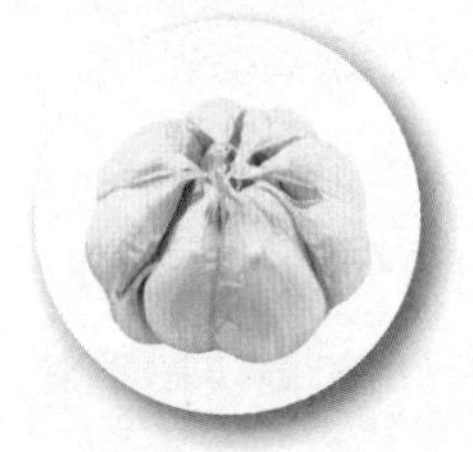

大蒜　科学研究表明，大蒜的抗氧化作用甚至优于人参，孕妈妈适量吃些大蒜有助于减少辐射损伤。

黑木耳　黑木耳中的胶质有助于清除孕妈消化系统内的毒素、杂质及放射性物质，将它们吸附集中起来排出体外，从而起到清胃、涤肠、防辐射的作用。

番茄　实验证明，番茄中的番茄红素通过消灭侵入人体的自由基，在肌肤表层形成一道天然屏障，能够有效阻止外界紫外线、电磁辐射对孕妈妈的伤害。

营养课堂

补充DHA，促进脑部发育的“脑黄金”

DHA是二十三碳六烯酸的缩写，是脂肪的一种。是神经系统细胞生长及维持的一种主要营养素，是大脑和视网膜的重要组成成分，在人体大脑皮层中含量高达20%，在眼睛视网膜中所占比例最大，约占50%，因此，DHA对胎儿智力和视力发育至关重要。

由于人体自身难以合成足够的DHA，故必须摄入DHA来弥补。富含DHA的食物有很多，包括鱼、蛋黄、木耳、大豆、香蕉、牛奶、大蒜、鲜杏、鱼眼、骨头等。

补充含碘高的食物，促进胎宝宝脑发育

碘是人体时刻需要的微量元素，也是提高智力的智慧元素。它的主要功能是参与甲状腺素的合成。甲状腺素通过影响人体蛋白质的生物合成来对身体代谢产生影响，从而促进机体生长发育。孕妈妈需要储备足够的碘来满足自身需求和胎宝宝的发育需要。

若孕妈妈的食物中碘含量不足，会导致甲状腺功能减退，出现疲乏、肌无力、黏液分泌过多等症状，还会使胎宝宝的发育受到抑制，并影响胎宝宝中枢神经系统的发育，导致其出现智力低下、听力障碍、体格矮小等症状，甚至导致死胎、流产。

所以孕妈妈为了自身的健康和胎宝宝的正常发育，一定要重视补碘。每日推荐摄入量为200微克。富含碘的食物，如海带及其他海产品、洋葱和生长在富含碘的土壤中的蔬菜。奶、蛋的含碘量也较高，其次为肉类、淡水鱼、谷类、豆类、根茎类和水果。

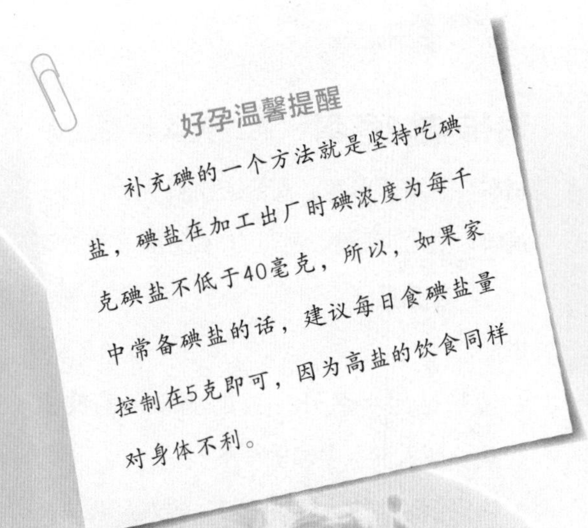

本周营养食谱

板栗烧白菜 补充 DHA

材料： 白菜心 200 克，板栗肉 100 克。

调料： 盐、鸡精、料酒、水淀粉、白糖各 2 克，葱末、姜末各 5 克，植物油适量。

做法：

1. 白菜心洗净，切成片；板栗肉放入油锅中炸至金黄色，捞出。
2. 锅内倒油烧热，爆香葱末、姜末，倒入料酒，加适量开水、白糖，然后把白菜片和板栗肉放入锅中，用小火煨5分钟，加入盐、鸡精，最后用水淀粉勾芡即可。

海带结烧豆腐 促进大脑神经发育

材料： 豆腐 300 克，海带结 100 克。

调料： 植物油适量，葱花 10 克，盐 3 克，鸡精适量。

做法：

1. 海带结用水泡开；豆腐洗净，切成小块，放入沸水中焯烫一下。
2. 锅内倒油烧热，爆香葱花，放入豆腐块、海带结、水烧熟，加鸡精、盐即可。

功效： 豆腐含有动物性食物缺乏的卵磷脂和不饱和脂肪酸等，而卵磷脂和脂肪酸都有利于胎宝宝智力发育有益。

胎教课堂

运动胎教的好处

● 促进胎宝宝的身体和大脑发育

孕妈妈在做运动的时候，可以向胎宝宝提供充足的氧气和营养，促使大脑释放脑啡肽等有益的物质，通过胎盘进入胎宝宝体内；孕妈妈运动还会使羊水摇动，摇动的羊水可刺激胎宝宝全身皮肤，就像在给胎宝宝做按摩。这些都有利于胎宝宝的大脑发育，使胎宝宝出生后更聪明。除此之外，新鲜的氧气还起到维持身体各种功能正常运行以及促进胎宝宝正常发育的作用。

● 有利于正常妊娠及顺利分娩

适量的运动不仅能够维持孕妈妈的健康，还可以提高顺产的概率，这是因为分娩时起重要作用的腿部肌肉与腰部肌肉可以在运动中得到一定的锻炼。此外，熟练地运用自然的呼吸方法将增大孕妈妈的肺活量，能够使其更好地战胜阵痛。研究表明，在怀孕过程中保持规律运动的孕妈妈，持续阵痛的时间往往较为短暂，这些孕妈妈通常很少需要进行诱导分娩。

● 控制孕妈妈和胎宝宝的体重

肥胖会升高妊娠期高血压疾病的发病率，还会给分娩带来阴影。适当的运动可以减少脂肪细胞，避免孕妈妈过度肥胖，进而降低妊娠期高血压疾病及心血管疾病的发病率和巨大儿的出生概率，还有利于产后恢复体形。

● 让心情快乐起来

运动会使孕妈妈的体内分泌胺多酚。胺多酚是一种能使人变得心情愉快、内心安稳的激素。孕妈妈腹部肌肉的自然活动还会对胎宝宝起到按摩的效果，也能给胎宝宝带来愉悦的感受。

孕妈妈运动后要喝些温开水，有利于补充运动时身体流失的水分，缓解疲劳感。

胎宝宝 我能在羊水中自由活动

现在的我依然被称作胚胎，但我已经有了舌头和鼻孔，鼻尖也出现了，腭部融合成了嘴巴，眼睛和内耳也到了发育的关键期。我的各个内脏器官初具规模，心脏跳动开始正常。我的骨头开始硬化，胳膊、腿变长且开始形成关节。内耳正在形成，内耳是负责听力的，此时不能用太强的噪声干扰我哦。

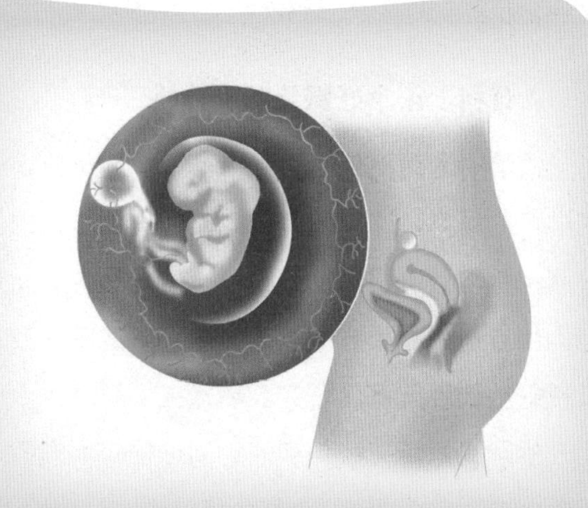

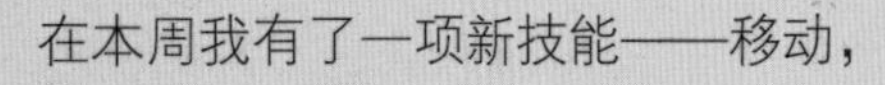
在本周我有了一项新技能——移动，

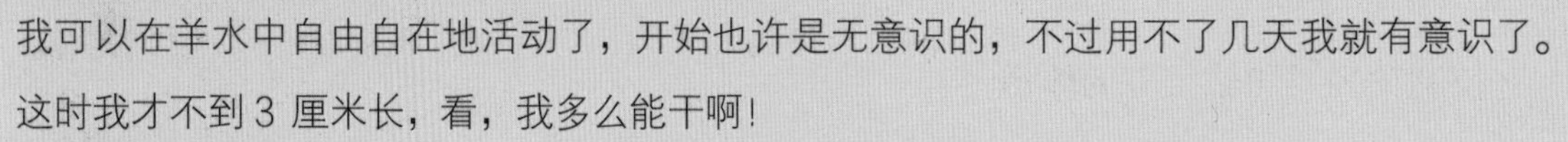
我可以在羊水中自由自在地活动了，开始也许是无意识的，不过用不了几天我就有意识了。这时我才不到 3 厘米长，看，我多么能干啊！

孕妈妈 腹部不适不要慌，区分原因最重要

孕妈妈的腹部现在看上去仍是“一马平川”，但子宫变化却很明显，不但比怀孕前有所增大，而且变得很柔软。事实上，此时孕妈妈的子宫已接近一个拳头大了，长 5 厘米左右。阴道壁及子宫颈因为充血而变软，呈紫蓝色，子宫峡部特别软。当子宫变大时，子宫韧带被拉扯，孕妈妈的腹部可能会有痉挛，有时会感到瞬间的剧痛，这些都是正常反应，不要紧张；如果对这种疼痛放心不下，就要马上去看医生，不要因为这件事而产生焦虑。

生活保健

孕早期运动以缓慢为主

在怀孕初期，孕妈妈进行运动要根据自己的身体情况量力而行。运动方式以缓慢为主，尽可能使身体处于温和舒服的状态。

● 枕臂侧躺

侧躺（任意一边），屈臂枕于头下，另一手臂置于弯曲的大腿上，置于底下的大腿保持放松伸直的姿势，置于其上的大腿稍微弯曲。时间以舒服为度，做完一侧后再换另一侧。

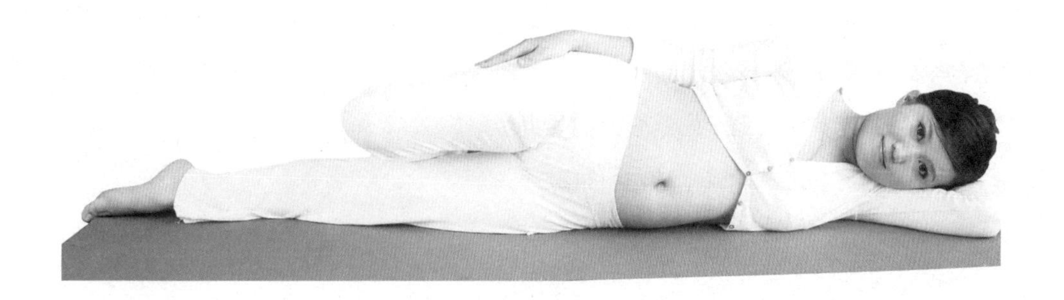

● 坐姿聆听

坐在瑜伽垫或床上、毯子上，双腿盘坐，手臂自然放松，双手手心朝上，放在大腿上，颈部、脸部放松，聆听有节律的细微的声音，或听些轻柔的音乐，保持10分钟。

好孕温馨提醒

但由于孕期身体的特殊性，孕期运动的安全性就显得非常重要，所以孕妈妈运动前要先咨询医生，获得医生准许，才能进行，因为有些孕妇是不适合做运动的，如有妊高征、流产史、肥胖症等孕妇。

孕期性生活，不是洪水猛兽

孕期性生活有利于夫妻恩爱和胎宝宝的健康发育，但要在适合的时间进行。

● 孕早期尽量节制

这个阶段，胎盘尚未发育完善，胎宝宝处于不稳定状态，如果进行性生活，易引起子宫收缩，导致流产，所以孕早期尽量避免性生活，尤其有习惯流产史的孕妈妈，应该绝对禁止。

● 孕中期可适当进行性生活

这个阶段胎盘已形成，孕妈妈身体状况比较稳定，性欲增加，可适当进行性生活，有利于夫妻恩爱和胎宝宝的健康发育。夫妻可以每周同房一次。在同房前，孕妈妈最好排净尿液，清洁外阴，准爸爸要清洗外生殖器，选择不压迫孕妈妈腹部的姿势。同房的时间不要太长，动作要轻柔，插入不宜过深，频率不宜太快，每次以不超过10分钟为度。结束后，孕妈妈要立即排尿，并洗净外阴，防止引起泌尿系统感染和宫腔的感染。

好孕温馨提醒

在性生活中，如有小腹疼痛、阴道出血等不适感觉，要咨询医生，以免引发早产或流产。

● 孕晚期特别是临产的前1个月禁止同房

妊娠9个月后，胎宝宝开始向产道方向下降。这时期同房，感染的可能性较大，有可能发生羊水外溢。同时，孕晚期子宫比较敏感，受到外界直接刺激，有突发子宫加强收缩而诱发早产的可能。因此，孕晚期最后1个月要绝对禁止性生活。

孕期同房时间、强度要适当，动作要和缓，避免过强刺激。

从怀孕开始控制体重

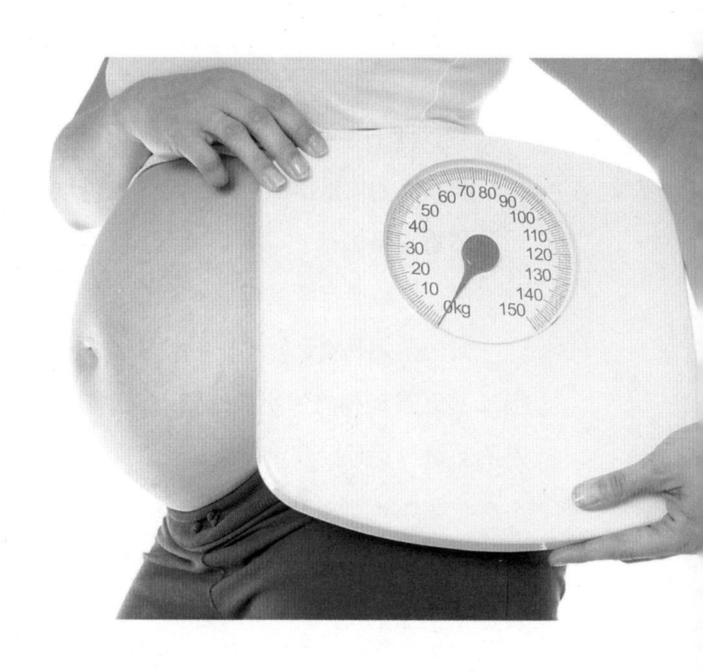

怀孕后，孕妈妈脂肪增加、乳房增重、血液及组织液增多、胎宝宝长大、子宫增大、胎盘增大、羊水增多等，导致孕妈妈的体重增加。但将孕妈妈的体重控制在一个合理的范围内，不仅可以帮助孕妈妈把身体调整到最佳状态，还能为胎宝宝提供一个理想的生长环境，也为产后瘦身打下坚实的基础。所以孕妈妈应该从怀孕开始就控制体重。

BMI 即体重指数，用它可以衡量孕妈妈的营养状况和身体状况。

BMI=体重（千克）÷身高（米）^{2}

例如：孕妈妈身高 1.65 米。体重 60 千克，那么 BMI 指数为 60 千克 ÷（1.65 米 ×1.65 米）=22.03

一般认为，BMI 处于 18.5~23.9 之间是最标准的，低于 18.5 表示体重偏低，24~27.9 则表示超重，如果超过 28 就是肥胖了。

体重指数	孕期体重增长（kg）	孕早期体重增长（kg）	孕中期体重增长（kg）	孕晚期体重增长（kg）
<18.5	12~15	1~2	6	5~7
18.5~23.9	11~12	1	5	5~6
>24	6~7	0~1	3	3

（注：上述表格中的数据仅供参考，孕妈妈怀孕后体重增加的幅度和时间是不同的，有些孕妈妈孕早期增加显著，并不表示整个孕期体重增长都处于领先地位；有些孕妈妈早期体重不增反而降，可到后期增加迅速，所以只要孕妈妈增长幅度不是很大，就不要过于担心。但如果体重增减异常，就需要就医进行调理。）

对于一般孕妈妈，只要合理饮食，不要让体重增加过快，适当做些运动，一般不会有太大的问题。对于体重偏低的孕妈妈，就要加强营养，避免出现影响不良；对于孕妈妈体重偏胖，就要控制体重，防止妊娠并发症的出现。

营养课堂

体重下降该怎么吃

孕妈妈的体重情况如果参考体重管理（见第 91 页），明显体重偏低的话，孕妈妈就要加强营养，以免造成营养不良，影响胎宝宝的健康发育。

如果孕妈妈食量较小，平时可以减少些蔬果的摄入，增加些五谷类和肉蛋奶类的摄入，这样可以提供母婴所需的热量，保证胎宝宝健康成长。

孕妈妈也可以准备一些零食，如坚果、牛奶等，还可以喝些孕妇奶粉，这些都能提供热量，不至于让孕妈妈体重一直下降。

> **好孕温馨提醒**
>
> 实在吃不下饭的孕妈妈需要遵医嘱补充药用维生素、微量元素及宏量元素等。但是，体重不达标的孕妈妈千万不要靠吃甜食来增重哦。

看懂食品标签，为胎宝宝把好入口关

现今社会，食品安全问题频繁发生，给人们的生活造成了很大的影响。而日常生活中，孕妈妈也会购买包装食品，这样如果食品有安全问题，不仅会影响孕妈妈的健康，更会影响胎宝宝的健康。所以，孕妈妈应该学会看懂食品标签，购买安全合格的商品。下面就教你如何看懂食品标签。

标签完整。国家对食品包装上的标签有严格的规定，应该有日期、名称及类别、配料表、营养成分表、特殊标识，如果这些不完整，就不能购买。

标签印刷应清晰、准确。如果商品标签上的印刷模糊、有错别字等，就不能购买。

日期。食品上要有生产日期、保质期等，接近保质期的食品就不要购买了。

添加剂。每种食品中都会有添加剂，孕妈妈应该挑选添加剂较少的食物。

孕妈妈可以平时准备些坚果类的食物，既可以提供热量，还能缓解饥饿，也可以配上一杯牛奶，那样营养更加均衡。

营养食谱推荐

葱香糯米卷　补充碳水化合物

材料： 糯米200克，小香葱末100克，肉末150克，面粉500克。

调料： 盐2克，酱油、白糖各6克，酵母粉8克。

做法：

1. 糯米洗净，浸泡4小时，蒸熟。
2. 酵母用水化开放入面粉，揉成面团。
3. 锅内倒油烧热，爆香小香葱末，加肉末炒熟，倒入糯米饭炒匀，再加上盐、白糖、酱油调味，盛出凉透，即成馅料。
4. 将发酵面团擀成大片，上面放制成条状的糯米馅，卷起来，切成段，放入蒸笼中蒸熟即可。

鳕鱼豆腐羹　促进身体新陈代谢

材料： 鳕鱼250克，嫩豆腐片200克，油豆皮片50克，鸡蛋液60克。

调料： 盐3克，葱段、姜片各5克，料酒10克，水淀粉、植物油各适量，葱花、胡椒粉各少许。

做法：

1. 鳕鱼去骨，鱼肉切成指甲大小的片，用盐和胡椒粉腌渍15分钟。
2. 锅中烧热油，煎香葱段、姜片，放入鱼骨、鱼皮，淋料酒和水，做成鱼高汤，再加适量水，放豆腐片煮开，加盐调味，放油豆皮和鳕鱼片煮沸，用水淀粉勾芡，淋蛋液，撒葱花、胡椒粉搅匀即可。

胎教课堂

音乐胎教对胎宝宝的好处

● 有益于母子健康

音乐胎教的主要作用是让孕妈妈得到美的享受，感到平静与愉悦，并通过神经系统将这种情绪传递给胎宝宝，使其深受感染，潜意识能接受到和谐、美好的信息。

● 促进胎宝宝脑部发育

人在出生后左脑会比右脑发达，因此在出生前加强右脑开发就显得格外重要。音乐可以刺激主管各种感觉的右脑半球，只要持续倾听音乐，人的想象力和创造力都会有所上升，让胎宝宝左右脑的发展达到平衡，这将会使孩子更加聪明，更具才智。

● 使胎宝宝情绪安定

听音乐可以适当地促进感官发育，使肌肉得到放松并促进大脑活性激素的分泌，影响胎宝宝的神经发育。正因为如此，欣赏音乐才会使心理状态安定下来。在倾听节奏柔和、旋律优美的音乐时，不仅孕妈妈自己的情绪变得安定，而且还会将这种情绪传递给胎宝宝。当听到让自己感到愉快的声音时，人的大脑就会产生强烈的 α 波，这种电波往往在大脑活性增强时才会大量发散出来。这一事实证明了音乐足以起到让大脑环境产生积极变化的作用。

● 加深亲子关系

通过采取音乐欣赏、唱歌、使用乐器等音乐胎教，不仅可以使胎儿在情绪上、心理上、精神上和身体上健康地成长和发育，还可以更加有效地加深胎宝宝与父母之间的亲情交流。

音乐就是情感，情感就是生命的和谐，只有情感才能让胎宝宝感受到自我的存在，并使其安稳地成长。音乐可以加深孕妈妈和胎宝宝之间的感情。不仅是孕妈妈，准爸爸也应更多地参与到音乐胎教中，因为这可以让胎宝宝感受到父母之间存在的感情。

产检课堂

孕 8~12 周，可以到医院建档了

建档就是孕妈妈到定点医院里办理《母子健康档案》即《孕妇保健手册》的过程，一般在 8~12 周进行，但各大医院建档时间是不同的，应该根据各医院的要求来建档。

一般来说，孕妈妈要建档，医生会对孕妈妈的身体做基本检查，包括称体重、量血压、胎心与宫高、腹围、验血常规、验尿常规、评估肝肾功能状态、乙肝丙肝筛查、凝血检查、测血型等，医生看完结果，各项指标都符合条件，允许你在这个医院进行产检、分娩的过程。

建档需要做哪些检查

● 称体重——判断孕妈妈营养状况

建档时，医生会给孕妈妈称体重，这样医生可根据孕妈妈体重判断孕妈妈的营养状况，且给孕妈妈指导性的建议。

● 量血压——检查是否患有妊娠期高血压疾病

医生或护士会在每次产检时用血压计测量并记录你的血压。目前，不少医院都使用电子血压计。血压计上会显示两个读数，一个是收缩压，是在心脏跳动时记录的读数；另一个是舒张压，是在两次心跳之间"休息"时记录的读数。因此，你的血压是由两个数字组成的，如 130/90mmHg。

医生比较感兴趣的是舒张压的读数，就是第二个比较小的数字。总的来说，健康年轻女性的平均血压范围是为 110/70mmHg 到 120/80mmHg。如果你的血压在一周之内至少有两次高于 140/90mmHg，而你平常的血压都很正常，那么医生会多次测量血压，检查你是否是妊娠期高血压。

孕妈妈在测血压前，先平静坐片刻，使精神安静下来，这样可以提高准确性。

● 验血常规——判断机体各器官病变情况

血常规是孕妈妈最常规的一项检查，包括所有血液基本成分的检查，如红细胞计数、白细胞计数、血小板计数、血红蛋白的测定等，可以协助判断机体各组织器官是否有病变的情况。

白细胞（WBC）
参考范围为（3.50~9.50）$\times 10^9$/升，白细胞是细胞免疫系统的重要成员，当机体受到感染或异物入侵时，血液中的白细胞数量会升高。但孕妇的白细胞会有生理性（正常）升高。若高于正常范围，要注意是否有感染、不正常出血的不适症状。

中性粒细胞百分比（NEUT%）
参考范围为50.0%~75.0%，中性粒细胞可随血流迅速到达感染部位，在抗感染中发挥重要作用。

红细胞（RBC）
参考范围为（3.50~5.00）$\times 10^{12}$/升，测定单位体积血液中红细胞的数量，超出正常范围代表血液系统出现问题。

血常规

2007704901　中国医学科学院 北京协和医学院　北京协和醫院　检验报告单　病案号

产科门诊　ID号 40306558

姓 名　　年 龄 39 岁　　性 别 女　　样本号 20140915BAJ001

科 别 产科门诊　　诊 断 妊娠状态　　样 本 血

英文	中文名称	结果	单位	参考范围
1 WBC	*白细胞	9.55	↑×10^9/L	3.50 -9.50
2 LY%	淋巴细胞百分比	11.4	↓%	20.0 -40.0
3 MONO%	单核细胞百分比	5.0	%	3.0 -8.0
4 NEUT%	中性粒细胞百分比	82.8	↑%	50.0 -75.0
5 EOS%	嗜酸性粒细胞百分比	0.6	%	0.5 -5.0
6 BASO%	嗜碱性粒细胞百分比	0.2	%	0.0 -1.0
7 LY#	淋巴细胞绝对值	1.09	×10^9/L	0.80 -4.00
8 MONO#	单核细胞绝对值	0.48	×10^9/L	0.12 -0.80
9 NEUT#	中性粒细胞绝对值	7.90	↑×10^9/L	2.00 -7.50
10 EOS#	嗜酸性粒细胞绝对值	0.06	×10^9/L	0.02 -0.50
11 BASO#	嗜碱性粒细胞绝对值	0.02	×10^9/L	0.00 -0.10
12 RBC	*红细胞	4.12	×10^12/L	3.50 -5.00
13 HGB	*血红蛋白	124	g/L	110 -150
14 HCT	*红细胞压积	36.7	%	35.0 -50.0
15 MCV	*平均红细胞体积	89.1	fl	82.0 -97.0
16 MCHC	*平均红细胞血红蛋白浓	338	g/L	320 -360
17 MCH	*平均红细胞血红蛋白	30.1	pg	27.0 -32.0
18 RDW-S	红细胞体积分布宽度(SD	45.2	fl	39.0 -46.0
19 RDW-C	红细胞体积分布宽度(CV	14.0	%	0.0 -15.0
20 PLT	*血小板	134	×10^9/L	100 -350

中性粒细胞绝对值（NEUT#）
参考范围为（2.00~7.50）$\times 10^9$/升，超出此范围说明有感染的可能。

血小板（PLT）
参考范围为（100~350）$\times 10^9$/升。低于 100×10^9/升，说明凝血功能出现问题。

血红蛋白（HGB）
参考范围为110~150克/升，低于110克/升说明贫血。贫血可引起早产、低体重儿等问题。

淋巴细胞绝对值（LY#）
正常值为（0.80~4.00）$\times 10^9$/升，超出此范围说明有感染的可能。

红细胞压积（HCT）
参考范围为35.0%~50.0%，如高于50.0%，就意味着血液浓缩。要请医生排除妊娠期高血压疾病等。

验尿常规

比重（SG）
正常参考值为1.005~1.030，＞1.030，表示尿液浓缩；小于1.005，表示尿液稀释。这个项目可以评估孕妈妈体内水分的平衡，并协助肾脏疾病的诊断。

蛋白（白蛋白）（PRO）
正常结果为阴性（NEG，即negative的缩写，意思是阴性的、否定的，大多数情况下表示检查结果正常）。如果显示阳性，提示有患妊娠期高血压、肾脏疾病的可能。

尿常规

2007704902
中国医学科学院 北京协和医学院 北京协和醫院 检验报告单 病案号
产科门诊
ID号 40306558
样本号 20140915BAC392
姓名
年龄 39岁
性别 女
样本 尿
科别 产科门诊
诊断 妊娠状态

英文	中文名称	结果	单位	参考范围
1 SG	比重	1.025		1.005-1.030
2 PH	酸碱度	6.0		5.0-8.0
3 WBC	白细胞（中性粒细胞酯酶）	NEG	Cells/μl	<15
4 NIT	亚硝酸盐	NEG		NEG
5 PRO	蛋白（白蛋白）	NEG	g/L	NEG
6 GLU	葡萄糖	NEG	mmol/L	NEG
7 KET	酮体	NEG	mmol/L	NEG
8 UBG	尿胆原	3.2	μmol/L	3-16
9 BIL	胆红素	SMALL	μmol/L	NEG
10 BLD	红细胞（潜血）	NEG	Cells/μl	<25

尿胆原（UBG）
正常结果为3～16μmol/L。如有增高多见于细胞性黄疸溶血疾病，如有降低多见于阻塞性黄疸。

酮体（KET）
正常结果为阴性（NEG）。如果结果为阳性，提示孕妈妈可能患有妊娠糖尿病或因妊娠反应而剧烈呕吐、子痫、消化吸收障碍等。

红细胞（潜血）（BLD）
正常结果为阴性（NEG，即negative的缩写，意思是阴性的、否定的，大多数情况下表示检查结果正常）。如果显示阳性，提示有患肾脏疾病的可能。

评估肝肾功能状态

丙氨酸氨基转移酶（ALT）
正常参考值在 7-40U/L。这是催化丙酮酸和谷氨酸之间的氨基转移的酶，是作为肝脏、心肌病变、细胞坏死诊断、鉴别和愈后观察的依据。

总胆红素（TBil）
正常参考值在 5.1-22.2μmol/L。总胆红素包括直接胆红素和间接胆红素，大部分来源于衰老红细胞被破坏后产生出来的血红蛋白。它的测量主要用来诊断是否有肝脏疾病。

肌酐（酶法）（Cr(E)）
正常参考值 45-84μmol/L。肌酐是人体肌肉代谢的产物，一般由肾脏排出体外。肌酐是肾脏功能的重要指标，监测该项是了解肾功能的主要方法。

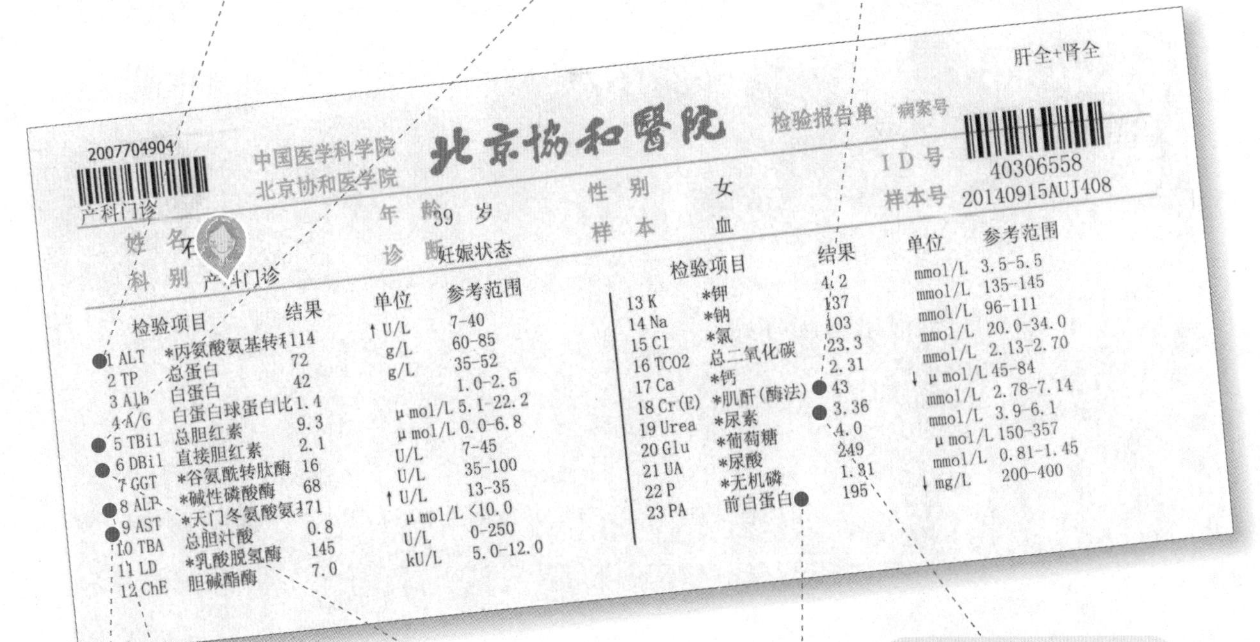

肝全+肾全

中国医学科学院 北京协和医学院 北京协和醫院 检验报告单 病案号

2007704904 产科门诊

ID号 40306558

样本号 20140915AUJ408

姓 名 不 年 龄 39 岁 性 别 女
科 别 产科门诊 诊 断 妊娠状态 样 本 血

检验项目		结果	单位	参考范围
1 ALT	*丙氨酸氨基转	114	↑U/L	7-40
2 TP	总蛋白	72	g/L	60-85
3 Alb	白蛋白	42	g/L	35-52
4 A/G	白蛋白球蛋白比	1.4		1.0-2.5
5 TBil	总胆红素	9.3	μmol/L	5.1-22.2
6 DBil	直接胆红素	2.1	μmol/L	0.0-6.8
7 GGT	*谷氨酰转肽酶	16	U/L	7-45
8 ALP	*碱性磷酸酶	68	U/L	35-100
9 AST	*天门冬氨酸氨	171	↑U/L	13-35
10 TBA	总胆汁酸	0.8	μmol/L	<10.0
11 LD	*乳酸脱氢酶	145	U/L	0-250
12 ChE	胆碱酯酶	7.0	kU/L	5.0-12.0
13 K	*钾	4.2	mmol/L	3.5-5.5
14 Na	*钠	137	mmol/L	135-145
15 Cl	*氯	103	mmol/L	96-111
16 TCO2	总二氧化碳	23.3	mmol/L	20.0-34.0
17 Ca	*钙	2.31	mmol/L	2.13-2.70
18 Cr(E)	*肌酐(酶法)	43	↓μmol/L	45-84
19 Urea	*尿素	3.36	mmol/L	2.78-7.14
20 Glu	*葡萄糖	4.0	mmol/L	3.9-6.1
21 UA	*尿酸	249	μmol/L	150-357
22 P	*无机磷	1.31	mmol/L	0.81-1.45
23 PA	前白蛋白	195	↓mg/L	200-400

尿素（Urea）
正常参考值为 2.78-7.14mmol/L。尿素氮是人体内氮的主要代谢产物，正常情况下，经由肾小球滤过随尿液排出体外。测定它的含量可以粗略估计肾小球的过滤功能，是肾功能的主要指标之一。

碱性磷酸酶（ALP）
正常参考值为 35-100U/L。ALP 妊娠早期会轻度升高，晚期升高 2-4 倍。主要用来检测肝脏疾病。数值不在正常范围的，要注意补钙和维生素 D。

直接胆红素（DBiL）
正常值为 0.0-6.8μmol/L。直接胆红素升高主要见于肝细胞性黄疸、阻塞性黄疸。

天门冬氨酸氨基转移酶（AST）
正常参考值在 13-35U/L。它主要存在于心肌、骨骼肌、肝脏组织当中，肝损害时，此酶升高，是诊断肝细胞实质损害的主要项目。

前白蛋白（PA）
正常参考值为 200-400mg/L。孕妈妈要维持正常的生理活动，还要供给胎儿发育需要的营养，前白蛋白孕期略微偏低一点，也是正常的，建议多吃鸡蛋、牛奶、牛肉、大豆等高蛋白食物来补充。

● TORCH 全套

弓形体 IgM 抗体（toxo-IgM）
正常结果为阴性。先天性弓形虫病的预后比较差，因此，一旦发现，不论有无症状都应治疗。

TORCH

2010350969

北京协和医院

妇科内分泌门

岁　　女

月经失调；亚临床甲

血

妇科内分泌门诊

	英文名称	检验项目	测定结果	单位	参考范围
1.	toxo-IgG	弓形体IgG抗体	阴性(-) 0.14		阴性
2.	RV-IgG	风疹病毒IgG抗体	阳性(+) 2.79		双份血无阳转
3.	CMV-IgG	巨细胞病毒IgG抗体	阳性(+) 2.23		双份血无阳转
4.	HSV-1-IgG	单纯疱疹病毒1型IgG	阳性(+) 5.04		双份血无阳转
5.	HSV-2-IgG	单纯疱疹病毒2型IgG	阴性(-) 0.04		双份血无阳转
6.	toxo-IgM	弓形体IgM抗体	阴性(-) 0.13		阴性
7.	RV-IgM	风疹病毒IgM抗体	阴性(-) 0.10		阴性
8.	CMV-IgM	巨细胞病毒IgM抗体	阴性(-) 0.13		阴性
9.	HSV-1-IgM	单纯疱疹病毒1型IgM	阴性(-) 0.21		阴性
10.	HSV-2-IgM	单纯疱疹病毒2型IgM	阴性(-) 0.18		阴性

巨细胞病毒 IgM 抗体（CMV-IgM）
正常结果为阴性。孕晚期如果查出巨细胞病毒，需择期进行剖宫产手术，以避免胎儿经阴道分娩时，吸入分泌物被感染。孩子出生后要人工喂养，防止母乳中的巨细胞病毒由乳汁传染给婴儿。

风疹病毒 IgM 抗体（RV-IgM）
正常结果为阴性。如检测结果为阳性，一般来说，发热 1～2 天后出现皮疹，先见于面部，迅速蔓延全身，为粉红色斑丘疹，可持续 3 天左右，疹退后病情逐渐好转而恢复。

单纯疱疹病毒抗体 2 型 IgM（HSV-2-IgM）
正常结果为阴性。如发现有感染的迹象或检查呈阳性，应去条件较好的医院对胎儿进行检测。与此同时，对可能受感染的胎儿进行严密观察，若发现问题，在医生的指导下终止妊娠。

凝血检查，预测出血的风险

凝血酶原时间（PT）
参考范围为 10.4 ～ 12.6 秒。凝血酶是由凝血酶原被激活而来的，凝血酶原时间也是凝血系统的一个较为敏感的筛选试验，主要反映外源性凝血是否正常。

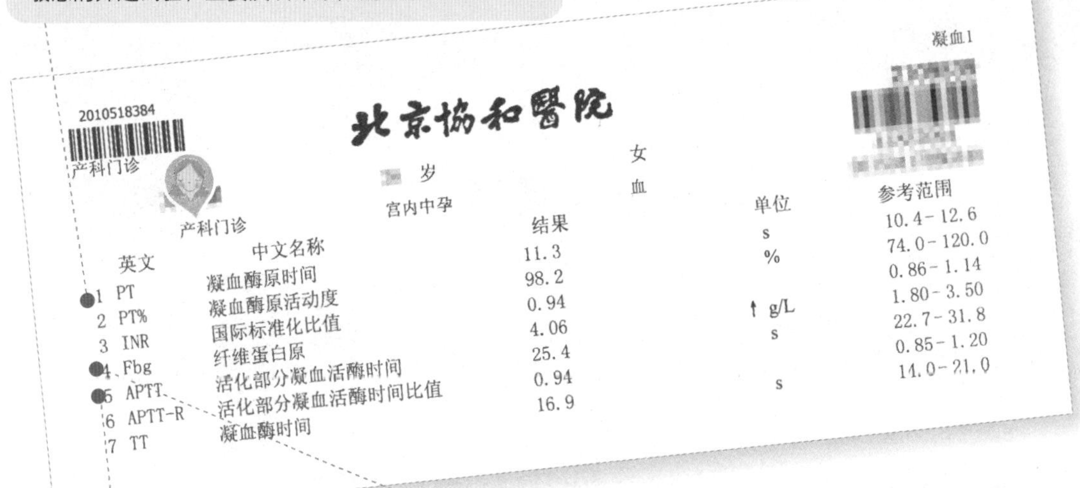

凝血1

北京协和医院

2010518384
产科门诊

岁　女
宫内中孕　血
产科门诊

英文	中文名称	结果	单位	参考范围
1 PT	凝血酶原时间	11.3	s	10.4－12.6
2 PT%	凝血酶原活动度	98.2	%	74.0－120.0
3 INR	国际标准化比值	0.94		0.86－1.14
4 Fbg	纤维蛋白原	4.06	↑ g/L	1.80－3.50
5 APTT	活化部分凝血活酶时间	25.4	s	22.7－31.8
6 APTT-R	活化部分凝血活酶时间比值	0.94		0.85－1.20
7 TT	凝血酶时间	16.9	s	14.0－21.0

纤维蛋白原（Fbg）
参考范围为 1.80-3.50g/L。Fbg 是血液中含量最高的凝血因子，既是凝血酶作用的底物，又是高浓度纤溶酶的靶物质，在凝血系统和纤溶系统中同时发挥重要作用。

活化的部分凝血活酶时间（APTT）
参考范围为 22.7-31.8 秒。这个主要反映内源性凝血是否正常。

测血型，预防新生儿溶血病

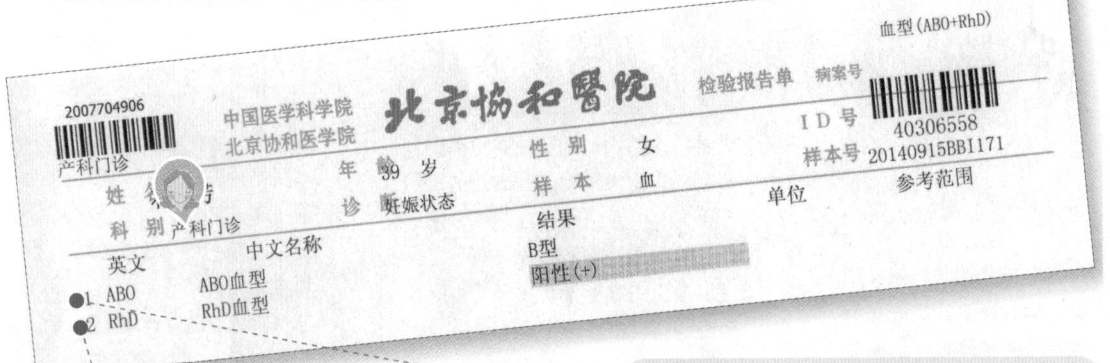

血型(ABO+RhD)

中国医学科学院
北京协和医学院
北京协和医院　检验报告单　病案号

2007704906
产科门诊

ID 号 40306558
样本号 20140915BBI171

姓名　　年龄 39 岁　性别 女
科别 产科门诊　诊断 妊娠状态　样本 血

英文	中文名称	结果	单位	参考范围
1 ABO	ABO血型	B型		
2 RhD	RhD血型	阳性(+)		

ABO 血型
按照人类血液中的抗原、抗体所组成的血型的不同而分为“A 型、B 型、AB 型、O 型”。

RhD 血型
凡是人体血液红细胞上有 Rh 凝集原者，为 Rh 阳性。反之为阴性。这样就使 A、B、O、AB 四种主要血型分别被划分为 Rh 阳性和 Rh 阴性两种。

第9周

胎宝宝 我从小种子变成小人儿了

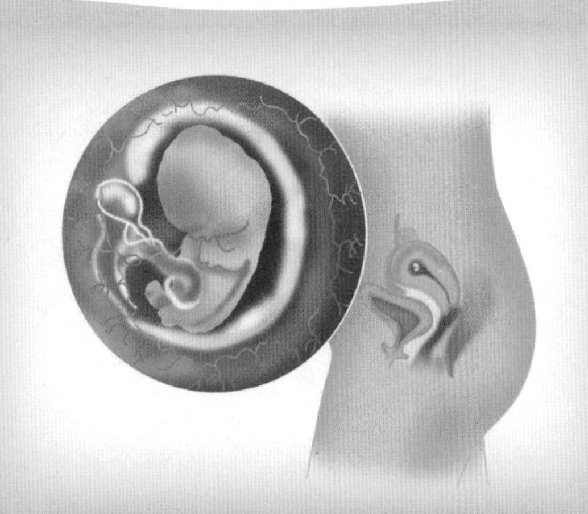

现在的我已经初具人形了，可以说已经从小种子变成小人儿了。我的手、脚、四肢生长迅速，手指和脚趾都长出来了，只不过是连在一起的，酷似鸭掌，手指的指垫也已形成。腿在变长，已经长到能在身体前部交叉。眼皮几乎覆盖了双眼，但还不能主动闭合或睁开。鼻子也已经初具雏形。

现在我的移动更加灵活自如了，我像一条小金鱼一样，在妈妈温暖的“小房子”里不断地动来动去。只是这时我还太小，只有几厘米长，所以孕妈妈还感觉不到我的活动。

孕妈妈 从外观上，你可能仍然不像孕妇

孕妈妈现在是否已经逐渐适应了早孕反应呢？现在，孕妈妈的子宫大小已经是怀孕前的2倍了，腰围又大了一圈，所以腰带显得有些紧了，但是体重没有增加太多，从外观上也看不出怀孕了。

乳房更加膨胀，乳头和乳晕色素加深，身体的血流量也在逐渐增加，到了怀孕晚期，孕妈妈会有比孕前多出45%～50%的血流量，多出的血液是为了满足胎宝宝的需要。

生活保健

关于内衣购买的几个小建议

● 量好尺寸再买衣

先用卷尺量胸部下面即下胸围绕一圈，得出其尺寸。对于罩杯的大小，应该是用卷尺量胸部最高点处的绕身体一圈的大小，一定要保持卷尺的水平并且贴近你的身体。

罩杯的大小能完全贴合胸部，没有多余的脂肪漏出则说明罩杯合适。而下胸围大小合适的标准则是完全贴近皮肤，不会过紧或过松。

最后，买内衣一定要试穿一下，这是保证找到合适自己内衣的最好方法，千万不要因为匆忙而忽略了这个步骤。

● 最合适的内衣穿起来应与你整个乳房紧密地贴在一起

为了适应乳房渐渐胀大，可以选择调整型的罩杯，而且要选弹性较佳的内衣肩带。当然，你最好为未来胸部的再发育预留点空间。

断舍离，提升孕期生活质量

断舍离是通过收拾家里物品来了解自己，整理自己内心的混沌，让人生更舒适的人生整理术。孕妈妈可以通过断舍离来提升孕期生活的质量。

● 提高收拾家里的动机

怀孕后，孕妈妈会有情绪的波动，这时如果有一个干净、温馨的居家环境，会让孕妈妈烦躁的心静下来，所以孕妈妈要学会运用断舍离的方法来收拾家里。

以过来人的经验看，现在也可以准备哺乳内衣了。如果你是在晚上也必须穿内衣才可入睡的人，不妨多选购 1 ~ 2 个夜间内衣，因为这类内衣用料较轻，同时又能提供一定的保护，让胸部有机会稍微喘息。

产后的乳房会迅速胀大，如果你准备母乳喂养新生儿，可买前开式的哺乳内衣。

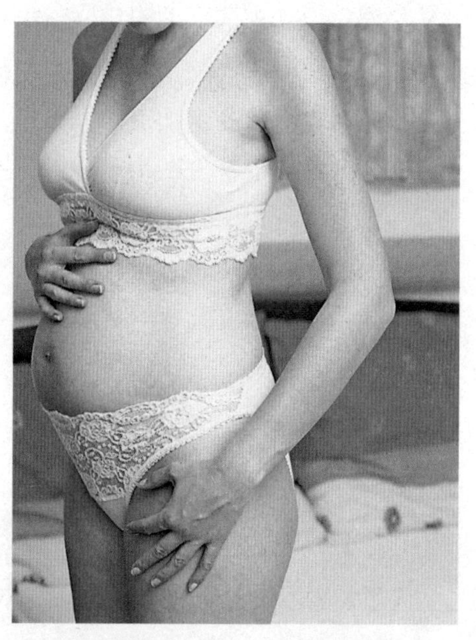

孕妈妈的皮肤娇嫩，尤其胸部格外敏感，所以孕妈妈的胸罩应该选择天然面料，如棉、麻等，这样的面料不仅透气，而且柔软、吸汗、耐洗。

● 东西少了，烦心事儿也就少了

孕妈妈可以将家里不再用的东西扔掉或处理掉，这样看着简单的家，心也会变得简单，那些的烦心事儿也就少了，可以愉悦孕妈妈的心情。

简单家务，身体和心灵的双修

孕妈妈做些力所能及的家务可以达到身体和心灵的双修。做家务能增加血液循环，促进新陈代谢，有利于孕妈妈和胎宝宝的健康。此外，还能帮助顺利分娩，减少难产的发生率。而且，孕妈妈做些简单的家务，还能放松心情，缓解烦躁情绪。但如果孕妈妈做家务的姿势不当，不但会对自身造成伤害，还会对胎宝宝的健康不利。

● 扫地

选择一把高度合适的笤帚很关键。扫地时，孕妈妈使用合适的笤帚，腰背保持挺直，慢慢进行，这样能降低腰背受损的概率。

● 清洁家具

在清洁家具的过程中，空气中会扬起很多灰尘，这其中存在一些致敏源。孕妈妈不加防护地去清洁家具的话，很容易出现打喷嚏、皮肤过敏等反应。所以，孕妈妈在清洁家具时，要戴好口罩，以减少有害物质的吸入。

孕妈妈在做家务时，随着腹部的隆起，动作的灵活性大不如前，所以，做家事时尽量要缓慢。

营养课堂

孕期饮水很讲究

孕妈妈的新陈代谢速度比较快，而且比较容易出汗，所以孕期比平时的需水量要大一些。孕妈妈每天大约需要喝 6~8 杯水，再加上食物中含的内生水约 1500 毫升，每天应喝 3000 毫升左右的水，就能促进身体的新陈代谢，保证胎宝宝正常发育。

● 孕妈妈宜喝的水

宜喝的水	原因
白开水	白开水在人体内比较容易透过细胞膜，促进新陈代谢，增加血红蛋白含量，进而提高机体免疫力。同时，白开水还可以降低血液中引起孕吐的激素浓度。白开水由于经过高温消毒，清洁卫生，可以避免细菌引起疾病，是孕妈妈补充水分的主要来源
矿泉水	孕妈妈如果饮用矿泉水应选择大品牌的，有质量保证，更安全。但要注意，孕妈妈尽量不要凉的矿泉水，可以稍温热后再食用，可减轻对肠道的刺激，避免子宫收缩
蔬菜汁	怀孕是一个特殊的生理期，对矿物质需要较大，所以孕妈妈可以喝些蔬菜汁来补充。孕妈妈可以准备一台榨汁机，用天然的、新鲜的、营养的蔬菜，如菠菜、芹菜、胡萝卜等，榨些蔬菜汁饮用，补充水分和矿物质，也是一个不错的选择

● 孕妈妈不宜多喝的水

不宜喝的水	原因
纯净水	纯净水属于纯水，没有细菌、病菌，但大量饮用，会带走体内大量的微量元素，进而降低机体的免疫力
茶水	饮茶可以提高孕妈妈的神经兴奋性，导致孕妈妈睡眠不深、心跳加快、胎动加快等。此外，茶叶中所含的鞣酸会与食物中的钙、铁元素结合，成为一种不容易被吸收的物质，进而影响钙、铁的吸收，会影响胎宝宝发育，导致孕妈妈贫血
果汁	有些孕妈妈爱喝果汁，认为多喝果汁可补充营养，且不会发胖，且可以让宝宝皮肤白嫩，就会用果汁代替水。其实这是不正确的，因为鲜榨果汁90%以上是水分，还有果糖、葡萄糖等，这些容易被身体吸收，进而导致孕妈妈体重增加，所以孕妈妈每天喝果汁不要超过300毫升为佳
久沸的水	久沸的水中亚硝酸根和砷等有害物质浓度相对增加，导致血液中低铁血红蛋白结合成不能携带氧的高铁血红蛋白，导致孕妈妈血液含氧量降低，进而影响胎宝宝的正常发育

孕妈妈要养成喝水的好习惯

对孕妈妈来说，正确的喝水习惯有利于母婴健康。孕早期每天摄入1000~1500毫升为宜，孕晚期每天1000毫升以内为宜。最好每隔两小时喝一次水，一天保证8次即可。此外，孕妈妈的饮水量还要根据孕妈妈活动量大小、体重等因素来增减。

● 定时喝水，避免口渴才饮水

口渴是大脑中枢发出的补水求救信号，说明体内水分已经失衡了，最好将水杯放在眼前，想起来就喝一点，补充身体所需。

● 餐前空腹喝水

三餐前约1小时，应该喝适量水，因为这时喝水，水能在胃内停留2~3分钟，然后进入小肠且被吸收到血液中，1小时左右即可补充到全身组织细胞，满足体内对水的需求，所以，饭前喝水很重要。

● 清晨一杯水

清晨是一天中补水最佳时机，因为经过长时间的睡眠，血液浓度提高，这时补水，可以降低血液浓度，促进血液循环，让人尽快清醒。更重要是的清晨饮水可以刺激肠胃蠕动，预防孕期便秘。

● 睡前一杯水

人在睡眠时会自然发汗，就会流失水分和盐分，且不能补水，所以很多人都会早晨起来感觉口干舌燥，所以，建议孕妈妈睡前半小时喝杯水，可以降低睡眠时尿液浓度，预防结石的发生。

● 运动后不要一次快速饮水

孕妈妈运动后会流失大量的水，但不建议快速饮水，建议孕妈妈在运动前、运动中、运动后补充水分，有利于补充身体流失的水分，且不会增加内脏的负担，保护身体健康。

孕妈妈喝水时，要慢慢喝，不要一次喝太多。

营养食谱推荐

土豆烧牛肉 提供基础能量

材料：牛肉300克，土豆250克。

调料：酱油、醋各15克，葱末、姜片各10克，香菜段、白糖各5克，盐2克，植物油适量。

做法：

1. 牛肉洗净、切块，焯烫；土豆洗净，去皮，切块。
2. 锅内倒油烧热，爆香葱末、姜片，放入牛肉块、酱油、白糖、盐，加清水烧开，加土豆炖至熟软，放醋拌匀，收汁，撒香菜段即可。

一品鲜虾汤 强身健体

材料：大虾200克，熟猪肚、鱿鱼各100克，蟹棒50克，油菜20克。

调料：盐2克，白糖5克，葱油、鱼高汤各适量。

做法：

1. 大虾去除虾线后洗净，焯水；油菜洗净，焯水过凉；熟猪肚切条；鱿鱼洗净，剞花刀切成长条；蟹棒切成段。
2. 锅内倒鱼高汤，放大虾、猪肚条、鱿鱼、蟹棒段，大火煮3分钟，撇去浮沫，放油菜煮熟，加盐、白糖调味，淋入葱油即可。

胎教课堂

美育胎教的好处

● 培养感性能力和审美习惯

好的艺术作品可以使人心绪平静，还能让人获得一种精神上的感动和安慰。伦勃朗的《犹太新娘》、莫奈的《睡莲，水景系列》都有这样的力量。对胎宝宝进行美育胎教，孕妈妈可以借机学习一些美学知识，提高自己的审美能力，培养审美情趣，美化自己的内心世界，还能陶冶情操，改善情绪。孕妈妈加强自身修养，胎宝宝自然而然地就能受到美的教育。

● 促进脑部发育

在观赏名画的同时，将所看到的内容和自己的感受讲给胎宝宝听，可以增强刺激的效果。怀孕6~7个月之后，胎宝宝已经具有了五感，而美术作品正是能够刺激五感的胎教内容。胎宝宝的脑部在有所感受的时候才会快速发育，此时全面地刺激五感就能够起到最好的辅助效果。

如何进行美育胎教

提到美育胎教，很多孕妈妈的脑海中会浮现出欣赏名画的场景。其实，欣赏名画并非美育胎教的全部内容。欣赏书法、雕塑及戏剧、舞蹈、影视等文艺作品，接受美的艺术熏陶，家庭绿化、居室布置、宝宝装和孕妇装的设计、刺绣、烹调、美容护肤等活动，也都属于美育胎教的范畴。观赏大自然的优美风光，把内心感受描述给腹内的宝宝听也是美育胎教之一。在欣赏美景的同时，孕妈妈还能呼吸到新鲜空气，对胎宝宝的发育也很有好处。孕妈妈美的言行举止也是美育胎教的一个方面。如果孕妈妈有优雅的气质、饱满的情绪和文明的举止，就能感受到来源于自身的一种美。注意个人的言行举止，不仅要精神焕发，穿着整洁，举止得体，还要适当丰富自己的精神生活，丰富个人的内涵，提高自己的审美情趣。

第10周

胎宝宝 我已长到一个金橘大小了

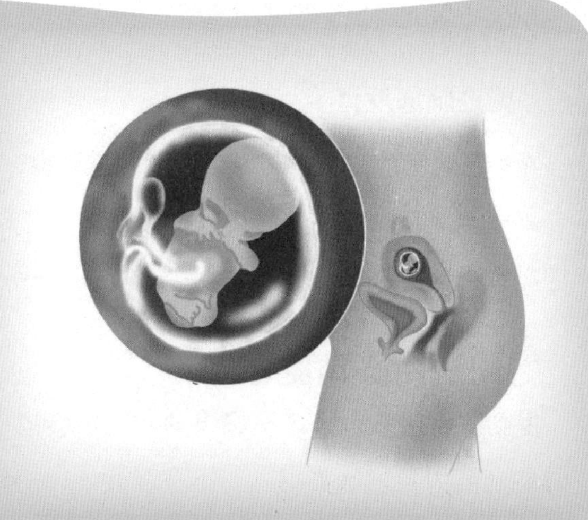

第10周结束，我就正式从胚胎变成“胎儿”了，身体的各部分都已经初步形成，很多的内脏器官开始发挥作用，肺开始发育，心脏已发育完全。

我的大脑发育非常迅速，这周我有一个重大的变化——神经系统开始有反应。从此，我就开始努力去感知外面的花花世界了，也能按照自己的好恶对外面的刺激作出回应。这时，我才只有一个金橘的大小——从头到臀的长度超过2.5厘米，重量不到7克，但我已完成了发育中最关键的部分，多么了不起！

孕妈妈 小心孕期抑郁

这一周，孕妈妈会发现原本开朗的自己怎么突然就变得多愁善感了，常常为一些鸡毛蒜皮的小事情而伤心流泪，而且动不动就会情绪失控。其实，造成这种情况的主要原因是孕妈妈体内的激素变化和对怀孕的过度焦虑。多数孕妈妈都会有这样的经历，所以不必为自己的这种情绪变化而感到不安和愧疚。要放松心态，想办法调节，让家人和朋友知道你情绪波动的原因。

生活保健

孕期化妆，越简单越好

化妆品中可能含有有毒成分，所以孕妈妈应该慎重选择和使用化妆品，否则会危害母婴健康。有些口红、美白化妆品中含有铅、汞等重金属，长期使用会通过胎盘渗透到胎宝宝的血液中，进而危害胎宝宝的神经、消化和泌尿系统。所以，孕期，尤其是敏感关键的孕早期，孕妈妈尽量少化妆，越简单越好

孕期选择孕妈妈专用护肤品时，要选择正规厂家的产品，这样质量有一定的保证，对母婴都有利。

抑郁，可能是体内激素在作怪

怀孕是女人一生中最幸福的事情，但调查显示，有将近10%的女性，会有不同程度的孕期抑郁，主要是因为怀孕后体内激素分泌持续增加，引起大脑中调节情绪的神经传递发生了变化，会让孕妈妈感到疲惫、焦虑等，进而导致的抑郁情绪，这时，孕妈妈要时刻提醒自己，这是怀孕后的自然反应，不必过于担心。但如果抑郁情绪比较严重，就要接受治疗，否则会严重影响母婴的健康，甚至影响产后更好地照顾宝宝。

简单小道具，让你工作更轻松、更舒服

职场孕妈可以在办公室里准备一些简单舒适的小道具可以让工作变得更加轻松、舒适，还可以随时避免一些尴尬事情的发生。

- **小毯子：随时注意保暖**

夏天，如果办公室的空调温度太低，要记得用小毯子搭在身上，以避免受凉；冬天将小毯子盖在腿上或披在身上，更能防寒保暖。

- **暖手鼠标垫：冬天让手部更暖和**

将暖手鼠标垫上面的USB接口插在电脑主机上，再用鼠标时，就不会冷冰冰的了，手放在上面一点都不冷了。

● **呕吐袋：避免孕吐尴尬**

怀孕前3个月，妊娠反应比较强烈，可以在办公桌上准备几个深色的塑料袋，万一突然觉得不舒服，又来不及往卫生间跑，就可以迅速抓起手边的塑料袋吐在里面，但要记得处理好用过的塑料袋。

● **搁脚凳：预防腿部水肿**

在办公桌下放一个小凳子或鞋盒，坐下来工作的时候就把脚放在上面，能有效缓解小腿水肿。

● **小电扇：度夏必需装备**

买个小风扇摆在办公桌上，怕热的你就可以安然度过整个夏天了。

● **小木槌、靠垫：减轻腰酸背痛**

将一个柔软的靠垫放在椅背上，这样靠在上面工作就会很舒服。坐久了腰部容易酸痛，可以用小木槌敲敲打打，能减轻肌肉疲劳。

职场压力，过来人给的小建议

现在职场压力越来越大，职场孕妈也不可避免地面临着巨大的压力，下面看看过来人都是怎么缓解孕期工作压力的。

● **减轻负荷**

已经怀孕了，你就需要改变一下自己的想法了。要尽量多休息，以免过度疲劳；情绪上，如果总是像以前那样满负荷工作，会把自己搞得很紧张，甚至焦虑不安，对自己和胎宝宝都没有益处。

● **调节生活**

你需要慢慢调试新的生活，不要因为这种暂时性的不便而不快。应学会休息，学会保护自己和腹中的胎宝宝。

● **避免加班**

工作应尽力而为，不要经常加班、熬夜，应尽量减少工作量并利用上班时间完成，避免将工作带回家中。

● **采购减压**

在休息日，和丈夫一起准备分娩用品和即将出生的宝宝的必需品，两个人一起逛逛母婴用品店，了解一些相关物品的使用方法，为将来育儿做准备。

工作间隙“小动作”，帮你缓解不适

怀孕期间，孕妈妈背部下方以及骨盆的肌肉会拉紧，长时间挺着腹部的负荷，坐着工作，颈、肩、背和手腕、手肘酸痛的可能性要比平时大得多。所以，孕妈妈工作时，除了将座椅调整得尽可能舒适之外，还可以在工作间隙尝试采取如深呼吸、舒展肢体、短距离的散步等方法来缓解压力。如果上面的方法不易实施，孕妈妈不妨做做下面的一些“小动作”来缓解不适吧。

● 改善颈痛

颈部先挺直前望，然后弯向左边并将左耳尽量贴近肩膀；再把头慢慢挺直，向右边再做相同动作，重复做2~3次。

● 改善肩痛

先挺腰，再把两肩往上耸以贴近耳，停留10秒钟，放松肩部，重复做2~3次。

● 改善“腹荷”

将肩胛骨往背后方向下移，然后挺胸停留10秒，重复动作做2~3次。改善手腕痛及手肘痛。

手部合十，下沉手腕至感觉到前臂有伸展感，停留10秒，重复做2~3次，接着再把手指转而向下，把手腕提升到有伸展感为止，重复2~3次。

肩膀酸痛了，揉揉捏捏肩部，能有效放松自己。

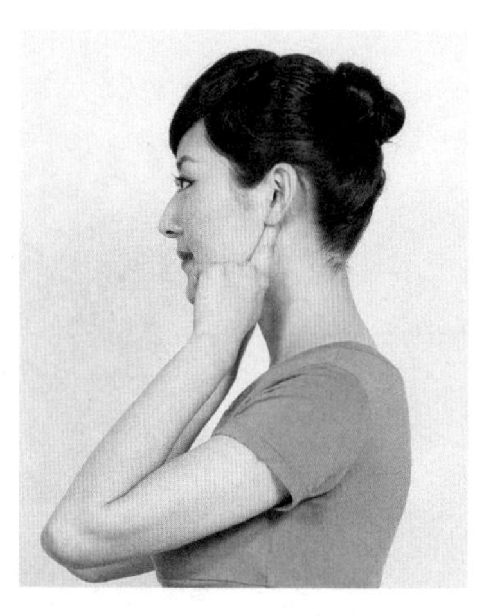

头感觉昏昏沉沉时，可以捏捏耳垂，能让你的头脑快速放松下来。

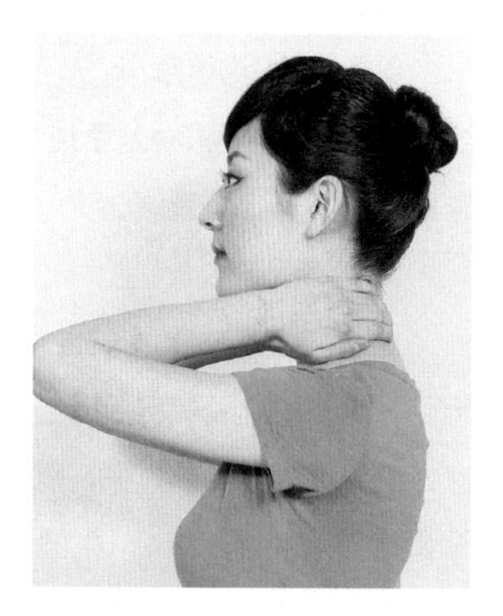

注视电脑过久，可以揉揉脖子，减少颈椎疼痛。

营养课堂

上班族孕妈最实用的午餐方案

每一位职场孕妈都希望自己在怀孕期间能够合理膳食、获得充足而均衡的营养，这也是促进胎儿生长发育的前提条件。但是身在职场，孕妈妈的午餐很难像早晚餐一样在家里吃，那么上班族孕妈午餐如何吃才能既丰富又营养呢？我们提供以下3个方案给您作为参考

● 方案一：和同事拼餐

职场孕妈的每日食材应该多样化，各类食材都应该多少涉及一些，和同事拼餐就可以满足饮食多样化的需要，孕妈妈获得的营养也会均衡些，但拼餐时要多选择些蒸煮的菜，少选油炸食品，同时要保证鱼、禽、蛋、瘦肉和奶的摄入。

4人拼餐食谱推荐

米饭＋蒸紫薯＋土豆炖牛肉＋素什锦＋家常豆腐＋番茄炒鸡蛋

食谱营养分析：

土豆炖牛肉：土豆中含丰富的维生素C，而且被大量的土豆淀粉层层包裹着，所以即使经过高温炖煮也不易损失，能够有效补充职场孕妈每日所需维生素C。牛肉是很好的补充优质蛋白和铁的食物，其中含有的血红素铁，易于人体吸收，有利于职场孕妈的补血。

素什锦：这道菜包含了多种食材，体现了食物的多样性，孕妈可以选择含芹菜、胡萝卜、西蓝花这些食材的素什锦。

家常豆腐：豆腐营养丰富，是优质蛋白和钙的来源，职场孕妈在怀孕期间，蛋白质和钙都是不可缺少的。

番茄炒鸡蛋：番茄所含的番茄红素具有抗氧化的作用，加热后析出，与鸡蛋中的蛋白质一起更有利于孕妈的吸收。

● 方案二：自带午餐

职场孕妈们如果自带午餐要注意以下几点：

1. 不要带剩饭菜，剩饭菜容易滋生细菌，不利于孕妈和胎儿的健康。一定要带新鲜现做的食物，拿到单位以后马上放入冰箱。

2. 尽量不选择绿叶蔬菜。叶菜闷在饭盒里，口感容易变差，也易产生亚硝酸盐，这是一种致癌的物质。可以选择豆角、茄子、瓜类、薯类等食材。

3. 自带午餐一般品种较少，孕妈们要注意菜品的混搭，选择多食材菜品，尽量避免单一食材的菜品。主食可以是豆饭或薯类。

自带午餐食谱推荐

豆饭 + 腰果虾仁 + 芹菜香菇炒肉丝豆干

食谱营养分析：

豆饭：就是米和杂豆一起蒸的饭，这样也可以满足粗细搭配的原则。

腰果虾仁：可以补充优质的蛋白质和卵磷脂，有利于胎儿的大脑发育。

芹菜香菇炒肉丝豆干：自带饭尽量做到品种多样，蔬菜尽量选择根茎类的，因此一个炒菜可以选择多种食材，以避免食材过于单一。

● 方案三：选择自助餐

职场孕妈如在外就餐可以选择自助餐，自助餐的优点是菜式比较丰富。但是孕妈在吃自助餐时还需要掌握一些搭配技巧。品种上要荤素搭配，蔬菜、水果、鱼、肉类食物等都尽量摄取到，也不要吃得过饱，以免能量过剩。

以上提供的这三个方案只是给职场孕妈们提供一个思路，只要孕妈们能够细心揣摩、掌握要领，一定能让自己的午餐更营养。

多吃“快乐”食物，减轻孕期抑郁

怀孕后，有些孕妈妈会有烦躁、疲惫等轻度抑郁的情绪，必须及时调整，建议孕妈妈多吃“快乐”的食物，能减轻孕期抑郁。

香蕉 所含的酪氨酸能保持孕妈妈精力充沛、注意力集中。此外，含有的色氨酸能形成一种“满足激素”，可以让孕妈妈感到幸福，减轻抑郁的症状。

樱桃 富含花青素，能够制造快乐。心情不好时吃20颗樱桃，有助于抵抗情绪低落。

海鱼 所中的ω-3脂肪酸与常用的抗忧郁药如碳酸锂有类似作用。

鲜藕 有养血、除烦等功效。取鲜藕片以小火煨烂，加蜂蜜食用，有缓解抑郁的功效。

营养食谱推荐

香蕉粥　缓解抑郁

材料： 大米 30 克，香蕉 1 根。

调料： 冰糖 5 克。

做法：

1. 大米淘洗干净，用水浸泡半小时；香蕉去皮，切丁。
2. 锅置火上，倒入适量清水烧开，倒入大米大火煮沸后转小火煮至米粒熟烂，加香蕉丁煮沸，放入冰糖煮至化即可。

功效： 香蕉具有“快乐水果”的美誉，它含有的色氨酸等成分，可以缓解紧张、减轻压力，进而排除抑郁情绪。

海带绿豆汤　补水

材料： 绿豆 60 克，干海带 30 克。

调料： 冰糖 5 克。

做法：

1. 用清水将干海带泡发，洗去沙粒和表面脏污，再用清水漂净，切细丝状，入沸水中稍焯，捞出沥水；绿豆淘洗干净，提前浸泡2小时。
2. 锅内加适量清水，大火煮开后，放入绿豆，再次煮沸后，下焯水后的海带丝，大火煮约20分钟，加冰糖转小火继续煮至绿豆软糯即可。

胎教课堂

让语言胎教更有效的方法

● 给胎宝宝起一个可爱的小名

刚开始对腹中的胎宝宝说话，可能会觉得不太自然，就像自言自语一样。尤其是不知如何称呼宝宝，如果叫“孩子”，会显得生硬，不够亲切。不如给他起一个可爱的小名，叫着他的名字，接下来的过程就会轻松许多。但名字最好不要有性别倾向，因为这代表了父母对宝宝真实性别的尊重态度。

● 画出胎宝宝的小脸当做谈话对象

如果觉得一个人说话还是有些放不开，可以把想象中宝宝的小脸画出来，并当做谈话的对象，这样可以让孕妈妈感觉宝宝就在面前，谈起话来也更加自然。孕妈妈可以采取舒适的坐姿，看着宝宝的画像娓娓道来，这样母亲平和安定的情绪就能够传递给胎宝宝。

● 一边谈话一边听听音乐吧

在谈话的同时，播放一首你最喜欢的音乐，然后从与音乐相关的事情聊起，这样就能够非常自然地进入到胎教的状态中。在欣赏音乐的同时，孕妈妈可以把自己对音乐的理解讲述给胎宝宝听。

● 给胎宝宝讲故事

给胎宝宝讲童话故事的好处是使胎宝宝的记忆力和智商得到提高，但这一过程需要注意，不要讲得过于平淡，要让自己的声音始终饱含丰富的感情，能够吸引住胎宝宝的注意力。

从怀孕第6周开始，胎宝宝的听觉就得到了明显的发育，并成为五感当中最为敏锐的一感，因此给胎宝宝读童话故事就变成了胎教效果最好的刺激方法。即使不读童话故事，也可以选择一两篇自己喜欢的小说或散文读给胎宝宝听，读的时候也应该饱含感情。

● 准爸爸要让胎宝宝多听听自己的声音

准爸爸的声音对胎宝宝有着特殊的吸引力，所以，空闲下来的时候，准爸爸应该积极地让胎宝宝听一听自己的声音，努力使两人之间熟悉起来，培养起与宝宝更加深厚的感情。在怀孕期间，如果准爸爸坚持不懈地与胎宝宝交谈，胎宝宝出生后就能分辨出父亲的声音。

胎宝宝 妈妈，听到我的心跳声了吗

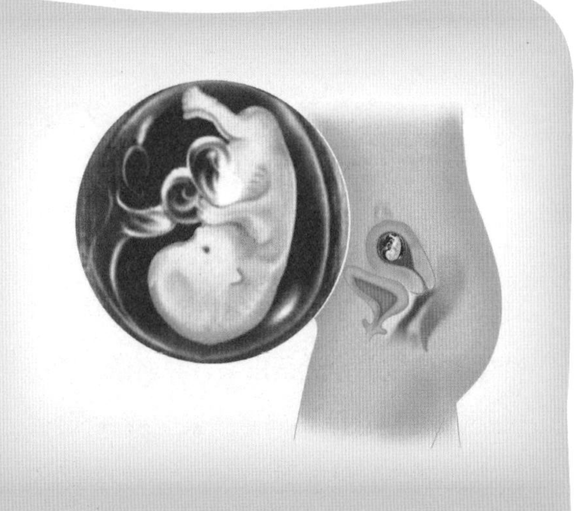

过了这周，我就算度过了发育的敏感期，患先天性畸形的风险大大降低，流产的风险小了许多。现在的我整天忙着在妈妈的子宫内伸伸胳膊、踢踢腿，还时不时地做着吸吮和吞咽的动作，不过妈妈很难感觉到我的这些小动作。如果妈妈去医院做 B 超检查，医生会问你："听见了吗，刚才就是胎儿的心跳声。"妈妈才明白，原来那像钟摆一样的"轰隆"声，竟然就是我的心跳声，她的身体里竟然有两颗心脏在同时跳动，这是多么奇妙的感觉。

在这周，心脏开始向所有器官供血，并通过脐带与胎盘进行血液交换。同时，许多细微之处开始表露出来，像手指甲、绒毛状的头发等。

孕妈妈 早孕反应明显减轻

在这周，有些孕妈妈的早孕反应开始减轻（大部分孕妈妈的早孕反应将在下周明显减轻或消失）；子宫继续增大，如果你用手轻轻触摸耻骨上缘，就能摸到子宫。孕妈妈的手脚变得更加温暖，这是血液循环加强了的缘故。从怀孕到现在，孕妈妈的体重增加了 1 千克左右，但也有的孕妈妈体重因为早孕反应而没有增加，甚至减轻了。

生活保健

预防妊娠纹，看看过来人有哪些妙招

怀孕期间，很多孕妈妈的大腿、腹部和乳房上会出现一些宽窄不同、长短不一的粉红色或紫红色的波浪状纹，就是妊娠纹。妊娠纹主要是这些部位的脂肪和肌肉增加得多而迅速，导致皮肤弹性纤维因不堪牵拉而损伤或断裂而形成的妊娠纹会在产后颜色变浅，有的甚至和皮肤颜色相近，但很难消失，所以最好提前预防，使之尽量减少和减轻。下面看看过来人给我们的哪些妙招来预防妊娠纹。

● 妙招一：控制好体重的增长

孕中、晚期每个月体重增长不要超过 2 千克，不要在某一个时期暴增，使皮肤在短时间内承受太大压力，从而出现过多的妊娠纹。

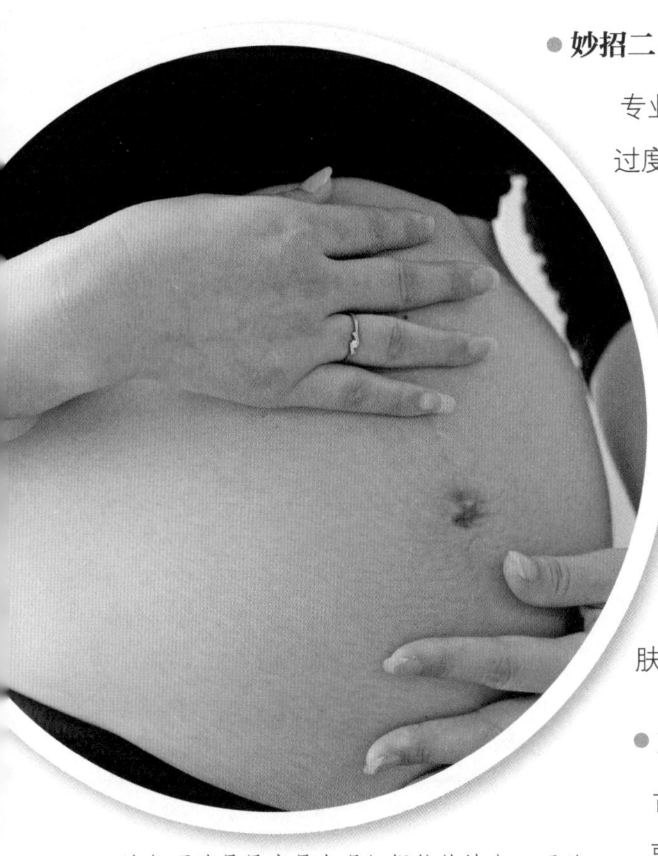

腹部下端是最容易出现妊娠纹的地方，可以将按摩乳放在手上，顺时针方向画圈，边抹乳霜边按摩腹部，能有效预防妊娠纹。

● 妙招二：用专业的托腹带

专业的托腹带能有效支撑腹部重力，减轻腹部皮肤的过度延展拉伸，从而减少腹部妊娠纹。

● 妙招三：按摩增加皮肤弹性

从怀孕初期就坚持在容易出现妊娠纹的部位进行按摩，增加皮肤的弹性，按摩用油最好是无刺激的橄榄油或儿童油。

● 妙招四：补充胶原蛋白和弹性蛋白

多吃一些富含胶原蛋白和弹性蛋白的食物，如猪皮、猪蹄、动物蹄筋和软骨等有助于增强皮肤弹性的食物。

● 妙招五：使用预防妊娠纹的乳液

市面上有很多预防妊娠纹的乳液，也可以使用，但要注意咨询清楚，避免对胎宝宝造成伤害。

为什么会出现孕期焦虑

孕期焦虑会影响孕妈妈的心情，还可能对胎宝宝的健康不利。焦虑是如何产生的呢。

孕期	原因
孕早期	怀孕后激素发生变化、担心胎儿是否健康、身体的不适症状，如孕吐严重等
孕中期	有的孕妈妈在经历了各种各样的产检后，依然担忧胎儿的健康，每天盼望产检又害怕产检，甚至质疑医生。也有的是孕妈妈身体出现状况，如患有妊娠期高血压疾病、妊娠合并心脏病等，甚至是轻微感冒，都可能引发焦虑
孕晚期	主要是来自生产、分娩的压力，特别是现在大多是初产妇，缺乏生产的直接经验，在电视、网络上目睹了她人生产的痛苦经历，导致焦虑；孕晚期各种不适症状加重也会导致焦虑，如出现皮肤瘙痒、水肿、睡眠障碍等

5 招摆脱孕期焦虑

● 第一招：多补充点孕产类知识

如果孕妈妈对孕产知识足够了解，很多导致焦虑的因素是可以消除的，如足够了解孕产类知识就不会对胚胎着床时出现的轻微出血而跑很多家医院。而了解孕产知识的途径有图书、网络等。

● 第二招：做适当的运动

怀孕后，除非医生说你是属于高风险的孕妈妈，运动对大多数孕妈妈来说不但能有效减轻身体的不适感，如便秘、水肿等，还能使你保持愉悦的心情。如果孕前就有良好的运动习惯，可以做一些走路、低强度有氧运动、游泳等，如果孕前运动时间较少，可以试试低负荷的瑜伽等。

● 第三招：用正面的思维方式来树立信心

当你的头脑中有一个消极的念头一闪而过时，索性不要关注这些“不良”情绪，而去想一些能让自己愉快的事情。

● 第四招：多交朋友，特别是孕妈朋友

朋友的支持和友谊能改变那些与紧张压力有关的神经系统，改善胎宝宝的发育，特别是和同处孕期的朋友交流，大家更有共同语言，缓解压力的效果更好。

● 第五招：该治疗时，要积极治疗

这里的治疗包括身体上的病痛，消除了病痛，心理压力才会跟着减轻。同时，也包含着精神上的疾病，如果孕妈妈焦虑抑郁的情况比较严重，应及时找相关医生做专业治疗。

营养课堂

远离妊娠纹的“明星”食物

西蓝花 含有丰富的维生素A、维生素C和胡萝卜素，能够增强皮肤的抗损伤能力，有助于保持皮肤弹性，使孕妈妈远离妊娠纹的困扰。孕妈妈每周宜吃3次西蓝花。

番茄 具有保养皮肤的功效，可以有效预防妊娠纹的产生。番茄对抗妊娠纹的主要成分是其中所含的丰富的番茄红素，它可以说是抗氧化、防妊娠纹的有效武器。

猕猴桃 被称为“水果金矿”，其中所含的维生素C能有效地抑制和干扰黑色素的形成，预防色素沉淀，有效对抗妊娠纹的形成。

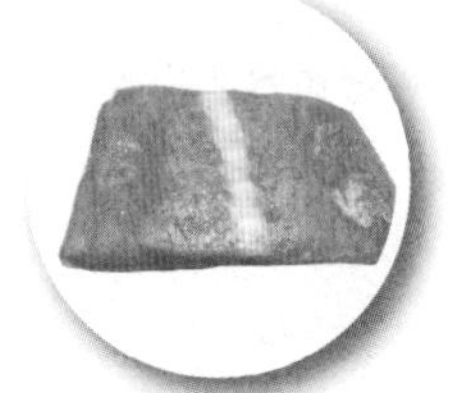

三文鱼 三文鱼肉及其鱼皮中富含的胶原蛋白是皮肤最好的营养品，常食可使孕妈妈皮肤丰润饱满、富有弹性，从而远离妊娠纹的困扰。

猪蹄 含有较多的蛋白质、脂肪、各种维生素及无机盐、丰富的胶原蛋白，可以帮助孕妈妈有效预防妊娠纹，对增强皮肤弹性和韧性及延缓衰老具有特殊功效。

海带 富含丰富的无机盐以及可溶性膳食纤维，可防止皮肤过多分泌油脂，并能防止皮肤老化，有效缓解妊娠纹。

碳水化合物，孕期不可或缺

碳水化合物即糖类物质，是人体能量的主要来源。它能为身体提供热能，维持机体正常生理活动、生长发育和体力活动，尤其是能维持心脏和神经系统的正常活动。

女性怀孕后，代谢增加，各器官功能增强，为了加速血液循环，心肌收缩力增加，这时就需要补充可作为心肌收缩时应急能源的碳水化合物。此外，脑组织和红细胞也要靠碳水化合物分解产生的葡萄糖供应能量。因此，碳水化合物所供能量对维持妊娠期以及神经系统的正常功能、增强耐力及节省蛋白质消耗是非常重要的。因此，孕妈妈必须重视碳水化合物食物的摄入。

● 缺乏碳水化合物的危害

孕妈妈缺乏碳水化合物就会出现全身无力、血糖含量降低、头晕、心悸、脑功能障碍等症状，严重者会导致低血糖昏迷。

孕妈妈体内的血糖含量降低就会影响胎宝宝的正常代谢，妨碍其生长发育。

● 每日摄入量

孕期的碳水化合物需求量应占总热量的50% ~ 60%。以体重60千克的孕妈妈为例，每日需碳水化合物约300克。处于孕早期的孕妈妈妊娠反应比较严重时，每日至少也应摄入150克碳水化合物。到孕中晚期，如果体重每周增长350克，说明碳水化合物摄入量合理，如果体重增长过快，说明应减少摄入量，并以蛋白质代替。

● 碳水化合物最佳食物来源

碳水化合物主要来源于玉米、大麦、水稻、小麦、燕麦、高粱等谷类食物，还有西瓜、香蕉、甜瓜、葡萄、甘蔗等新鲜水果以及红薯、土豆、芋头、山药等薯类。新鲜蔬菜也含有一定量碳水化合物。

谷类食物富含丰富的碳水化合物，孕妈妈合理摄取，可以满足身体基础代谢。

营养食谱推荐

麻酱花卷 补充碳水化合物

材料：面粉 400 克，芝麻酱 50 克。

调料：酵母粉 5 克，红糖、植物油各适量。

做法：

1. 酵母粉加水化开，加入面粉中，揉成面团，盖上湿布，醒发2小时；芝麻酱倒入小碗中，加油和红糖搅匀。
2. 将面团揉匀，擀成长方形面片，把调好的芝麻酱倒在面片上抹匀，将面片卷起，切条，反向拧成花卷生坯，上锅蒸熟即可。

猪蹄皮冻 补充胶原蛋白

材料：猪蹄 400 克，去核红枣 50 克。

调料：葱段 10 克，盐 2 克，鸡精少许。

做法：

1. 猪蹄洗净，剁块，焯烫，捞出去血沫。
2. 锅内放猪蹄、红枣和清水，煮沸后转小火炖1小时，加葱段、盐、鸡精。
3. 将猪蹄捞出，剔除骨头，将皮和肉重新放回锅里与剩下的汤同煮20分钟，捞出装盘，凉凉，盖上保鲜膜，放入冰箱冷藏，待成冻后取出用刀切块即可。

胎教课堂

语言胎教：每个妈妈心中都住着一个小王子

在小王子的星球上，从来只有一种花，一种简单而小巧的花。她们只有一层花瓣，她们只需要一块小小的地方。晨起而开，日暮而落，安静地不会打扰任何人。

一天，一颗不同的种子出现了。小王子不知道她是谁，也不知道她从哪里来。可她却发芽了，长成了嫩嫩的小苗。小王子每天都会看着她，她是那么的与众不同。小王子很期待看到这棵小苗长大的样子。

但是，小苗并没有长得很大。没多久，她就不再长高了，却新奇地孕育出一个花苞。看着这个饱满而可爱的花苞，小王子莫名地相信，花开时一定是一份美丽的惊喜。很长一段时间里，花苞都没有开放，而是躲在她的小绿房子里精心地打扮自己。她要选择属于自己的颜色，她要仔仔细细地设计自己花瓣的模样，这一切都需要时间，都必须慢慢来。她希望自己的绽放是美丽的，不要像虞美人一样带着皱纹迎接世界。

是的，她是喜爱美丽的，她要将最光彩夺目的自己展示给世界。为此，她不怕用太多时间修饰自己。她觉得，美丽值得用时间去等待。终于，在一个阳光初放的清晨，她盛开了。

虽然她已经将自己打扮得很完美，但仍打着哈欠说："真对不起，我刚刚醒来，头发还乱糟糟的……"

这时的小王子，已经无法控制自己的喜爱之情，他赞叹道："不，你有着无与伦比的美丽。"花儿点头微笑说："因为，我与太阳一同出生。"

情绪胎教：读读书，让烦躁的心安静下来

因为孕吐，孕妈妈心情可能有些焦虑和烦躁。除了从饮食上缓解孕吐外，还要分散注意力。养心莫如静心，静心不如读书。对于孕妈妈，静心尤其重要。一本好书，能帮助人调节情绪，消除烦恼，放松心情。在怀孕的初期，孕妈妈很容易产生烦躁情绪，这时如拿起一本好书，读上几页，很快就能让自己安静下来，进入书中的美好世界。

产检课堂

孕 11~13 周，需做早期排畸检查

这里所说的早期排畸检查是指测量“NT”值，判断唐氏儿的概率。NT 检查指的是胎宝宝颈后透明带扫描，是评估胎宝宝是否有唐氏综合征的一个方法。通常在孕 11~13 周 +6 天进行，主要是通过超声扫描来做，但是也要看宝宝和子宫的位置。必要时，还要通过阴道 B 超来进行颈后透明带通常随胎宝宝的生长而相应增长。医生认为颈后透明带大于 3 毫米为异常。

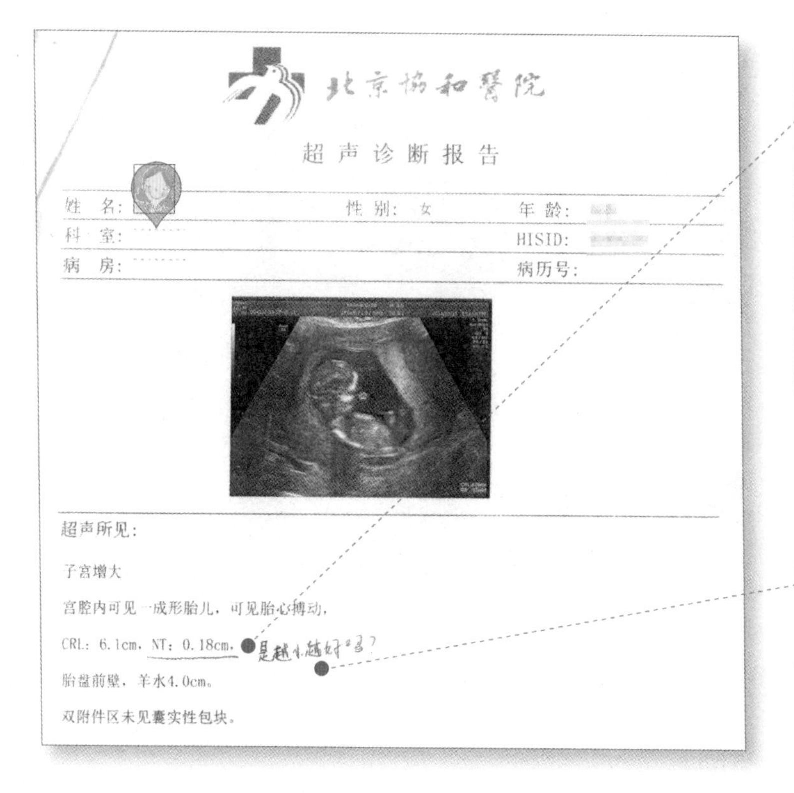

北京协和医院

超声诊断报告

姓名: 性别: 女 年龄:
科室: HISID:
病房: 病历号:

超声所见:

子宫增大

宫腔内可见一成形胎儿，可见胎心搏动，

CRL: 6.1cm，NT: 0.18cm，是越小越好吗？

胎盘前壁，羊水4.0cm。

双附件区未见囊实性包块。

结果显示NT值为0.18厘米

NT值是指颈项透明层厚度，用于评估唐氏综合征的风险，就是早期唐筛。一般来说，只要NT的数值低于3毫米，都表示胎儿正常，无须担心。而高于3毫米则要考虑唐氏综合征的可能。那么就一定要做好唐氏筛查或者羊水穿刺的检查，以进一步排查畸形。

NT值并不是越小越好，只要在参考范围内，不要高于或过于接近临界值，都是正常的。

● NT 检查注意事项

1.NT（颈后透明带扫描）检查是一种 B 超检查项目，不需要抽血检验，进食和饮水都不会影响检查结果，因此在检查前不需要空腹。

2. 由于孕 11 周前胎宝宝过小，难以观察颈后透明带，而孕 14 周后由于胎宝宝逐渐发育，可能会将颈项透明层多余的体液吸收，影响检测结果，因此孕妇最好在怀孕 11~14 周内去做 NT，以免检查结果不准确。

3. 做 NT 最好提前预约，一般在孕 11 周前就可以开始和医院预约时间以便排期。不要在孕 13 周后再去预约，以免排队时间过长，超过孕周做 NT 会影响检测结果的准确率。

第12周

胎宝宝 我更喜欢伸胳膊踢腿

到了这周末，我从头到脚更具人的模样了。我的器官，尤其是大脑在快速发育，神经细胞呈几何级数在增长，大脑体积约占身体的一半。这也就意味着我更加聪明，更善解人意了。另外，我的生殖器官开始呈现男女特征，消化系统也已经能够吸收葡萄糖了。

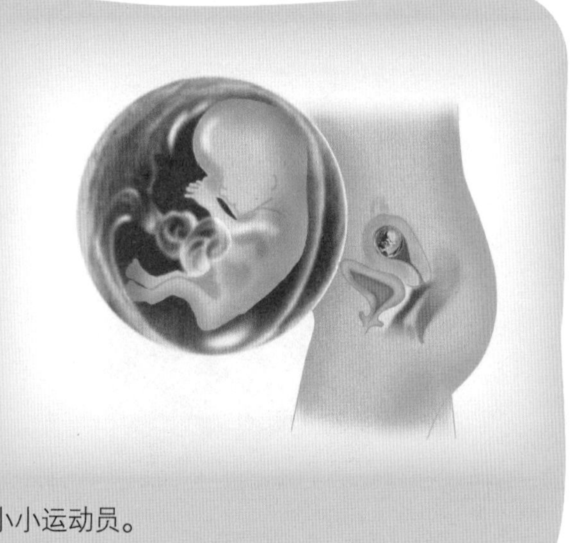

我的身长还不足妈妈的手掌大小，但却越来越淘气了，时而伸伸胳膊踢踢腿，时而扭扭腰，时而动动手指和脚趾，俨然一个小小运动员。

孕妈妈 流产的可能性大大降低

这一周，仍然持续的早孕反应马上就要过去，孕妈妈感觉舒服多了。孕妈妈们的天空仿佛一下子晴朗了许多，心情也不由得开朗起来。孕妈妈的好心情，宝宝也在享受着呢。

现在，孕妈妈的乳房会更加膨胀，乳头和乳晕的色素加深，同时阴道有乳白色的分泌物流出。可不要因为这些变化影响你的好心情哦，要知道，这都是怀孕的正常反应，权当是为宝宝的一点小小付出好了。

从这时起，流产的可能性也大大降低，孕妈妈不必过于担心。

生活保健

孕妈妈安全驾车注意事项

习惯开车的孕妈妈出于方便的考虑不改换别的交通工具，这也是可行的。下面介绍了驾驶安全注意事项。

1. 控制开车节奏。孕妈妈在开车的过程中应避免紧急制动、紧急转向。因为这样的冲撞力过大，容易使孕妈妈和胎宝宝受到惊吓。

2. 慎开新车。新车中含有一些对胎宝宝不利的气味。买回新车后，可以先打开车门车窗，放掉一部分化学气味，放入竹炭、菠萝或羊毛垫等能吸收异味的吸附剂。

3. 空调温度保持在26℃。空调温度过低容易导致孕妈妈受风感冒。一般来说，不太热时，可以关掉空调，打开车窗，吹吹自然风。

4. 长发梳起来。开车时，长发最好梳起来，尤其是在开着车窗的情况下，避免因风吹乱头发而遮挡住视线。

5. 及时除臭杀菌。孕妈妈开的车子要定期到汽车保养处或4S店做除臭杀菌护理。特别是夏天常用的空调，要适时更换空调滤芯，这样能保证孕妈妈在驾驶时有干净、整洁、清新的环境。

别盲目的产检

怀孕后，有些孕妈妈会经常担心胎宝宝的健康问题，动不动就到医院做产检。正常产检是优生的保证，但不能盲目产检，否则会影响胎宝宝的健康。

● 切记产检次数太多

协和医院对整个孕期要做9次产检，且每次产检都有侧重点。但有些孕妈妈会担心胎宝宝的健康，往往会在两次产检之间自行增加产检的次数，其实这是没有必要的，且不会改变妊娠的结局。

● 私自更改产检时间

孕期产检一般都是根据孕妈妈和胎宝宝的健康来制定的，不建议孕妈妈自行更改产检时间。

● 频繁更换产检医院

不建议孕妈妈频繁更换产检医院，因为这样不利于医生掌握孕妈妈和胎宝宝的情况，还非常折腾孕妈妈和胎宝宝。

所以，建议孕妈妈还是按照医生建议做产检，这样有利于母婴健康。

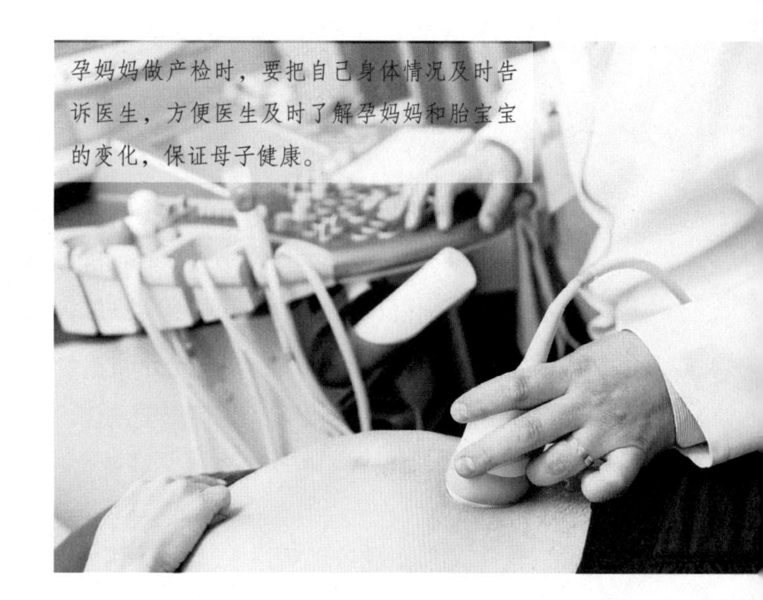

孕妈妈做产检时，要把自己身体情况及时告诉医生，方便医生及时了解孕妈妈和胎宝宝的变化，保证母子健康。

营养课堂

健康小零食，赶走孕期饥饿

早孕反应即将过去，孕妈妈的食欲会增加，经常会感到饥饿，总想吃东西，这是正常的。这时候，胎宝宝的身体大部分已构造完成，接下来就会进入全速发育阶段，需要大量能量。孕妈妈这时候可以准备点健康的小零食。

1. 新鲜水果或果干，苹果、香蕉、葡萄干、西梅干等都可以。不过应注意每天的摄入控制在300克以内。

2. 也可以准备些核桃、板栗、腰果、杏仁等。但是，坚果含脂肪量较高，吃多了容易发胖或影响食欲，不能多吃。

3. 还应备一些抗饿的食物，如全麦面包、苏打饼干、高纤饼干等，在两次正餐中间吃，补充能量。

好孕温馨提醒

需要注意，最好不要买加了较多盐的坚果类零食，如椒盐核桃或椒盐腰果等，以免加重水肿。另外，甜食、油炸、膨化、熏烤等食物就不要吃了，更不能当做零食经常吃。

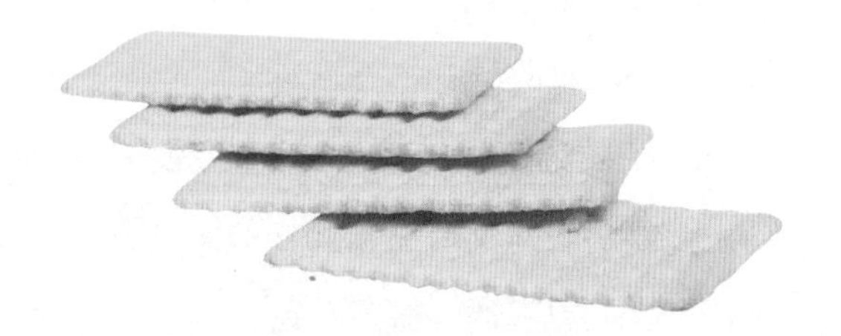

孕妈妈选择孕期零食时，不要选择含糖太高的饼干，如奶油夹心饼干等，可以吃几片苏打饼干或高纤维饼干，既可以缓解饥饿，也不会引起孕妈妈血糖升高。

粗粮虽好，不可贪多

《中国居民膳食指南》中建议，粗粮每人每天可吃50克以上，但是考虑到孕妈妈的消化能力比较弱，最好控制在每天50克以内，不要超量。孕妈妈最好不要在晚上吃粗粮，晚上的肠胃消化能力下降，吃粗粮会加重肠胃消化负担。

孕妈妈吃完粗粮后，如感到不舒服，可多喝些水，帮助消化。粗粮中含有大量膳食纤维，这些膳食纤维进入肠道，如果没有充分的水分配合，肠道的蠕动会受到影响，进而影响消化，引起不适。一般多摄入1倍膳食纤维，就要多喝1倍水。

孕妈妈完全吃粗粮可能感觉口感不太好，可以搭配一些细粮一起食用，营养更丰富，口感也不错。

本周食谱推荐

肉炒魔芋　增强饱腹感

材料：魔芋150克，猪瘦肉50克。

调料：姜末、葱花各5克，酱油3克，盐2克，香油、植物油各适量。

做法：

1. 魔芋洗净，切成块；猪瘦肉洗净，切成厚片。
2. 锅内倒油烧热，爆香姜末，放入猪肉片、酱油翻炒变色，放入魔芋块翻炒至熟，放入盐调匀，撒上葱花，淋入香油即可。

花生炖猪蹄　预防妊娠斑

材料：猪蹄两只（约500克），花生米50克，枸杞子5克。

调料：盐2克，料酒8克，葱段、姜片各5克。

做法：

1. 猪蹄洗净，用刀轻刮表皮，剁成小块，焯水备用；花生米泡水半小时后煮开，捞出备用。
2. 汤锅加清水，放入猪蹄块以及料酒、葱段、姜片大火煮开，慢火炖1小时，放入花生米再炖1小时，加枸杞子同煮10分钟，调入盐即可。

胎教课堂

情绪胎教：读读《开始》，让孕期满载爱意

“我是从哪儿来的，你是从哪儿把我捡起来的？”孩子问他的妈妈。

她把孩子紧紧地搂在胸前，半哭半笑地答道——

“你曾被我当做心愿藏在我的心里，我的宝贝。

你曾存在于我孩童时代的泥娃娃身上，每天早晨我用泥土塑造我的神像，那时我反复地塑了又捏碎了的就是你。

你曾和我们的家庭守护神一同受到祀奉，我崇拜家神时也就崇拜了你。

你曾活在我所有的希望和爱情里，活在我的生命里，我母亲的生命里。

在主宰着我们家庭的不死的精灵的膝上，你已经被抚育了好多代了。

当我做女孩子的时候，我的心的花瓣儿张开，你就像一股花香似地散发出来。

你的软软的温柔，在我青春的肢体上开花了，像太阳出来之前的天空里的一片曙光。

上天的第一宠儿，晨曦的孪生兄弟，你从世界的生命的溪流浮泛而下，终于停泊在我的心头。

当我凝视你的脸蛋儿的时候，神秘之感淹没了我；你这属于一切人的，竟成了我的。

为了怕失掉你，我把你紧紧地搂在胸前，是什么魔法把这世界的宝贝引到我这双纤小的手里来的呢？”

音乐胎教：唱唱儿歌，传递妈妈浓浓的爱

《小红帽》

我独自走在郊外的小路上

我把糕点带给外婆尝一尝

她家住在又远又僻静的地方

我要当心路上是否有大灰狼

当太阳下山岗

我要赶回家

同妈妈一同进入甜蜜梦乡

《小燕子》

小燕子，穿花衣，

年年春天来这里。

我问燕子：“你为啥来？”

燕子说：“这里的春天最美丽。”

小燕子，告诉你，

今年这里更美丽，

我们盖起了大工厂，

装上了新机器，

欢迎你，长期住在这里。

孕中期

（13~28周）

舒舒服服，度过孕中期

眨眼间，到了孕中期，大多数孕妈妈的害喜现象都没有了，食欲也有所增加了。而且胎宝宝处于快速发育期，需要更多的营养，所以为了胎宝宝的健康成长，孕妈妈可以适当地解放自己，全面地吃你平时喜欢但因为担心发胖而不敢吃的东西啦！

孕中期（13~28周）
母婴体重增长规律

稳步上升的孕中期

胎宝宝的情况

这是胎宝宝快速生长的一个阶段，16 周末时胎宝宝身长约 16 厘米，体重约 110 克。但到了 28 周末时胎宝宝身长约 35 厘米，体重约 1000 克

孕妈妈的情况

孕妈妈的肚子已经略微隆起，尤其是偏瘦的孕妈妈，通常会在孕 20 周时腹部突然挺起，而且胸部逐渐增大，腰身也会渐渐变粗。这是控制体重的关键期，一般是每两周增加 1 千克左右为宜

如何控制体重

饮食要讲究营养均衡，而不是一味的乱吃、多吃。此外，千万不要忘记运动，可以做些简单的家务，让自己的身体更加灵活

孕中期产检早知道

孕中期是宝宝身体各器官生长发育的重要时期，应该多摄取充足的营养来满足妈妈宝宝的身体需求。

产检时间	重点产检项目	备注
15~20周：第二次正式产检	唐氏筛查，如唐筛高危，需要做羊水穿刺	排查畸形
21~24周：第三次正式产检	B超大排畸	排查畸形
24~28周：第四次正式产检	妊娠期糖尿病筛查	喝糖水，监测血糖

孕中期孕妈妈VS胎宝宝变化轨迹

13~16 周孕妈妈 VS 胎宝宝的变化

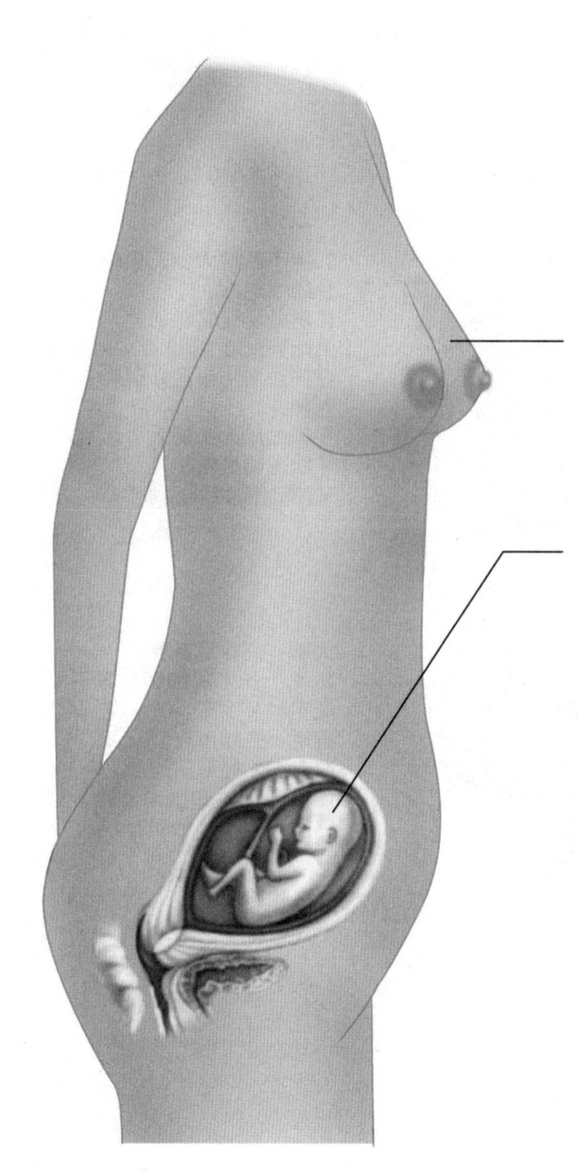

乳房胀大，乳晕颜色加深且直径有所增大。
下腹部微微隆起，腹围增加约2 厘米了。
子宫壁厚厚的肌肉延伸着，开始挤占空间。
子宫如成人拳头般大小。

眼睛：眼睑长成，且覆盖在眼睛上。
毛发：脸上出现细小的毛发，身体覆盖着细小松软的胎毛。
骨骼和肌肉：慢慢发达。
四肢：胳膊和腿能做轻微活动了。
内脏：大致发育成型。
心脏：波动增强，通过多普勒可检测到胎心音了。
胎盘：已形成，羊水快速增加。

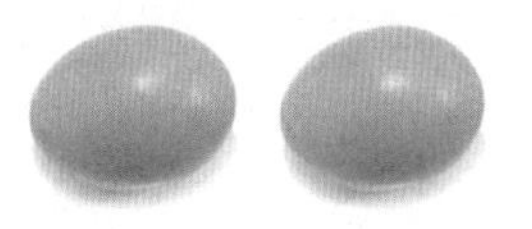

孕4月末期，胎宝宝的身长约16厘米，体重约110克，相当于2个鸡蛋的重量。

17~20 周孕妈妈 VS 胎宝宝的变化

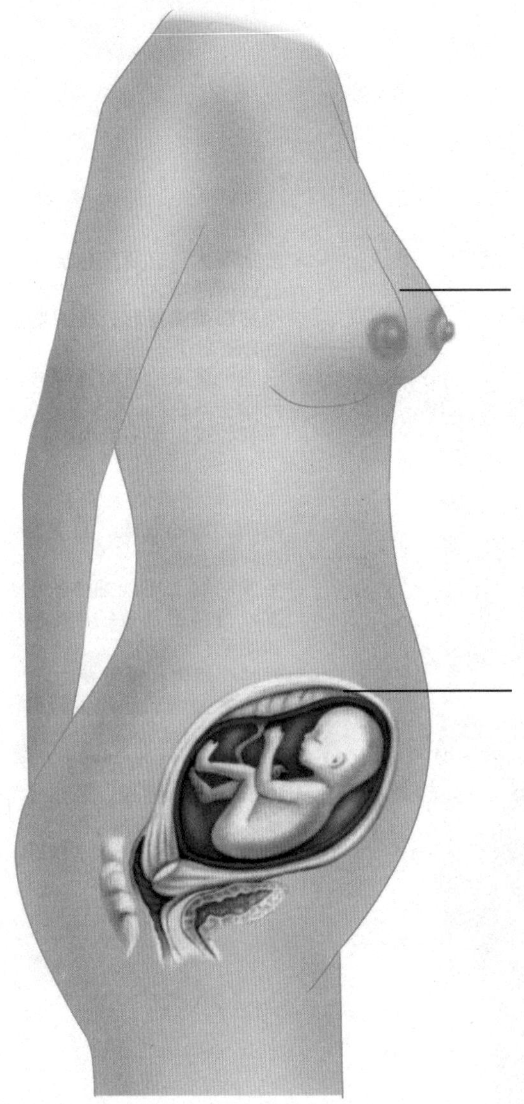

乳房不断增大，乳晕颜色继续加深。
乳房分泌浅黄色初乳，为哺乳作准备。
臀部更加丰满，外阴颜色加深。
子宫如成人头部大小，下腹部明显隆起。
子宫底的高度约与肚脐平。

大脑：仍在发育着。
头发：长了层细细的异于胎毛的头发了。
眉毛：开始形成。
胎盘：直径有所增加。
四肢：骨骼和肌肉发达，胳膊和腿不停活动着。

孕5月末期，胎宝宝的身长约25厘米，体重约320克，约为1个大鸭梨的重量。

21~24 周孕妈妈 VS 胎宝宝的变化

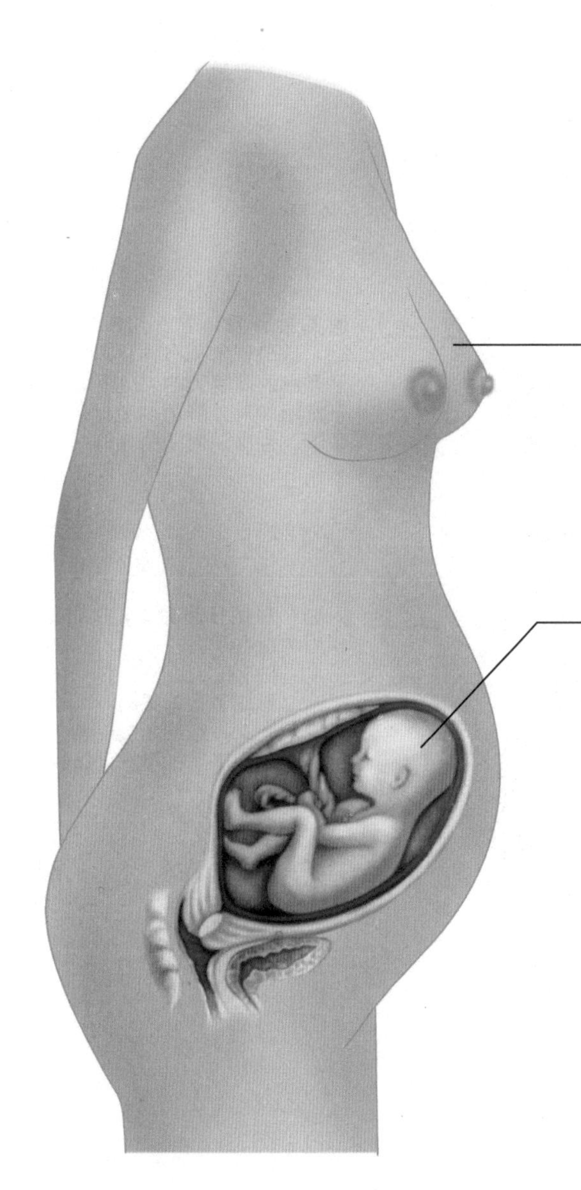

乳房饱满，挤压时会流出稀薄的汁液。
子宫底的高度约在耻骨联合上方18~20厘米处，小腹比较明显隆起，一看就是孕妇模样了。
孕妈妈偶尔会感觉疼痛，是子宫韧带被拉长的缘故。

大脑：快速发育，皮层褶皱并出现沟回，以给神经细胞留出生长空间。
脐带：胎宝宝好动，有时会缠绕在身体周围，但并不影响胎宝宝活动。
皮肤：有褶皱出现。
手脚：在神经控制下，能把手臂和手同时举起来。能将脚蜷曲起来以节省空间。

孕6月末期，胎宝宝的身长约30厘米，体重约630，约为4个苹果的重量。

25~28 周孕妈妈 VS 胎宝宝的变化

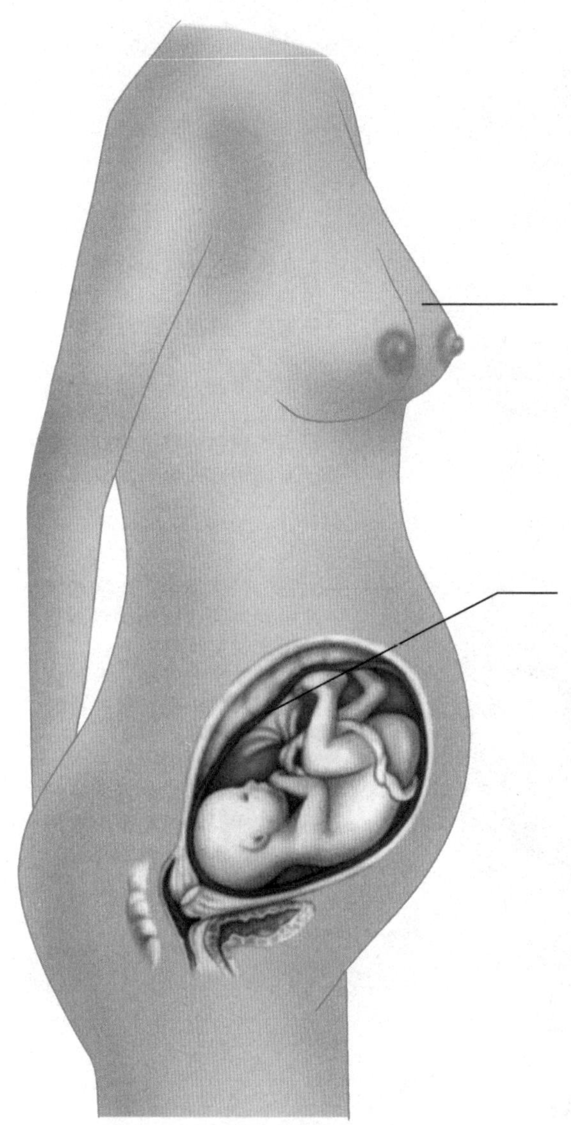

腹部会有紧绷感，用手触摸腹部会感觉发硬，这种现象几秒钟会消失。
子宫底的高度为21~24厘米，在脐部以上。
子宫肌肉对外界的刺激比较敏感，如用手刺激下，会出现薄弱的宫缩。

大脑：功能日趋完善，有记忆能力和思考能力了。
头发：约有0.5 厘米长了。
眼睑：形成了上下眼睑。
胎毛：全身被细细的胎毛覆盖着。
指甲：出现了手指甲和脚趾甲。

孕7月末期，胎宝宝的身长约35厘米，体重约1000克，约为1个柚子的重量。

孕中期每日饮食推荐

餐次	食物	原料	量（克）	能量（千卡）	蛋白质（克）	脂肪（克）	碳水化合物（克）
早餐	拌蔬菜	胡萝卜	50	17.76	0.48	0	3.84
		菠菜	50	10.68	1.335	0	1.335
	牛奶	牛乳	250	135	7.5	7.5	7.5
	燕麦粥	燕麦片	75	275.25	11.25	5.25	46.5
	煮蛋	鸡蛋（白皮）	60	72.036	6.786	4.698	1.044
上午加餐	橘子	橘子	200	60.3	1.34	0	13.4
午餐	金银卷	小麦粉（标准粉）	76	261.44	8.36	1.52	54.72
		玉米面（白）	37	125.8	2.96	1.48	24.79
	里脊炒油菜	香菇（鲜）	50	9.5	1	0	1
		猪肉（里脊）	50	77.5	10	4	0.5
		花生油	5	44.95	0	5	0
		油菜	50	10.005	0.87	0	1.305
	芹菜豆干	豆腐干	25	35	4	1	2.75
		芹菜（白芹，旱）	50	4.62	0.33	0	0.66
		花生油	5	44.95	0	95	0
下午加餐	饼干	饼干	25	108.25	2.25	3.25	17.75
晚餐	荞麦米饭	大米	76	262.96	5.32	0.76	58.52
		荞麦	37	119.88	3.33	0.74	24.42
	清炒西蓝花	西蓝花	100	27.39	3.32	0.83	2.49
		花生油	5	44.95	0	5	0
	柿椒鸡丝	青椒	100	18.04	0.82	0	3.28
		鸡胸脯肉	50	66.5	9.5	2.5	1
		花生油	5	44.95	0	5	0
晚上加餐	龙须面	鸡蛋（白皮）	25	30.015	2.8275	1.9575	0.435
		小麦粉（标准粉）	50	172	5.5	1	36
		菠菜	20	4.272	0.534	0	0.534
合计				2084	89.6125	56.5	303.773

（身高160~165厘米，孕前体重55~60千克的孕妈妈，孕中期食谱举例）
（参考：协和医院营养餐单）

第13周

胎宝宝 我已长到一个大虾大小了

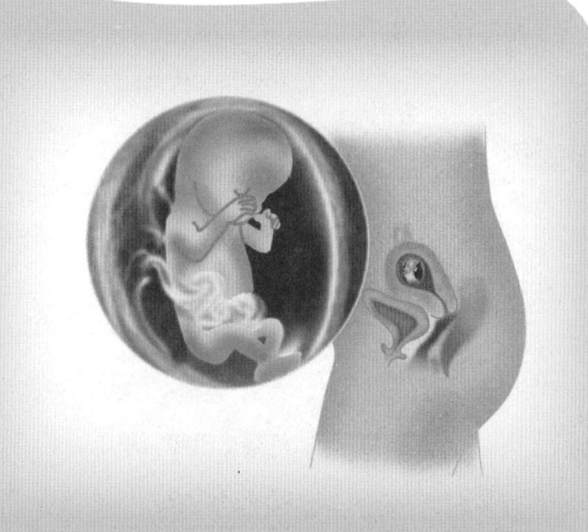

本周我的脸看上去更像成年人了，身长大概只有9厘米，重量只有大约14克，差不多相当于一只大虾的大小。虽然我还很小，但是我在妈妈的子宫里已经完全成形了，只是还有一些细节还有待发育。如我的肺还没有发育成熟，脖子完全成形了，可以支撑头部进行运动了，眼睛正转向头的正面，耳朵向正常位置移动，生殖器官也在继续生长。虽然我的耳朵还没有完全发育成熟，但是我已经能够通过皮肤震动感受器来“听”声音。这时，如果妈妈轻轻触摸腹部，我就会产生轻微的蠕动反应。

孕妈妈 初现怀孕体态

早孕反应和易造成流产的危险期基本结束，相对来说，孕妈妈流产的风险也降低了很多，而胎宝宝也已经完成了其大部分关键性发展，所以也是比较安全的。

孕妈妈在耻骨联合上方2~3指处可以触及到增大的子宫底。孕妈妈脸上和颈部出现了褐色的斑点，乳房开始变大并产生了刺痛的感觉。孕妈妈已经初现怀孕体态了。

生活保健

适合孕中期的运动

到了孕中期，孕妈妈运动的关键是要形成规律，运动规律可由短时、经常、持续性等要素构成。

只要体力允许，孕妈妈可以多安排几次运动，早晨、中午、晚饭后都可以专门抽出时间运动一会儿，每次运动时间以20~30分钟为宜。每次安排的运动量要均衡，不要忽强忽弱，更不要现在多运动一会儿，下一次运动就不做了，或者现在不做了，下次运动多做点。身体不适，可以把运动量调小一些，但无论怎样调整，都要遵守规律，不能三天打鱼、两天晒网。

● 哪些运动不能做

如果孕妈妈在孕前没有运动的习惯，那么现在可以逐渐养成，尽量有意识地寻找一些自己喜欢的运动项目，但要避开快跑、负重登山、滑雪、独自骑马、蹦极、潜水、单双杠、跳高、跳远、滑冰、拔河、篮球、足球等剧烈运动。

如果孕妈妈有过流产史，或有胎盘前置、子宫颈闭锁不全等症，那么如何运动需要向医生请教。

● 运动量应慢慢增加

运动量要慢慢增加，可以从每周3天，每天做两次10~15分钟的运动开始，如果没有不适，就延长运动时间至每天30分钟，每周的运动天数也可以逐渐增加，每次量不要太大。如果运动中感觉呼吸困难、头晕目眩、心慌、子宫收缩等，那么应立即停止运动。

● 快步走

快步走时，手臂摆的幅度稍大些，步伐也更快点，心率尽量控制在120~140次/分钟。

● **半蹲练习**

两脚自然分开，膝盖对准脚尖方向，手臂自然下垂放在身体的两侧，目视前方。吸气时，屈膝半蹲，手臂向前平举，呼气时还原，反复练习10次。

● **抬头呼吸**

两脚分开，与肩同宽，将双臂缓缓地举向上方并用鼻子吸气，与此同时抬起自己的脚后跟。提高孕妈妈保持身体平衡的能力并增加氧气的供应量。

孕期生理性腹痛，无需治疗

随着胎宝宝长大，孕妈妈的子宫也在逐渐增大，增大的子宫会刺激肋骨下缘，引起孕妈妈肋骨钝痛。一般来讲这是生理性腹痛，不需要特殊治疗，采取左侧卧位有利于疼痛缓解。到了孕晚期，孕妈妈会因假宫缩而出现下腹阵痛，在夜间休息时发生而天明后消失，宫缩频率不一致，持续时间不恒定，间歇时间长且不规律，宫缩强度不会逐渐增加，还伴有下坠感，白天症状缓解。

营养课堂

孕中期饮食宜忌

宜

1 每天喝250~300毫升牛奶，多吃鱼类、鸡蛋、芝麻、瘦肉，补充钙质，为胎宝宝的骨骼和牙齿提供足够钙质。

2 孕妈妈要预防妊娠期贫血，多吃含铁丰富的食物，如木耳、瘦肉、蛋黄、绿叶蔬菜。富含铁的食物搭配维生素C食用，吸收效果会更好。

3 多吃些利尿消肿的食物，如西瓜、红小豆、洋葱、薄荷、茄子、芹菜等。

4 多喝水，有利于排毒和消除水肿。

忌

1 饮食不可过于追求精细，营养的增加不以体重的增加为目的，要重视膳食平衡。

2 不要节食。有的孕妈妈怕饮食过当影响体形，所以节制饮食，容易引起营养不良，会对宝宝智力有影响。

3 补充膳食纤维要注意适度，过多的膳食纤维会降低钙和铁的吸收率，更容易引起腹胀。

4 烹饪口味要清淡，不可摄入过多的盐分，否则容易加重身体的水肿程度。

孕中期关键营养素

进入孕中期，需要适当增加各类营养的摄入量，保证饮食结构合理，孕妈妈基本的饮食都可以保证。

营养素	功效	日摄取量	食补来源
蛋白质	是人体重要组成营养素，是补充新陈代谢及修复受损组织的主要物质	75~100克	鱼、肉、蛋、豆制品等
碳水化合物	孕中期胎宝宝发育加快，孕妈妈需要越来越多的热量来满足胎宝宝的生长发育	350~450克	米饭、面条、水饺、花卷等
维生素C	孕中期补充维生素C，可以预防贫血、色斑、疲惫等	130毫克	猕猴桃、苹果、青椒、绿豆芽、葡萄、柑橘、橘子等
膳食纤维	孕中期以后，孕妈妈容易便秘，补充膳食纤维能够刺激消化液分泌，加速肠道蠕动，缓解便秘	20~30克	玉米、小米、大豆、黑豆、海带、苹果等
铁	孕中期缺铁会引起缺铁性贫血，影响身体免疫力，出现皮肤苍白、容易疲劳、头晕乏力、食欲缺乏等	30毫克	菠菜、胡萝卜、韭菜、黑木耳、芹菜、红枣等
铜	铜是人体内酶重要的组成成分。孕妈妈体内铜不足，容易引起贫血、早产等	2~3毫克	糙米、芝麻、动物肝脏、猪肉、蛤蜊、菠菜、大豆等

本周食谱推荐

猪血炖豆腐 预防贫血

材料：猪血、北豆腐各150克。

调料：植物油适量，葱花、姜末各5克，盐2克。

做法：

1. 猪血和北豆腐洗净，切块。
2. 锅内倒油烧热，爆香葱花、姜末，放入猪血块和豆腐块翻炒均匀，加适量清水炖熟，用盐调味即可。

功效：猪血中含有丰富的铁元素，且容易被人体吸收、利用，每周食用两次有利于帮助孕妈妈预防缺铁性贫血。

水晶虾仁 促进宝宝大脑发育

材料：虾仁300克，鲜牛奶、鸡蛋清各50克。

调料：植物油适量，淀粉、料酒各5克，盐2克。

做法：

1. 虾仁洗净，挑去虾线，加上盐、淀粉、料酒腌渍15分钟。
2. 将牛奶、鸡蛋清、淀粉、盐和腌渍的虾仁同放碗中，搅拌均匀。
3. 锅内倒油烧热，倒入拌好的虾仁，用小火翻炒至牛奶凝结成块，虾仁熟即可。

胎教课堂

语言胎教：母子心灵的沟通，从胎儿期开始

不管胎宝宝的听觉发育到何种程度，爸爸妈妈都要坚持与胎宝宝对话。只要安静放松，孕妈妈就可以把听到、看到、想到的说给胎宝宝听。通过与孕妈妈的心电感应，胎宝宝会对孕妈妈的话心领神会，更多地了解外面的世界。

● 这样跟胎宝宝沟通

1. 形象与声音相结合。孕妈妈先在头脑之中将所要讲的内容视觉化，就像是影视画面一样，然后用动听的声音将头脑中的画面讲给胎宝宝听。这样，胎宝宝就能和你一起进入你讲述的世界，你所讲的内容也就输进了孩子的头脑之中。

2. 形象与情感相结合。孕妈妈一定要带着丰富的感情与胎宝宝对话，要创造声音、形象、感情一体的境界。比如，你在大自然中散步，心中充满宁静和愉快，你就可以带着这样的情感将看到的红花、绿树、青草讲给胎宝宝听。

● 跟胎宝宝说的素材

1. 生活中的点滴趣事。孕妈妈的生活起居，路上的所见所闻等，只要是温暖的、幸福的事情，都可以跟胎宝宝说。早晨起床，先对胎宝宝问声“早上好”，拉开窗帘，可以跟胎宝宝说说外面的天气。经常这样跟胎宝宝交流，能够让母子之间的感情纽带更为牢固，胎宝宝对外界的感受就更强了。

2. 利用书刊卡片讲故事、念童谣、说百科。故事、童谣、百科知识等，孕妈妈都很熟悉，只要在念的过程中充满感情、绘声绘色就行。孕妈妈还可以将各种数字卡片、图形卡片、实物卡片上的内容讲给胎宝宝听。如卡片上有个“1”字，可以将“1”印在自己的头脑中，再跟胎宝宝描述一下生活中“1”是干什么用的，什么形象像“1”等。

● 胎宝宝也很喜欢准爸爸的声音

准爸爸也要多抽时间跟胎宝宝对话，让胎宝宝提前认识你，这样也能增进你们之间的感情。同时，胎宝宝不仅能感受到妈妈的爱，也能感受到爸爸的爱，因此会感到更加幸福。

第14周

胎宝宝 我已长到一个柠檬的大小了

到了14 周，我的身长大约有8~9.3厘米，约相当于一个柠檬的大小，体重达42.5克。这时，我长得很快，已经能分辨出是男孩还是女孩了。我的皮肤上长出了一层细细的绒毛，这层绒毛在我出生后会消失。我的手指、手掌、手腕、双腿、双膝和脚趾已经能弯曲和伸展了，会时不时调皮地动动。此外，因为大脑的刺激，我的面部肌肉也开始得到锻炼，能够斜眼、皱眉和扮鬼脸了。我现在能够抓握，还可能会吸吮手指。

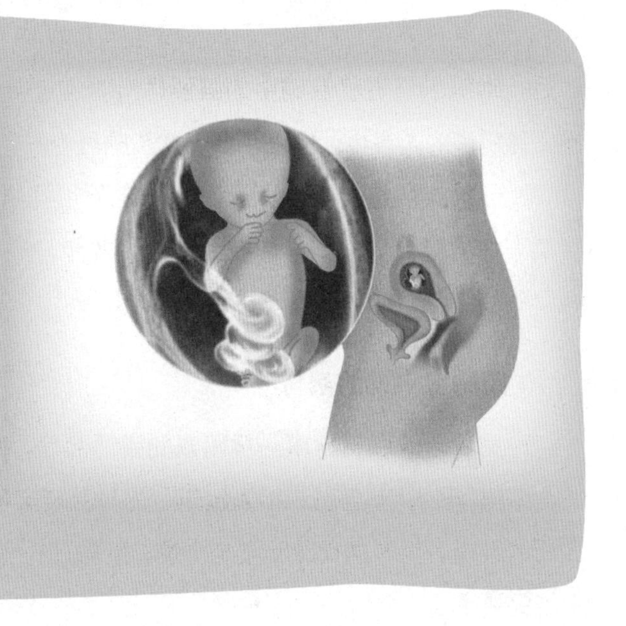

孕妈妈 终于可以穿孕妇装了

怀孕时，孕妈妈体内的雌激素水平较高，盆腔及阴道充血。此时，孕妈妈的阴道分泌物增加，白带增多。孕妈妈不要为此感到不安，应选择纯棉内裤，并坚持每天清洗外阴，以保持外阴部清洁。早孕的不适反应这时也烟消云散、荡然无存了，孕妈妈越来越适应怀孕的状态，心情也变得平稳，食欲也跟着好转起来。现在，孕妈妈可以尽情享受怀孕的美妙和自豪了。

本周孕妈妈身体的最大变化是子宫逐渐增大，在脐耻之间，原来的衣服开始变得不合体，现在孕妈妈终于可以把早已买好的孕妇装拿出来穿了。

生活保健

舒服的孕妇装，让孕期更美丽

孕妈妈的服装应以宽松、舒适、整洁、大方为原则，而且吸汗且透气的棉质衣服是最佳选择。

孕妈妈也是爱美的，选择漂亮的衣服，打扮得清爽宜人，心情也会变得愉快起来。

● **背带裤**

面料舒适、穿着方便、腹部宽松，适合任何月龄。

● **裙子**

A字裙，背带裙或连衣裙，纯棉的、丝绸的都可以。那种宽松的公主裙款式连衣裙，别具女人味。

● **松紧裤**

质地纯棉的居多，或者麻面的，可根据喜好挑选。松紧裤的腰可以随着月份的增大而调节，方便之极。

● **上衣**

夹克衫、唐装。夹克衫和唐装的一大特色就是宽松舒适，唐装的样式和颜色很多，所以选择的余地很大，最好能选择那种可以机洗且不掉色的。

● **职业套装**

简洁合体，大方端庄，适合白领妈妈。基本款式有容易搭配的单件上衣、衬衫或裤装，以及不可或缺的背心裙、变化多端的一件式短洋装或长洋装、上班休闲夹克套装等。

● **袜子**

选择透气性好的、纯棉的、不能太紧的。

● **鞋子**

选择透气性好、材质轻、舒适的那种。一定不要穿高跟鞋，也最好不要选择完全平跟的鞋，最好是有2厘米左右的跟，使身体能好地保持平衡，如果脚肿得厉害，就需要穿上比自己平时的鞋码大半号的鞋子。如果到孕晚期，可能要大上1号了。买鞋子一定要试穿，以脚后跟处能插入一个手指为宜。最好不要买那种需要系鞋带的，当孕妈妈的肚子越来越大，已经不能弯腰自己系鞋带了，那种站着、脚一伸就能套上的休闲鞋是最方便的。

孕期出行“选中间，避两头”，更安全

我们都知道，孕早期时，胎盘发育还不成熟，与子宫壁连接也不牢固，加上有早孕反应，出行容易发生流产，而孕晚期，孕妈妈腹部隆起，身体沉重，且子宫敏感性增加，如果运动幅度较大或者腹部受到冲击，很可能引起子宫收缩，导致早产，所以孕早期和孕晚期都不适合出行。

而孕中期时，胎宝宝最为“稳固”，且孕妈妈身体也不太沉重，孕期不适和流产风险也降低很多，所以孕中期是外出游玩最安全。

将孕期腹泻扼杀在摇篮中

孕期腹泻会加快孕妈妈肠蠕动，甚至引起肠痉挛，这些会刺激子宫收缩，甚至导致早产、流产等。所以孕妈妈绝不能忽视孕期腹泻。为了将孕期腹泻扼杀在摇篮中，下面给出了几点意见：

1. 三餐要定时、定量，且清淡饮食、少油腻，多喝水。

孕妈妈外出时，要带好电话，方便遇到突发事情，及时联系家人。

2. 注意谷豆类、蔬果类、蛋奶类、肉类四大类食物的搭配。

3. 冷热食物分开食用，且吃完热食，不要立即吃凉的，如果非要吃，最好间隔 1 个小时。

4. 生熟分开，在外就餐或点餐，要注意食品安全。

5. 忌吃自己平时容易腹泻的食物。

6. 孕期腹泻不论是食疗，还是用药，都要在医生的治疗进行。

专家在线答疑 Q&A

Q 这几天我有些腹泻，排便如水状，怎么办？

A 只要不出现脱水的情况一般不会对胎宝宝产生影响，建议你多喝些糖盐水、注意饮食的卫生、近期宜吃点容易消化的食物和水果、注意休息。最好是去医院请医生帮你看一下，必要时可以服用中药来治疗。

营养课堂

进食早晚餐要均衡

有些孕妈妈不爱吃早餐，反而晚餐大量进食，这样就会造成早晚餐不均衡，不利于孕妈妈和胎宝宝的健康。

一般来说，孕妈妈在上午的工作和劳动量较大，需要较多的营养，加上从前一天晚上到第二天早上间隔十几个小时，孕妈妈和胎宝宝都需要营养供给，所以，孕妈妈早餐一定要吃，否则不利于胎宝宝的健康发育。

晚餐时，孕妈妈不必吃得太饱，因为孕妈妈饭后活动较少，且即将睡觉，而睡眠时肠道对人体热量消耗较少，如果晚餐进食太多，会导致过多食物不能消化，让胃不舒服，甚至引起胃肠病。

吃火锅一定要煮熟

火锅的原料是羊肉、牛肉、猪肉等，这些肉片可能含有弓形虫、中华枝睾吸虫等寄生虫。寄生虫藏匿在这类受感染的动物肌肉细胞中，肉眼是无法看到的。吃火锅时习惯把鲜嫩肉片放到煮开的烫料中稍稍一烫即进食，这种短暂的加热并不能杀死寄生虫，人进食后幼虫可在肠道中穿过肠壁随血液扩散至全身。弓形虫幼虫一旦进入体内，可通过胎盘传染给胎宝宝，严重者可致流产、死胎或影响胎宝宝脑的发育而发生小头、脑积水或无脑等畸形现象。

但孕妈妈也不是不可以吃火锅的，只要把火锅食物煮熟再食用，就能减少细菌的感染。

增加主食的摄入量，增强体力

到了孕中期，孕妈妈的基础代谢加强，对糖的利用增加，所以在饮食的时候应在孕前基础上增加能量，每天主食摄入量应达到或高于400克，并且精细粮与粗杂粮搭配食用，如米和面，可以搭配吃一些五谷杂粮，如小米、玉米面、燕麦等。

能量增加的量可视孕妈妈体重的增长情况、劳动强度进行调整，这样有利于帮助孕妈妈增强体力，更轻松地度过孕期。

五谷杂粮富含丰富的碳水化合物和膳食纤维，孕妈妈常吃既有利于补充基础热量，还能预防孕期便秘。

本周食谱推荐

南瓜金银花卷 增强体力

材料：煮熟南瓜泥 130 克，面粉 500 克。

调料：酵母粉 8 克。

做法：

1. 酵母粉均分两份，分别加30克温水化开。
2. 南瓜泥加酵母水和250克面粉，和成黄色面团；面粉250克加酵母水，揉成白色面团，分别揉搓均匀，擀成长方形大片，表面刷油，卷起摞在一起，对折，切成宽坯子，每个坯子中间再切一刀，拿在手中拉长，并拧成麻花状，用打结的方法做成花卷生坯，放锅中蒸熟即可。

蛋香萝卜丝 健胃消食

材料：白萝卜 300 克，鸡蛋 1 个。

调料：葱花 10 克，盐 2 克，植物油适量。

做法：

1. 白萝卜洗净，切丝，加少许盐、凉开水腌渍；鸡蛋打成蛋液。
2. 锅内倒油烧热，放入白萝卜丝，大火翻炒，待萝卜丝将熟时，撒入葱花并马上淋入蛋液，炒散，放盐即可。

功效：白萝卜中的芥子油和膳食纤维能促进胃肠蠕动，增进食欲，帮助消化，改善孕妈妈的食欲缺乏和消化不良的症状。

胎教课堂

情绪胎教：写写日记，温暖孕妈妈的内心

孕妈妈写日记可以记录下很多值得纪念的时刻，还可以让自己的心情变得平静下来，这是一种非常不错的胎教方法。

● 挑个自己喜欢的日记本

出门去买一个自己喜欢的日记本吧，挑选那些带有漂亮封面并且纸质优良的本子，放在家中最显眼的地方，提醒你随时记录。从现在起，这个本子就是你孕期最亲密的朋友了，你可以跟它分享一切秘密。

● 日记记录的内容

（1）胎宝宝的体重和大小。

（2）自己的身体状况。

（3）孕妈妈可以非常坦率地在日记中记录下自己的真实想法，当然也包括那些孕期无法避免的担忧，或者夫妻之间关系的疏远。这些都是孕妈妈在怀孕期很容易遇到的问题，对此，孕妈妈可以一边写日记一边思考，然后让自己的想法逐渐向积极的方向转变。

（4）在一些特殊的日子，如得知怀孕消息的日子、第一次感觉到胎动的日子、在B超上看到宝宝模样的日子、听到孩子心脏跳动的日子，孕妈妈可以把自己的喜悦和体会一一记录下来。

（5）孕妈妈还可以把胎教过程中读到的令自己有所感触的诗句或听到的美妙音乐记录下来，写成一篇鉴赏性的美文。

● 给宝宝读日记

孕妈妈写完一篇日记后，可以用给宝宝讲故事的方法朗读出来，宝宝对妈妈充满爱意的声音一定会非常喜爱。

第15周

胎宝宝 我能听到妈妈的呼吸和心跳了

在15周，我的身上覆盖了一层细细的胎毛，看上去如同披着一层薄绒毯，这能帮助调节体温。

我开始长出眉毛，头发也在继续生长着，这些毛发的质地和颜色在出生后会有一定的改变。

我的听觉器官仍在发育中，游弋在羊水中，也能通过羊水的震动感受到声音，听到妈妈的声音和心跳。

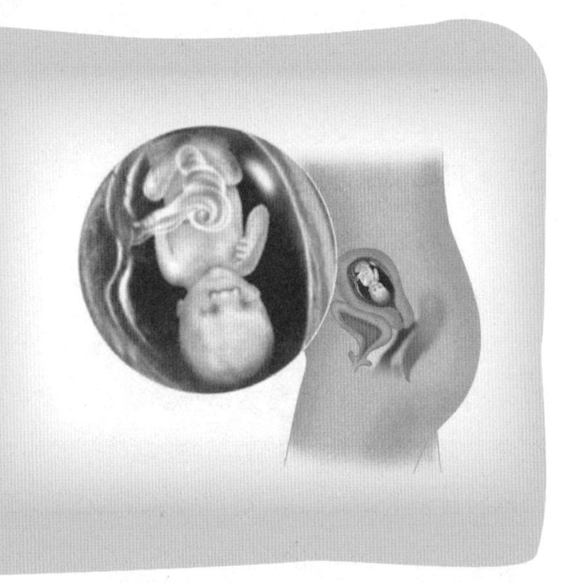

孕妈妈 能分泌初乳了

在这周，随着子宫的增大，支撑子宫的韧带会增长，孕妈妈会感觉到腹部和腹股沟疼痛。孕妈妈不要因此而抱怨宝宝哦，因为宝宝已经能听到你说话了。

孕妈妈乳晕颜色变深，乳头增大，呈暗褐色，乳房中已经形成了初乳，随之乳头也能分泌出白色乳汁，那么，孕妈妈从这个时候起要多吃点营养食物，作好乳房卫生，为肚子里的宝宝做好哺乳准备。

生活保健

缓解疲劳困乏，保持充足的体力

孕妈妈一个人身担两副担子，非常容易疲劳。所以孕妈妈要学会及时休息，缓解疲劳，保持充足的体力，才能更好地促进胎宝宝的发育。

1. 即使工作中的孕妈妈没有感到疲劳，也要在1小时后休息一次，哪怕是5分钟也好。如果条件允许，最好能到室外或阳台上去呼吸下新鲜的空气，活动一下身体。

2. 需要长时间坐着的孕妈妈可以在脚下垫上小凳子，这样能够抬高脚的位置，避免水肿的发生。

3. 孕妈妈做的如果是事务性的工作，如话务员、打字员等，需要长时间保持同一姿势，就会容易感到疲劳，可以不时地转变姿势，伸展四肢，能够缓解疲劳。

4. 冬季办公室或卧室暖气过热，空气不新鲜，很容易让孕妈妈感到不舒服，最好能够时常开开窗、换换气。孕妈妈最好能在晚上睡觉前和早上起床后开窗、开门，使室内外的空气对流。

5. 随着宝宝慢慢长大，导致孕妈妈下肢血液循环不畅。孕妈妈在突然站立、向高处伸手放东西或者拿东西时，容易发生眼花或脑缺血，容易摔倒，所以，孕妈妈的一切行动都要采取慢动作，慢慢进行。

6. 聊天是一种排除烦恼、有益心理健康的好方法，不但能够释放和减轻心中的各种忧虑，还可以获得最新的信息。在愉快的聊天中，忘却身体的不适。

7. 孕妈妈可以闭目养神片刻，然后用手指指腹按摩前额、两侧太阳穴和后脖颈，每处拍16下，有健脑的作用，可以缓解疲劳。

8. 孕妈妈可以选择一些优美抒情的音乐或胎教磁带来听，能够调节孕妈妈的情绪，缓解身体困乏。

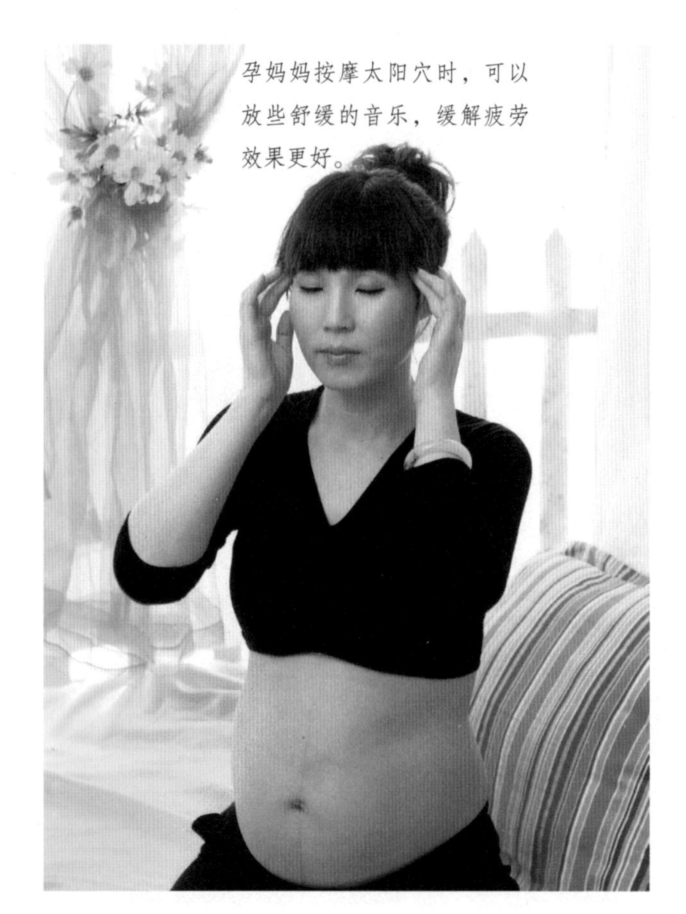
孕妈妈按摩太阳穴时，可以放些舒缓的音乐，缓解疲劳效果更好。

做做有氧操，一扫烦躁的情绪

孕妈妈多呼吸呼吸氧气，能一扫烦躁的情绪，也能使腹中宝宝的大脑得到更好的发育。建议孕妈妈多做做有氧操。

● 运动前准备

1. 单脚站立，培养平衡感。
2. 向左右轻柔伸展，做侧腹的训练。
3. 双脚上下屈伸，然后做跟腱运动。
4. 扶着墙壁伸展脊骨，要用到腰、腹部的肌肉，但不能过分挤压腹部。

● 有氧操

1

双臂上抬至肩膀，上身朝左右转动。

2

手臂向后伸展，上身弯曲与地面平行，抬起头，眼睛看着前方。

3

双脚用力分开，蹲下，双手抓住跟腱处。

4

两脚分开，膝盖伸直，双手抓住两脚踝。

营养课堂

肥胖孕妈妈该怎么吃

孕妈妈体重超标，可能会引起妊娠期高血压疾病，甚至导致流产，所以应该及时调整饮食，保持体重在正常的范围内。

- **减少主食的摄入**

孕妈妈应该减少米面等主食的摄入，可以用土豆、玉米、白薯、山药、南瓜、板栗、莲藕代替米面作为主食。因为米面等主食的主要成分是碳水化合物，即所谓的糖类物质，如果摄入碳水化合物过多的话，多余的碳水化合物就会转化为脂肪，从而导致肥胖。

- **多吃蔬菜，控制水果的量**

当孕妈妈减少主食摄入后，往往会感到饥饿，这时可以吃一些蔬菜和水果，但要注意水果的量，尽量选择低糖水果，如樱桃、柚子，桃等，既可以缓解饥饿，还能补充维生素和矿物质。

胃口变大了，但要注意克制

到孕中期，孕妈妈经常会感到饥饿，在不知不觉间就会吃很多，饭量一般都会自动增加。实际上，这时候并不需要刻意增加，只要膳食均衡，体重也会平稳增长。

有的孕妈妈本身饭量比较小，怀孕后也没有增加多少，但这未必就会缺乏营养。只要每次产检时，胎宝宝的发育正常，孕妈妈也没有什么不适症状，且总体上体重在增加，就没有必要强迫自己增大饭量。另外，也不要过于担忧胎宝宝会出现营养不良，其实，孕期的营养分配是先满足胎宝宝，再满足孕妈妈，所以除非营养极端不良，否则一般不会影响胎宝宝发育。

如果胎宝宝发育的确迟缓，但又实在吃不下去，可以喝点孕妈妈奶粉，或者在医生指导下合理服用一些营养素制剂，集中补充点营养。

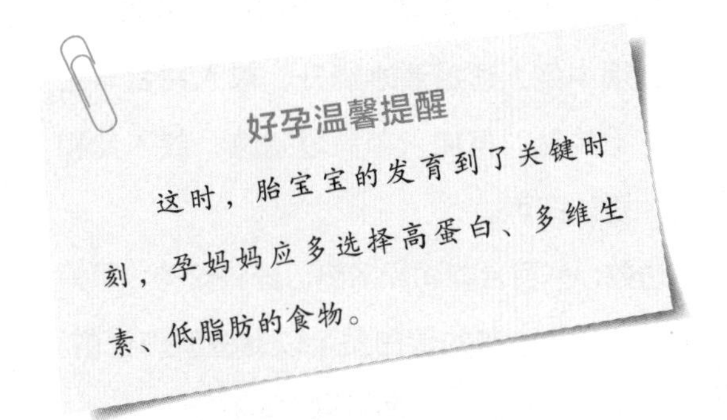

本周食谱推荐

黑豆紫米粥　缓解疲劳

材料：紫米 75 克，黑豆 50 克。

调料：白糖 5 克。

做法：

1. 黑豆、紫米洗净，分别浸泡4小时。
2. 锅置火上，倒入适量清水用大火烧开，加紫米、黑豆煮沸，转小火煮1小时至熟，撒上白糖拌匀即可。

功效：紫米中淀粉含量高，可以给孕妈妈补充能量；黑豆中含有的天门冬氨酸，可以除去乳酸，二者搭配食用，可以缓解孕妈妈孕期的疲劳感。

百合芦笋汤　清心安神，缓解疲劳

材料：鲜百合 50 克，芦笋 100 克。

调料：盐 2 克，香油适量。

做法：

1. 百合洗净，掰成瓣；芦笋洗净，切段。
2. 锅中倒入适量清水烧开，放入百合煮至七成熟，再加入芦笋段煮熟，放入盐和香油即可。

功效：鲜百合能润燥清热、养心安神；芦笋中含有的蛋白质可以促进新陈代谢，消除疲劳。适合孕妈妈食用。

胎教课堂

美育胎教：和胎宝宝一起感受大自然的美好

在大自然的美景当中，人往往是最舒服的。孕妈妈多到大自然中欣赏美景，可以促进胎宝宝大脑的发育，促进胎宝宝与大自然的交融。大自然中空气新鲜，常呼吸新鲜的空气，对孕妈妈和胎宝宝的健康也很有好处。孕妈妈可以在悠闲的时候跟准爸爸一起到附近公园的小树林里散散步，或者安排一次旅行，选择树木茂盛的地方，淋漓尽致地享受一番清爽的“森林浴”。

● 要穿比较宽松的衣服

穿轻便而宽松的衣服可以使皮肤更多地接触到空气中的植物杀菌素。另外森林中可能要走山路，孕妈妈最好穿较为舒适轻便的运动鞋，鞋底比较厚且弹性好的鞋最佳。还要记得穿袜子，保护好足部。

● “森林浴”的最佳时间

进行森林浴的最佳时间是树木繁盛的初夏到初秋。这段时间温度和湿度较高，植物杀菌素会被大量释放出来，让你感觉心旷神怡。此外，一天当中最好的时段是上午 10 ~ 12 点。

● “森林浴”的最佳方法

进行森林浴时，要保持内心平和，一边呼吸新鲜空气，一边给胎宝宝描述你所看到的景物，路边的花草、树木、蜜蜂、蝴蝶等，都是与宝宝进行对话的素材。

第16周

胎宝宝 我会打嗝了

本周我有一个重要的变化，居然能在妈妈的子宫中打嗝了，这是呼吸的序曲。不过遗憾的是，妈妈可能听不见我的打嗝声，主要是因为气管中充斥的不是空气，而是流动的液体。

到了这周末，我的胳膊和腿发育完成，关节也开始慢慢活动。此时，我的神经系统开始工作，肌肉对于来自脑的刺激有了反应，能协调运动。我在自己的小天地里表现得异常活跃，时常翻身、翻筋斗、乱踢一通，但因羊水的缓冲作用，只会有轻微的震动感觉，妈妈还不能感觉到。

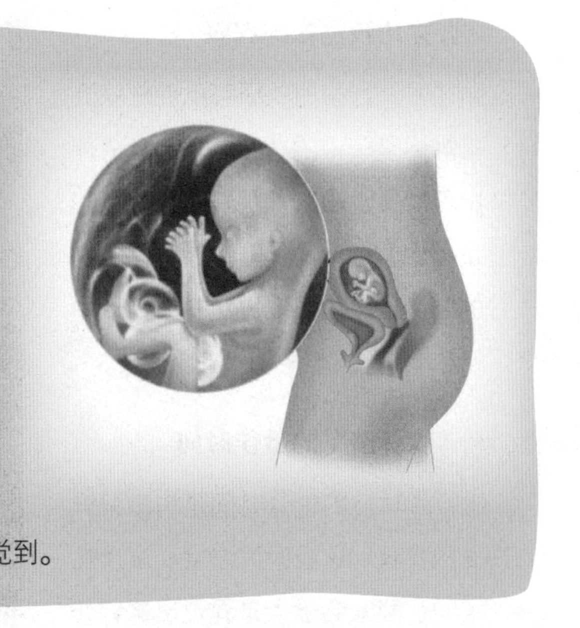

孕妈妈 感觉到轻微的胎动

随着胎宝宝一点点长大，孕妈妈体重开始增加，身体已经适应了妊娠。孕妈妈的腹部、臀部和其他部位会堆积脂肪，应注意调节体重，以免对孕妈妈和胎宝宝都产生不良影响。

大多数孕妈妈从这周开始，会兴奋地感觉到胎动，有怀孕史的妈妈会感到胎动的时间比以前提前了。这是母子间特有的沟通方式，孕妈妈不要忘了将初感胎动的时间记录下来哦。

生活保健

第一次胎动时的感觉是怎么样的

在这周，最重要的变化是大多数孕妈妈能感觉到胎动了，这是非常神奇而有趣的一种经历。但有些人不一定知道那就是胎动，可能要 17 周或 18 周待胎动多起来了才会恍然大悟：哦，原来这就是胎动啊！有的孕妈妈觉得肚子里如同喝了汽水般蠕动，有的则觉得是如同蝴蝶停留在肩膀上抖动，这是不同的孕妈妈对胎动的不同感觉。

好孕温馨提醒

早中晚各一次，以小时为单位，每次选取一个固定的时间段，将每个时间段的胎动次数记录下来，然后将3个时间段的胎动次数，乘以4就是12小时的胎动次数。最后将这个数据记录在表格上。如果变化微小，就说明胎宝宝发育是正常的，不必担心。

预防胎动异常的方法

胎宝宝只有受到不当刺激时，才会出现胎动异常，所以胎动异常重在预防。

1. 孕妈妈高热时，胎宝宝缺氧，胎动会减少，出现异常情况，所以孕妈妈尽量避免发热。

2. 当孕妈妈的腹部受到突然的严重外力撞击时，胎动会加快。因此，孕妈妈要注意安全，减少大运动量的活动，并少到人群拥挤的地方去。

3. 如果孕妈妈有高血压、严重外伤或短时间的子宫压力减少，胎动会突然加剧，随后很快停止。这种情况多发生在孕中期以后，患有高血压的孕妈妈要定时检查，并根据医生的建议安排日常生活起居。

专家在线答疑 Q&A

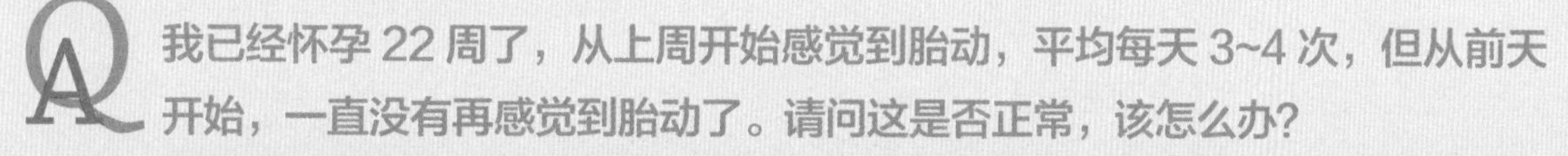

我已经怀孕 22 周了，从上周开始感觉到胎动，平均每天 3~4 次，但从前天开始，一直没有再感觉到胎动了。请问这是否正常，该怎么办？

孕妈妈感觉不到胎动，主要有下面几个原因：胎动本身晚，过段时间就能感受到了；胎宝宝动了，但是活动幅度比较小，或是孕妈妈正在忙着，所以没感觉到。孕妈妈最好去医院做下 B 超，只要胎心是正常的，就没关系。

胎心监护仪有必要买吗

其实没有必要的。因为孕妈妈频繁地听胎心，会增加不必要的心理负担。虽然胎心率每分钟120~160次为正常，但由于孕妈妈血氧储备能力好，会导致胎心率暂时升高，然后再恢复正常，或者胎宝宝正在睡觉，其实，这些情况下，虽然胎心率不在正常范围内，但胎宝宝是正常的，所以建议孕妈妈还是根据医生的建议定时做产检最好。

不同月份的胎动表现

在整个孕期，胎动的规律是从无到有，从少到多，再从多到少。有经验的孕妈妈会在本周有胎动的表现，但不会晚于孕5月。而且胎动是有一定的规律可循的。

孕5月

运动量：小，动作不激烈。
孕妈妈的感觉：细微动作，能感觉到，但不很明显。
位置：肚脐下方。
这一时期孕妈妈已能明显地感受到胎动，但胎宝宝的运动量还不是很大，动作也不十分激烈，故而有时也感受不到，尤其是当孕妈妈忙于事务时。
胎动多随着胎儿睡眠周期发生相应的改变，一般是醒着时，胎动多而有力；睡着时，胎动则少而弱。孕妈妈可以让准爸爸帮忙数数胎动，以感受胎宝宝的生命力。

孕6月

运动量：大，动作激烈。
孕妈妈的感觉：非常明显。
位置：靠近脐部，向两侧扩大。
这个时候的胎宝宝正处于活泼的时期，而且因为长得还不是很大，胎宝宝可以在羊水中上下左右地移动，做多种动作，因此胎动更加明显。孕妈妈可以感觉到胎宝宝拳打脚踢、翻滚等各种大动作。丈夫或其他家人把手贴在孕妈妈肚子上也能感觉到胎动。

孕7月

运动量：大，动作激烈。
孕妈妈的感觉：很明显，还可以看出胎动。
位置：靠近胃部，向两侧扩大。
此时是羊水量最多的时期，但还有足够的空间使胎宝宝在羊水里自由移动，他会做踢腿等动作。要是孕妈妈的皮肤薄，就可以看出胎动。

孕8月

运动量：大，动作激烈。

孕妈妈的感觉：疼痛。

位置：靠近胸部。

这是最容易感觉到胎动的时期，胎动强到会让孕妈妈感觉到疼痛。胎宝宝开始头朝下固定住位置，脚往上偶尔会踢到孕妈妈的胸部下方，让孕妈妈感觉到胸痛。

孕9月

运动量：大，动作激烈。

孕妈妈的感觉：明显。

位置：遍布整个腹部。

手脚的活动增多，也变强，能区分活动的是手还是脚。有时手或脚突然凸出或活动激烈到让孕妈妈醒过来。孕妈妈会感觉到好像有个锐利的东西从里头刺似的疼痛。

孕10月

运动量：小，动作不太激烈。

孕妈妈的感觉：明显。

位置：遍布整个腹部。

因为临近分娩，胎宝宝慢慢长大，几乎撑满整个子宫，所以宫内可供活动的空间越来越小，施展不开，而且胎头下降，胎动就会减少一些，没有以前那么频繁。胎动的位置也会随着胎儿的升降而改变。

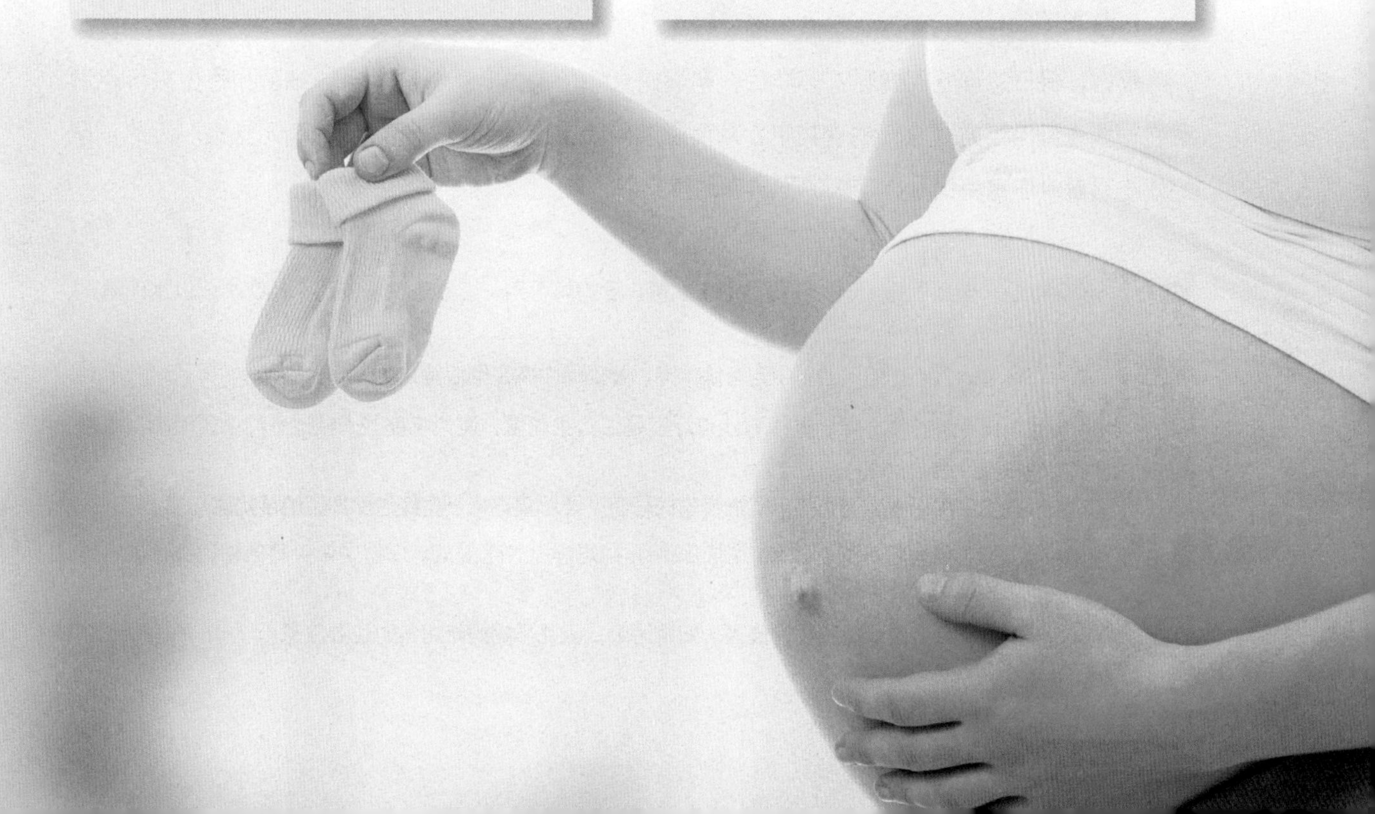

营养课堂

节日聚餐中西餐吃法有讲究

孕妈妈在节假日，应怎样吃才能保证自己和胎宝宝的健康呢?

● 中餐的吃法

中餐的种类甚多，各种大鱼大肉摆上饭桌，如何调配才能让食物既美味可口，又有利于孕妈妈和胎宝宝的健康呢?

1. 要口味清淡，遵循低盐、低油、低糖的原则，尽量以汆烫、清蒸、炖煮的方式取代油炸、红烧、糖醋、盐煎等烹饪方式。

2. 可多选用低脂鱼类、瘦肉类、鸡蛋或豆制品等的优质蛋白质作为蛋白质来源。

3. 要遵循营养均衡摄取原则，适量摄取六大类食物，包括五谷根茎类、奶类、蛋豆鱼肉类、蔬菜类、水果类、油脂类等。假日里吃饭的时间可能不像平常那样准时准点，这对孕妈妈肚子里的胎宝宝的健康发育其实很不利。在假日孕妈妈应规律饮食，像平常一样按时吃好一日三餐。

● 西餐的吃法

那么，假日怎样吃西餐呢? 怀孕后，孕妈妈身体免疫力有所下降，一些细菌和寄生虫可能潜藏在一些未经恰当方式烹饪的食物中，从而影响到胎宝宝的健康，孕妈妈却毫无觉察。因此，孕妈妈吃西餐时应避免由食物带来的不必要的感染。

饮料	西餐一般用红葡萄酒、白葡萄酒来配餐。孕妈妈可用一些专门盛酒的高脚杯饮水，以水代酒，和宾客一起祝酒
主食	以烤牛肉为例，如果西餐中含有烤牛肉，要确保牛肉是彻底烤熟的
沙拉	孕妈妈吃沙拉的时候，要注意沙拉汁里是否有生鸡蛋，避免吃那些未经过专门杀菌消毒，直接用生鸡蛋调制的沙拉
奶酪	一些由生牛奶制成的奶酪可能携带李氏杆菌，要尽量选择一些经过深加工的硬奶酪
快餐	如热狗，含有较多的硝酸盐、脂肪和钠，孕妈妈以少吃为宜。汉堡中常夹有各种肉类，孕妈妈一定要留意这些肉是否彻底熟透
烤鱼	一些鱼类会受到有毒物质的侵害，如汞污染，因此孕妈妈吃烤鱼时也要注意

孕妈妈赴宴须知

孕妈妈在孕期，难免也会与三五闺蜜一起应酬、赴宴，可是千万不能让此成为胎宝宝健康的“绊脚石”。孕妈妈应酬、赴宴时应慎选食品，尽量避免油炸食品，以五谷杂粮、米饭为主食，以蔬菜为主菜、肉类为配菜。漫长的饭局，不断地上菜、劝酒，大鱼大肉，暴饮暴食加上烟酒啃嗜着职业女性的健康。饭局不可避免地成为职业女性的第二工作场所，职场孕妈妈如何在应酬饭局中实现健康饮食呢？

● 不要饮食过量

跟别人一起吃饭我们通常会胃口大开，因为这时你的注意力并不在食物上，而是在交谈上。面前是一道接一道的美食，我们就这样在不知不觉中吃过了量。所以，在味觉上越是香甜松脆的油炸、烹煎食物越是要慎重对待。孕妈妈在饭局上一定要减少高脂肪类、高蛋白类食物的摄入，肉类和蔬菜类的比例以1：3较合适。

● 提前吃饭时间

饭局能安排在中午的绝不安排在晚上，即使安排在晚上也要尽量把时间提前一些，以免和睡觉的时间间隔太短，导致大量能量的储积。

● 细嚼慢咽

吃东西犹如风卷残云般的人通常会在不知不觉中饮食过量，所以减慢吃饭速度可以避免进食过多。最好在赴宴前先喝一大杯温水，这样可以让自己有饱足感。

孕妈妈聚会时，应心中有数，把住入口关，吃出健康。

本周食谱推荐

芹菜炒鸭血　排毒、补血

材料： 鸭血300克，芹菜200克。

调料： 植物油适量，葱花、蒜片各5克，盐、五香粉各3克。

做法：

1. 芹菜取梗，洗净后切斜段；鸭血洗净切条，入沸水锅中焯烫。
2. 锅内倒油烧热，爆香葱花、蒜片、五香粉，放入芹菜略炒，再加入鸭血炒至血变色，加盐调味即可。

功效： 芹菜富含膳食纤维，促进肠道内废弃物的排出，具有通便排毒的功效；鸭血也有润肠排毒的功效。

红米排骨汤　补血又补钙

材料： 红米100克，排骨段350克。

调料： 葱段、姜片各20克，冰糖、酱油、料酒各10克，植物油适量。

做法：

1. 红米洗净，泡2小时后，用纱布包紧备用；排骨段洗净入沸水中焯烫，捞出备用。
2. 锅内倒油烧热，爆香葱段、姜片，加入冰糖、酱油炒出糖色，再放排骨段翻炒，下料酒略炒，加适量沸水，再将红米包倒入锅中，大火煮沸后改小火焖烂即可。

胎教课堂

音乐胎教：听着《摇篮曲》，胎宝宝做个香甜的梦

这首《摇篮曲》就像一首抒情诗，孕妈妈的肚子就是胎宝宝的摇篮，轻轻抚摸胎宝宝，伴随着优美的音乐带他入眠吧。

● 这样听

晚上，听着这个旋律，会让自己和宝宝都平静下来，想象宝宝在摇篮里恬然安睡的模样，是不是感到很甜蜜呢？勃拉姆斯创作的《摇篮曲》恬静、安详，表现了母亲的温柔和慈爱。这首《摇篮曲》与舒伯特的《摇篮曲》不同，伴奏部分没有像它一样模仿摇篮的摇动，而是描绘一种夜色朦胧的景象。听这首曲子好像使我们看到了一个年轻慈爱的母亲在月色朦胧的夜晚，借着月光轻声地在摇篮前吟唱。

● 关于这首曲子

这首常用于小提琴独奏的《摇篮曲》，原是一首通俗歌曲，作于1868年。原曲的歌词为“安睡安睡，乖乖在这里睡，小床满插玫瑰，香风吹入梦里，蚊蝇寂无声，宝宝睡得甜蜜，愿你舒舒服服睡到太阳升起”。相传作者为祝贺法柏夫人次子的出生，作了这首平易可亲、感情真挚的摇篮曲送给她。法柏夫人是维也纳著名的歌唱家，原名叫贝尔塔，1859年勃拉姆斯在汉堡时，曾听过她演唱的一首鲍曼的圆舞曲，当时勃拉姆斯深深地被她优美的歌声所感动，但由于种种原因，他俩未能结合，贝尔塔与他人结了婚，当他们的第二个孩子出世时，勃拉姆斯就作了这首曲子送给他们。他利用那首圆舞曲的曲调，加以切分音的变化，作为这首《摇篮曲》的伴奏，仿佛是母亲在轻拍着宝宝入睡。

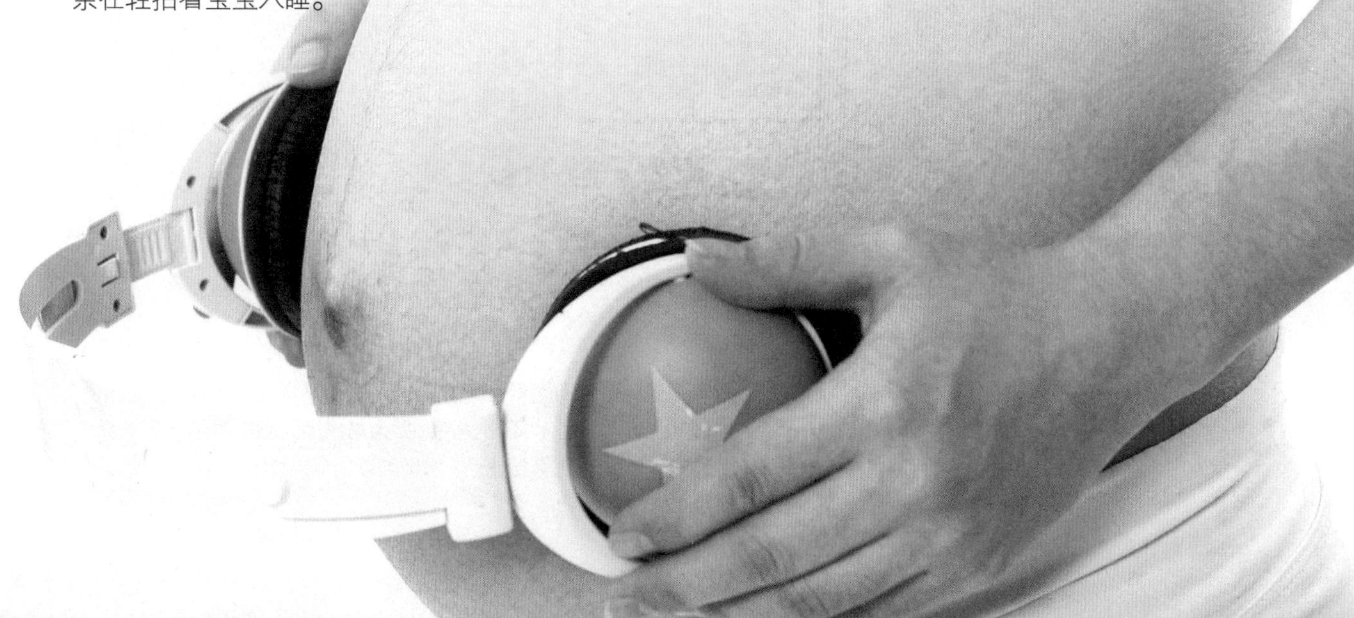

产检课堂

孕 15~20 周，要做唐氏筛查

唐氏综合征是染色体异常导致的一种疾病，可造成胎宝宝身体发育畸形，运动、语言等能力发育迟缓，智力障碍严重，多数伴有各种复杂的疾病，如心脏病、传染病、弱视、弱听等，且生活不能自理。

一般 35 岁以内的孕妈妈做唐氏筛查最佳的检测时间是孕 15~20 周，错过这段时间可能需要直接做羊膜腔穿刺。35 岁或 35 岁以上的高龄产妇及其他异常分娩史的孕妈妈要咨询产科医生，是否要做羊水穿刺。唐氏筛查阳性的比例不高，孕妈妈不必过于担心。

AFP
女性怀孕后胚胎干细胞产生的一种特殊蛋白，作用是维护正常妊娠，保护胎宝宝不受母体排斥，起到保胎作用。胎宝宝出生后，妈妈血中的AFP含量会逐渐下降至孕前水平。

HCG
这是人绒毛膜促性腺激素的浓度，医生会将这些数据连同孕妈妈的年龄、体重及孕周等，通过计算检测出胎宝宝患唐氏综合征的危险度。

21-三体综合征
风险截断值为1∶270。此项检查结果为1∶1500，远低于风险截断值，表明患唐氏综合征的概率很低。

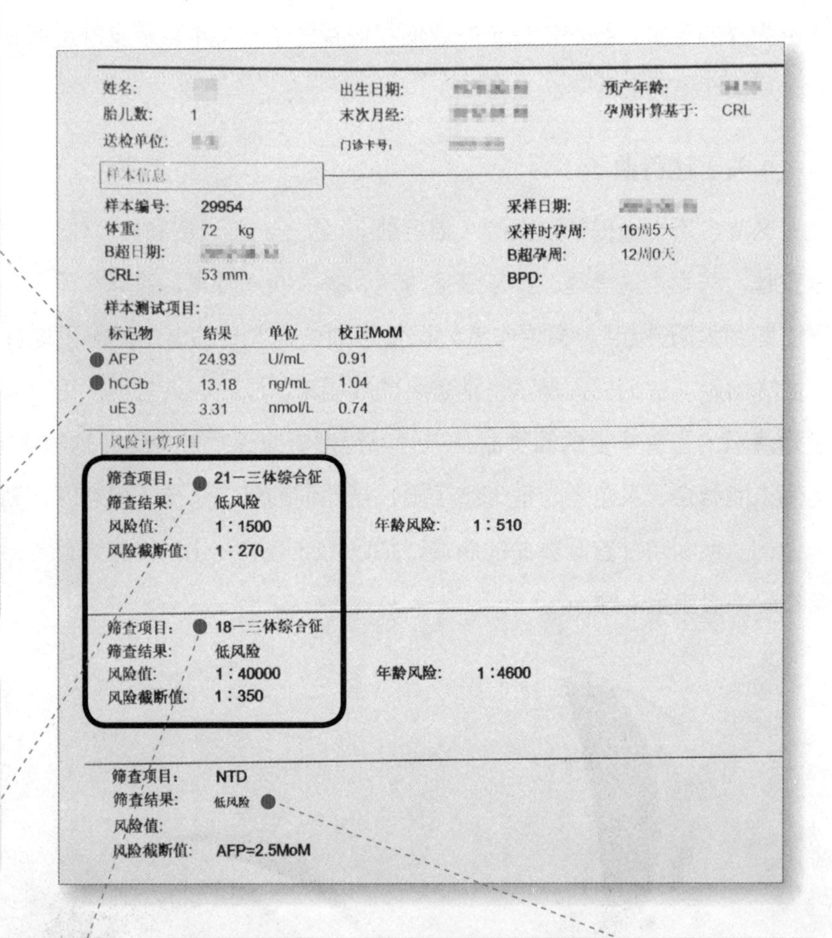

姓名：　出生日期：　预产年龄：
胎儿数：1　末次月经：　孕周计算基于：CRL
送检单位：　门诊卡号：

样本信息

样本编号：29954　采样日期：
体重：72 kg　采样时孕周：16周5天
B超日期：　B超孕周：12周0天
CRL：53 mm　BPD：

样本测试项目：

标记物	结果	单位	校正MoM
AFP	24.93	U/mL	0.91
hCGb	13.18	ng/mL	1.04
uE3	3.31	nmol/L	0.74

风险计算项目

筛查项目：21一三体综合征
筛查结果：低风险
风险值：1∶1500　年龄风险：1∶510
风险截断值：1∶270

筛查项目：18一三体综合征
筛查结果：低风险
风险值：1∶40000　年龄风险：1∶4600
风险截断值：1∶350

筛查项目：NTD
筛查结果：低风险
风险值：
风险截断值：AFP=2.5MoM

18-三体综合征
风险截断值为1∶350。此项检查结果为1∶40000，远低于风险截断值，表明患唐氏综合征的概率很低。

筛查结果
“低风险”表明低危险，“高风险”表明高危险。即使结果出现了高风险，孕妈妈也不必惊慌，因为高风险人群中也不一定都会生出唐氏儿，这还需要进行羊水细胞染色体核型分析确诊。

做唐氏筛查的注意事项

1. 准备好详细的个人资料：在产前筛查时，孕妈妈需要提供较为详细的个人资料，包括出生年月、末次月经、体重、是否胰岛素依赖性糖尿病、是否双胎、是否吸烟、异常妊娠史等，由于筛查的风险率统计中需要根据上述因素作一定的校正，因此在抽血之前填写化验单的工作也十分重要。

2. 预约时间：唐筛只需抽取孕妈妈外周的血，但唐氏筛查与月经周期、体重、身高、准确孕周、胎龄大小都有关。一般来说，在怀孕的 14~20 周为唐氏筛查的最佳时期，准妈妈不要忘记和自己的孕检医生约好检查时间。

3. 饮食建议：做唐氏筛查时不需要空腹，少吃油性食物，也少吃些水果。

哪些孕妈妈需要做羊膜腔穿刺检查

并不是所有孕妈妈都需要进行这项检查，如果您有以下一种情况，请考虑做相应检查：35 岁以上大龄产妇；孕妈妈曾经生过缺陷婴儿；家族里有出生缺陷史；孕妈妈本人有出生缺陷；准爸爸有出生缺陷；唐氏筛查显示“高危”。

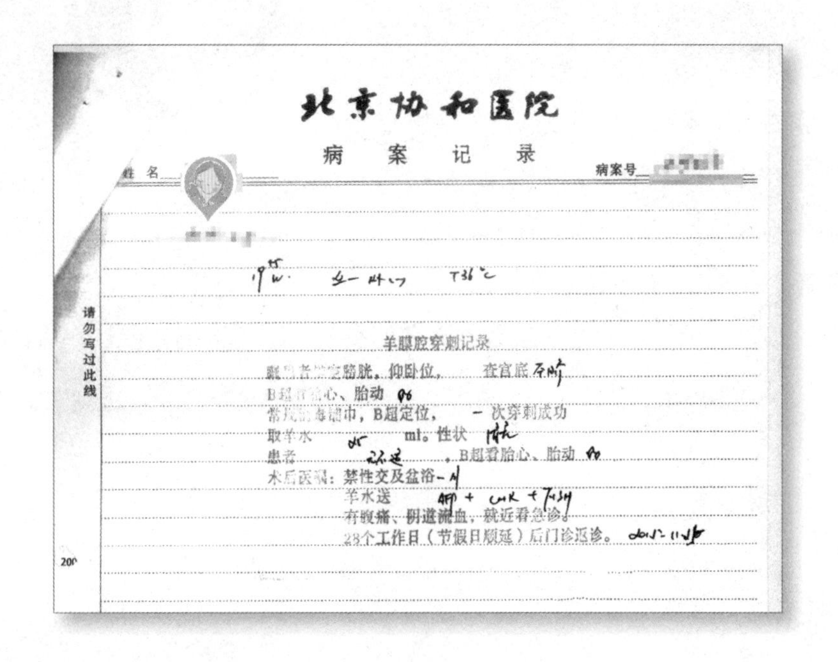
北京协和医院
病 案 记 录
姓 名 病案号
请勿写过此线
羊膜腔穿刺记录
[illegible]膀胱，仰卧位， 查宫底
B超[illegible]心、胎动
常规[illegible]，B超定位， 一次穿刺成功
取羊水 ml。性状
患者 ，B超看胎心、胎动
术后医嘱：禁性交及盆浴
羊水送
有腹痛、阴道流血，就近看急诊。
28个工作日（节假日顺延）后门诊返诊。

孕妈妈也可以做无创 DNA 产前检测

无创 DNA 产前检测是通过采集孕妈妈外周血 10 毫升，从血液中提取游离 DNA（包含妈妈 DNA 和宝宝 DNA），就可以分析宝宝的染色体情况，更为安全。无创 DNA 产前检测准确率高达 99% 以上，一步到位，避免了孕妈妈们对唐筛高危的担忧、对羊水穿刺的恐惧及多次检查跑医院的疲惫和等待。

第17周

胎宝宝 我已长到一个香瓜大小了

现在我大约有142克重，16.7厘米长，大小像一只香瓜。我像橡胶一样的软骨开始硬化为骨骼，连接胎盘的生命纽带——脐带——我拥有的第一件玩具，长得更粗壮了。我表现得非常顽皮，特别喜欢用手抓住脐带玩，有时会抓得特别紧，以至于只有少量氧气输送。

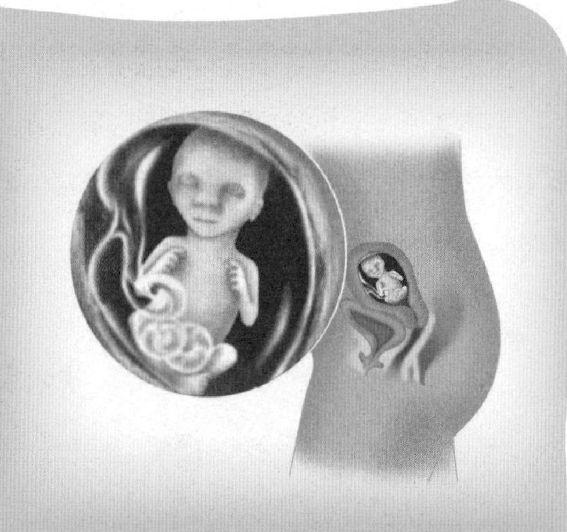

这时候我的听觉器官发育得很好，耳朵里面的小骨架更结实，开始能听见妈妈的心跳声。此外，我对妈妈肚子外面的声音也有一定的感知，有些声音令我异常兴奋甚至会使我跳跃。

我会开始练习呼吸了，通过胎盘吸收必需的氧气，所以胸部会一起一伏，肺部开始呼出羊水了。

孕妈妈 韧带疼痛，应保持平和心态

现在孕妈妈的体重大约增加了2~5千克。子宫开始变得更大更重，子宫周围组织的负荷也更重，当孕妈妈正常运动时，子宫两侧的韧带会随之抻拉，从而使孕妈妈产生疼痛感觉，迫使停止动作。当突然改变姿势时，经常会有这种痛楚感，比如早晨起床甚至走路时。这种韧带痛是妊娠期的一种表现，孕妈妈应试着以平和的心态，用学习新东西来转移注意力。

生活保健

缓解背部和肩部疼痛的运动

随着腹部的增大，很多孕妈妈都有背部和肩部疼痛的情况，我们可以通过简单的运动来缓解背部和肩部的疼痛。

● 舒展背部

1. 双臂上举，吸入空气，再从口里慢慢吐出，同时上半身向前弯曲。

2. 注意保持背部挺直，脖子稍稍上抬，两眼凝视前方。待身体弯曲至与双腿构成直角之后再次吸入空气，弓起背部并慢慢地让上半身恢复原位。

1

● 拉伸肩部

1. 两腿稍分开，膝盖弯曲，跪坐，上半身前倾并让两手接触地面。

2. 尽可能地向前伸出双手，彻底地舒展自己的肩部。

防治孕期脱发的小妙招

有些孕妈妈会出现孕期脱发的情况，主要有三方面的原因：第一是怀孕后，受体内激素的影响，当体内内分泌出现异常时，会导致脱发。第二是精神压力过大，导致毛囊毛发生改变和营养不良，进而导致头发生长功能受到抑制，头发进入休止期而出现脱发。第三是孕妈妈营养不良和新陈代谢出现异常引起发质和发色的改变导致的脱发情况。孕妈妈长期脱发，不仅不利于自身的健康，还不利于胎宝宝的发育。所以预防孕期脱发很重要。

● 注意头发的护理

在孕期，孕妈妈要用适合自己的洗发露清洗头发，以便有效清除头发上的油脂污垢，保持头皮清洁，有利于头发生长，避免脱发。

● 用指腹按摩头皮

孕妈妈洗头时，避免用力抓扯头发，应用手指指腹轻轻地按摩头皮，可促进头发生长。此外，梳头时应该由发尾先梳。先将发尾纠结的头发梳开，再由发根向发尾梳理，以防止头发因外伤而分叉、断裂。

● 放松心情

孕妈妈要保持心情愉悦，不要过度劳累，脱发情况就会慢慢停止，新的头发也容易长出。这是一种很重要的心理疗法。

● 按百会穴改善脱发

百会穴位于头顶部，两耳尖连线的中点处，孕妈妈可以用一只手的食指、中指按头顶，用中指揉百会穴，其他两指辅助，顺时针转 36 圈按百会穴有熄风醒脑、升阳固脱的作用，可改善脱发。

营养课堂

不爱吃蔬菜的孕妈妈怎么办

如果孕妈妈不爱吃蔬菜，可能会缺乏维生素、膳食纤维及部分矿物质。蔬菜含有大量的水分、膳食纤维、各种维生素、钾等营养成分。根据中国营养学会推荐，成人每天的蔬菜食用量应该是300~500克就能满足人体每日的营养需求。而且蔬菜中含有的膳食纤维能加速肠胃蠕动，促进有毒物质的排出，能有效预防便秘的发生。

孕妈妈应该多摄入粗粮及富含维生素C的食物。孕妈妈可以吃些全谷类的食物，如红薯、芋头等来补充膳食纤维。此外，在两餐之间也可以吃些富含维生素C的水果，如橙子、草莓、猕猴桃等来补充各种维生素和矿物质。

不爱吃蛋的孕妈妈怎么办

如果孕妈妈不爱吃蛋，可能会缺乏蛋白质、铁、钙及维生素A、维生素B_1等。鸡蛋含有丰富的蛋白质和人体必需的氨基酸，容易被人体吸收，而且蛋黄中含有钙、磷、铁等无机盐和多种维生素等。孕妈妈可以多补充一些豆制品来弥补这些营养的不足。

豆制品所含的人体必需氨基酸与动物蛋白相似，且钙、铁、磷、维生素B_1、维生素B_2等含量丰富。其中豆腐是药食同源的佳品，含有人体必需的8种氨基酸，还含有不饱和脂肪酸、卵磷脂等，非常适合不爱吃鸡蛋的孕妈妈食用。此外，常吃豆腐，还能促进身体新陈代谢、增强免疫力，且有解毒的功效。

不爱吃肉的孕妈妈怎么办

如果孕妈妈不爱吃肉，会缺乏蛋白质、矿物质、B族维生素等。肉类含有丰富的蛋白质，且容易被身体吸收，还含有铁、锌、镁等矿物质和B族维生素。

孕妈妈应多吃奶制品，可以每天喝250毫升牛奶，1杯酸奶也可以满足每天所需。此外，孕妈妈也可以多吃些富含蛋白质的豆制品，如豆腐、豌豆、豆芽等。可以搭配一些全谷类食物、鸡蛋及坚果等，可以补充蛋白质和多种矿物质和维生素。

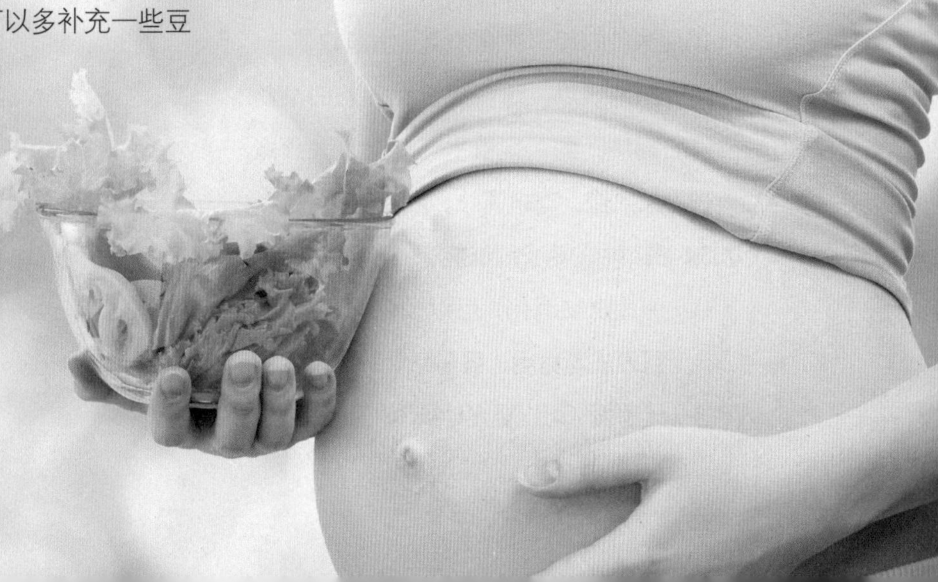

本周食谱推荐

蔬菜饼　促进食物消化

材料：圆白菜、胡萝卜各 30 克，豌豆 20 克，面粉 50 克，鸡蛋 1 个。

做法：

1. 鸡蛋打散；将面粉、蛋液和适量水和匀成面糊。
2. 圆白菜、胡萝卜洗净，切细丝，与豌豆一起放入沸水中焯烫一下，捞出，沥干，和入面糊中。
3. 将面糊分数次放入煎锅中，煎成两面金黄色的饼即可。

白菜粉丝汤　促进肠胃蠕动

材料：白菜 100 克，粉丝 50 克。

调料：盐 2 克，葱末 5 克，香油、鸡精各少许，植物油适量。

做法：

1. 白菜择取叶子，洗净，切丝；粉丝剪成10厘米长的段，洗净，用温水泡软。
2. 锅内倒油烧热，爆香葱末，加入白菜丝稍加翻炒，倒入足量水、粉丝，大火煮开，加入盐、鸡精调味，淋香油即可。

功效：白菜中的膳食纤维能增强肠胃的蠕动，加速食物消化，可以预防孕期便秘，且煮成汤食用，很多膳食纤维融化在汤里面，可以更好地被消化吸收。

胎教课堂

抚摸胎教前的准备工作

孕妈妈和准爸爸轻轻抚摸孕妈妈的腹部，是对胎宝宝的一种爱抚，可以促进胎宝宝的感觉系统发育。准爸爸还可以把耳朵贴在孕妈妈的肚皮上，听一听胎宝宝的声音。这种亲密的互动，可以促进准爸爸、孕妈妈及胎宝宝的情感交流。

在做抚摸胎教前，孕妈妈要先排空小便，平卧在床上，膝关节向腹部弯曲，双脚平放在床上，全身放松，此时的腹部较柔软，很适合抚摸。

抚摸胎教的方法

刚开始做抚摸胎教时，胎宝宝的反应较小，准爸爸或孕妈妈可以先用手在腹部轻轻抚摸，抚摸时顺着一个方向直线运动，不要绕圈，然后再用手指在胎宝宝的身体上轻压一下，给他（她）适当的刺激。

胎宝宝习惯后，反应会越来越明显，每次抚摸都会主动配合。每次抚摸开始时，可以跟着胎宝宝的节奏，胎宝宝踢到哪里，就按到哪里。重复几次后，换一个胎宝宝没有踢到的地方按压，引导胎宝宝去踢，慢慢地，胎宝宝就会跟上准爸妈的节奏，按到哪踢到哪。

长时间进行抚摸胎教后，准父母就可以用触摸方式分辨出胎宝宝圆而硬的头部、平坦的背部、圆而软的臀部以及不规则且经常移动的四肢。

哪些情况下不宜进行抚摸胎教

1. 胎动频繁时。胎动频繁时，最好不要做抚摸，要注意观察，等待宝宝恢复正常再进行。

2. 出现不规则宫缩时。孕后期，子宫会出现不规律的宫缩，宫缩的时候，肚子会发硬。孕妈妈如果摸到肚皮发硬，就不能做抚摸胎教了，需要等到肚皮变软了再做。

3. 习惯性流产、早产、产前出血及早期宫缩。孕妈妈如果有习惯性流产、早产、产前出血及早期宫缩的现象，则不宜进行抚摸胎教。

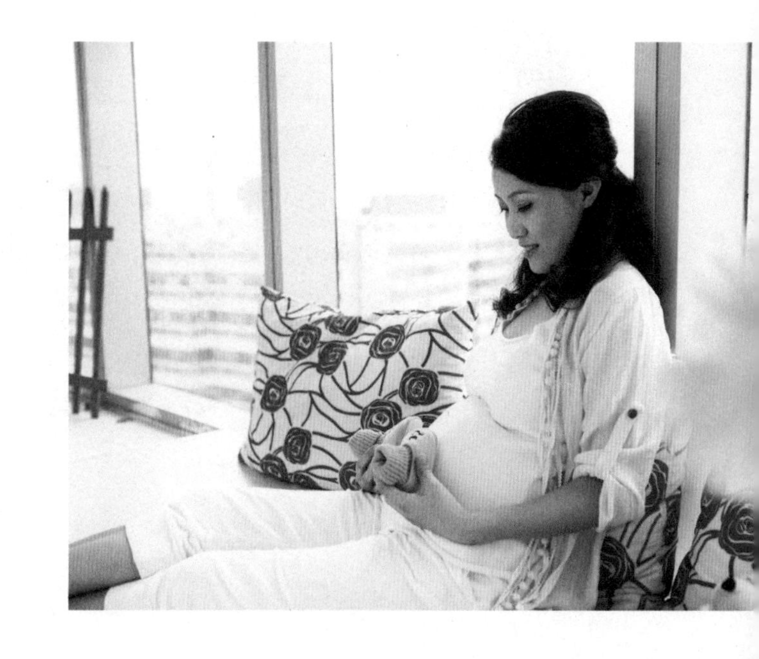

第18周

胎宝宝 我的生殖器官能看清楚了

这周开始我进入了最活跃的阶段，一刻不停地翻转着、扭动着以及拳打脚踢着，这充分表明我的健康状况良好。

我的心脏运动也变得活跃起来，借助听诊器，妈妈就能清楚地听到我的胎心音了。如果我是女孩，我的阴道、子宫、输卵管都已经长成，各就各位了；如果我是男孩，已经能够看清楚我的生殖器官了。

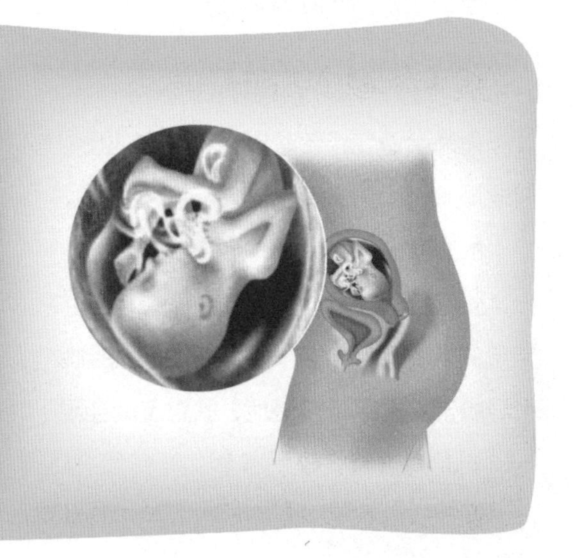

孕妈妈 鼻塞、鼻黏膜充血和出血，不必过于担心

在本周，有的孕妈妈会有鼻塞、鼻黏膜充血和出血的情况，这与孕期内分泌变化有关，孕妈妈不要滥用滴鼻液和抗过敏药物，可以适量吃些冷血凉血的食物来予以缓解。即使不治疗，这种症状也会逐渐减轻。如果情况越来越糟，就要请教医生了。孕妈妈不要为此过于担心，权当是对自己的一次小小考验。

生活保健

孕期鼻出血，多是孕激素增加导致的

怀孕后，孕妈妈身体内部会分泌出大量的孕激素，使血管扩张、充血，加上鼻腔黏膜血管丰富，血管壁薄，孕妈妈的血容量又较高，所以容易破裂、出血。

● 鼻出血后的处理

1. 试着将血块擤出来。堵在血管内的血块会使血管无法闭合，当你去除血块后，血管内的弹性纤维才能收缩，使流血的开口关闭。

2. 坐在椅子上，用手指捏紧鼻子，身体向前倾，不要躺下或仰头，否则血液容易流到喉咙中。

3. 在两只鼻孔中各塞入一小团干净的湿棉花，捏住鼻孔，持续压紧 5 ~ 7 分钟，能起止血作用。如仍未止血，再重复塞棉花和捏鼻子的动作。

4. 用毛巾包裹住冰块，冷敷鼻子、脸颊和颈部，让血管收缩，减少流血。

鼻血止住后，在鼻孔内涂抹一些维生素 E 软胶囊液，能促进伤口愈合。一周之内不要挖鼻孔，否则容易剥落结痂，鼻出血会再次发作。

● 预防鼻出血的措施

孕妈妈可以通过以下措施预防鼻出血。

增加空气湿度

干燥的环境容易使鼻黏膜血管受到损伤，最好用加湿器来增加空气湿度。

不要挖鼻孔

坚硬的指甲容易损伤鼻腔黏膜和毛细血管，引起鼻出血。

隐形眼镜可以收起来了

怀孕期间，孕妈妈眼角膜的含水量通常比常人高，所以，这时如果戴隐形眼镜的话，容易因为缺氧而导致角膜水肿，从而引发角膜发炎、溃疡，甚至导致失明。

同时，孕妈妈的角膜曲度也会随着怀孕周期及个人体质而改变，使近视的度数增加或减少。如果勉强戴隐形眼镜的话，容易因为不适而造成眼球新生血管明显损伤，甚至有可能导致角膜上皮剥落。

此外，如果隐形眼镜不干净，就很容易滋生细菌，造成角膜炎、结膜炎等。

和准爸安排一次小小的旅行吧

● 制定可行外出计划

在制定行程时，要预留出足够的休息时间，出门前征求医生的同意。此外，在出发前必须查明到达地区的天气、交通、医院等，若行程是难以计划和安排的，有许多不确定因素的话，最好还是避开。

● 准爸要全程陪同

孕妈妈不宜一人独自出门，如果与一大群陌生人做伴也是不合适的，最好是准爸爸、家人或者好友等熟悉的人前往，会使旅程愉快。当你觉得累或不舒服时，也有人可以照顾。

● 选择合适的交通方式

短途旅行可以坐汽车，要系好安全带，每2小时要站起来活动一下。远途旅行最好选择火车或飞机。火车旅行宜选择卧铺的下铺。飞机座位最好选择靠近洗手间或过道的地方。

● 干净的饮食

旅行中的饮食，应避免吃生冷、不干净或没吃过的食物，以免造成消化不良、腹泻等突发状况；奶制品、海鲜等食物容易变质，如不能确保新鲜，最好不吃；多喝开水，多吃水果，能防止脱水和便秘。

● 运动量不要太大或太刺激

运动量太大或太刺激容易造成孕妈妈的体力不堪负荷，因而导致流产、早产及破水。太刺激或危险性高的活动最好也别参与，如过山车、自由落体、高空弹跳等。

● 随时注意身体状况

旅行中，身体如感觉疲劳要及时休息；如有任何身体不适，如下体出血、腹痛、腹胀、破水等，应立即就医。此外，孕妈妈如有感冒、发热等症状，也应及早看医生，不要轻视身体上的任何症状。

营养课堂

合理安排饮食，预防肥胖

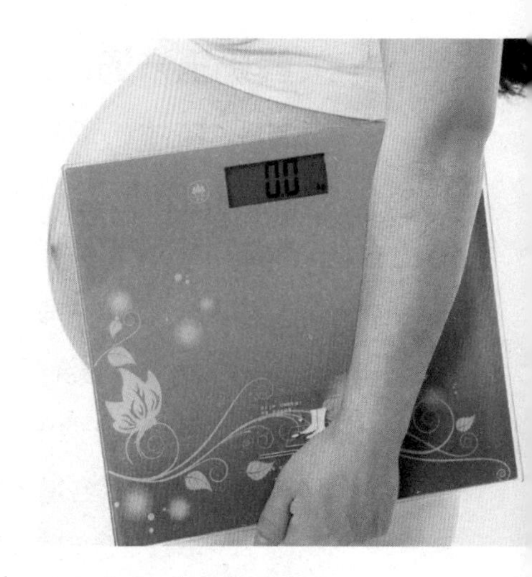

从此时开始，孕妈妈应该重视饮食的质量，能有效地预防肥胖。

虽然现在孕妈妈的食欲增强，但也不要过于放纵自己，应注重饮食的“质”而不是“量”，保证各种营养的均衡摄取，避免暴饮暴食。为了合理的加强孕期营养，孕妈妈应该坚持以下几点：

1. 每餐最好只吃七八分饱，并可由三餐改为五餐，实行少吃多餐。

2. 不挑食、不偏食，保持食物的多样化，有利于母婴健康。

3. 多吃新鲜的蔬菜和水果，补充维生素、膳食纤维和矿物质，其中的膳食纤维还能防止出现便秘。

4. 吃饭时要细嚼慢咽，有利于食物中营养物质的吸收，也能控制饭量。

多食用“完整食物”，营养更均衡

“完整食物”是指未经过细加工的食物或经过部分加工的食物，其所含的微量元素更加丰富，能满足母婴的营养的营养需求；相反，精米精面之所以“精”是因为它经过了反复加工的精制过程，看起来更白更细更雅观。经过精制的精米、精面，把富含铁、锌、锰、磷等微量元素及各种维生素的粮食表皮部分完全去掉了，看起来虽然又白又细，但其所含营养素已远不如糙米那样齐全了。长期食用这种精米精面，必然会导致微量元素及维生素营养缺乏症，会由此引起一系列疾病。而粗米粗面，虽然看起来粗一些、黑一些，但它们是富含人体所必需的各种营养素的“完整食品”。

饮食预防鼻出血

● 增加维生素C的摄入

维生素 C 是合成胶原蛋白所必需的物质，胶原蛋白能帮助呼吸道里的黏液附着，在鼻窦和鼻腔内产生一层湿润的保护膜。

● 增加维生素K的摄入

维生素 K 在孕妈妈体中能起到正常凝血的作用。海带、菠菜、香菜、甘蓝、花椰菜、酸奶等食物富含维生素 K。

本周食谱推荐

鲜奶玉米汤 提高钙质吸收

材料：鲜牛奶 500 克，甜玉米 150 克。

调料：冰糖 15 克。

做法：

1. 甜玉米从罐头中取出，洗净，煮熟。
2. 锅中倒入牛奶烧开，倒入甜玉米，加少许冰糖搅动一两分钟，关火。

功效：玉米中镁含量比较高；鲜奶中钙含量丰富，镁可以促进钙的吸收，提高钙的吸收率，两者搭配可以更好地帮助孕妈妈补充钙质，促进胎宝宝健康发育。

竹笋炒鸡丝 增强免疫力

材料：鸡胸肉 250 克，竹笋 100 克，青椒、红椒各 30 克。

调料：葱段、姜片各 5 克，料酒、盐各 2 克，水淀粉、植物油各适量，鸡精 1 克。

做法：

1. 鸡胸肉洗净，切丝，加盐、料酒、水淀粉拌匀腌渍待用；竹笋洗净，切丝，焯水；青椒、红椒去蒂、去籽，洗净，切丝。
2. 锅内倒油烧热，爆香葱段、姜片，放入鸡丝炒散，加竹笋丝、青椒丝、红椒丝翻炒，加适量水盖锅盖焖至将熟，加盐、鸡精炒匀即可。

胎教课堂

情绪胎教：绣绣十字绣让孕妈妈心情平静

可以进行的手工有很多，如折纸、陶艺、缝纫和编织等，最受欢迎的当属取材简单、费用低廉的十字绣了。做十字绣能让孕妈妈的心情很快平静下来，也能帮助提高注意力。孕妈妈在孕期多接触些美丽的颜色和形状，生出来的宝宝也会有比较高的审美能力。

孕妈妈在做十字绣时，还可以跟胎宝宝聊聊天，可以说一说正在为胎宝宝绣的东西，如枕头、围兜或儿童被等，也可以说说对某种颜色的喜好，充分调动胎宝宝的积极性。同时，孕妈妈手指上的神经会对脑部产生一定的刺激作用。孕妈妈多动动自己的手指，胎宝宝的脑部会变得更加发达。

做十字绣时，孕妈妈会将眼光和神经都集中在针尖的那一点上，容易感到疲倦。此外孕妈妈也不适合长久保持刺绣的姿势。因此，孕妈妈应把每次刺绣的时间控制在1小时以内。

第19周

胎宝宝 我已长到一个小番木瓜大小了

19周的我，身长大约有23厘米，大概重300克，约相当于一个小番瓜大小。我的胳膊和腿现在已经与身体的其他部分成比例了。我的肾脏已经能够制造尿液，头皮上的头发也在迅速生长。

本周是我感官发育的关键时期：我的大脑开始划分出嗅觉、味觉、听觉、视觉和触觉的专门区域，并开始在这些区域里迅速发育。此时是爸爸妈妈对我进行感官胎教的最佳时期，千万不要错过哟！

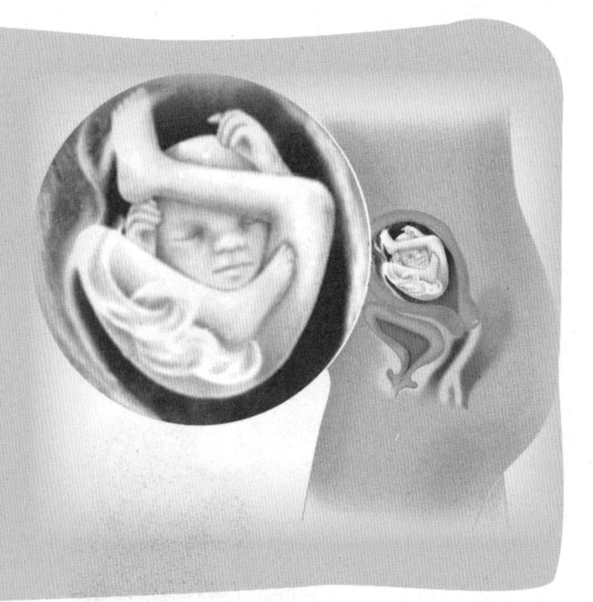

孕妈妈 下肢出现轻微水肿

怀孕使得孕妈妈的身体承担着额外的负担，所以孕妈妈特别容易疲倦乏力，甚至连白天都会觉得很困乏，这无形中就拉长了夜晚的睡眠时间，即使这样，孕妈妈还不时会感到头晕乏力。在这种情况下，孕妈妈不要做太多事，尽可能想睡就睡，保持高质量的睡眠。此外，孕妈妈也可以通过聊天、按摩、听胎教音乐、散步等方法来减轻疲倦，恢复精力。

孕妈妈在这周的新陈代谢会加快，血流量明显增多，下肢会出现轻微的水肿症状。大量的雌激素会使少数孕妈妈的脸上出现妊娠斑和黑斑，孕妈妈不要为此而焦虑，因为分娩后这种状况会随之好转。孕妈妈要注重内在调养，避免外界的干扰，以保证自己和胎宝宝的健康。

生活保健

什么是孕期水肿

对绝大多数孕妈妈来说，正常妊娠时都会发生轻度水肿，主要表现为下肢水肿，首先从足踝部，后来慢慢向上蔓延，但一般只限于小腿，这是一种正常的生理现象，对母婴健康都没有太大的影响。之所以会发生水肿主要是以下 3 点原因。

● **下肢血液回流受阻**

妊娠后期，逐渐增大的子宫会压迫到下肢静脉，使下肢的血液回流受阻，导致静脉压升高，引起下肢水肿。

● **内分泌变化**

怀孕后，孕妈妈的内分泌功能会发生巨大的变化，如雌激素、醛固酮分泌增多，导致体内水、钠潴留增多，进而导致下肢水肿。

● **血液稀释**

随着孕周的增加，孕妈妈的血容量也会增加，在孕 32~34 周时达到峰值，血容量增加 40%~45%，但血浆蛋白没有明显增加，导致血液相对较稀，血浆胶体渗透压降低，进而水分渗透入组织间隙而发生水肿。

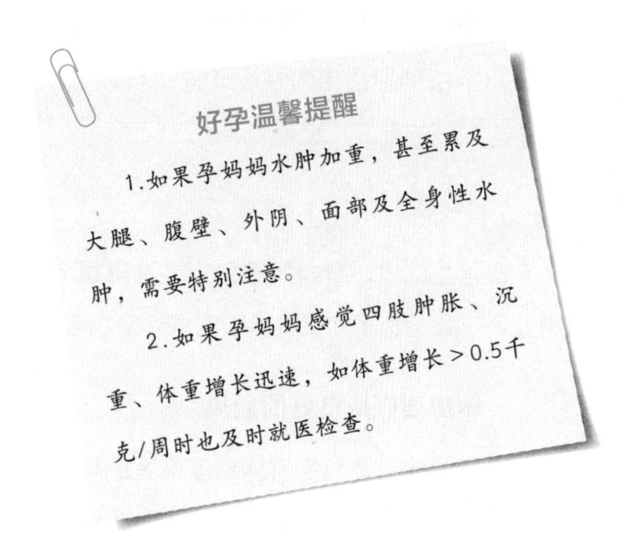

预防和缓解孕期水肿，过来人有哪些小方法

● **穿孕妈妈专用的弹性长筒袜**

这种弹性袜是为孕妈妈设计的，穿着后可以给腿部适当加压，让经脉失去异常扩张的空间，从而缓解水肿。穿着弹性袜需要长期坚持，最好每天早上就穿上，晚上睡觉时脱下。孕妈妈经常穿着弹性袜，一般较轻的不适，如疼痛、抽筋、水肿、淤血性皮炎等，都将随着静脉反流的消除与静脉回流的改善而逐渐消除。

● 静养是消除水肿的最好方法

只有充分休息，心脏、肝脏、肾脏等脏器的负担才会减轻，水肿也会随之减轻或消失。因此，已经出现孕期水肿的孕妈妈要尽量多休息，以减轻内脏器官的负担，缓解水肿。

● 水中运动减轻水肿

研究发现，站在深至腋窝的水中 45 分钟，可有效减轻水肿现象。对孕妈妈来说，可以进行 30 分钟的有氧运动，方法是在深及腋窝的水中缓缓走路 5 分钟先暖身，随后上肢扶着泳圈，加速继续行走 10 分钟，然后双脚夹着圆筒漂浮 10 分钟，最后 5 分钟逐渐停下来。

● 按压丰隆穴去除体内湿气

丰隆穴位于外膝眼和外踝尖连线的中点，用手指的指端用力按压此穴，可以去除体内残留的湿气，缓解水肿。

进出厨房的注意事项

日常生活中，孕妈妈避免不了进出厨房，但进出厨房对孕妈妈和胎宝宝也是有一定危险的，为此，下面给出了几点进出厨房的注意事项。

● 厨房要保持良好的通风

厨房是粉尘及有害气体密度最大的地方，煤气或液化气燃烧排放出的二氧化碳、二氧化硫、一氧化碳等有害气体及烹调产生的油烟使得厨房污染严重。如果厨房通风不良，有害气体就会被吸入孕妈妈体内，进入血液之中，然后通过胎盘进入胎宝宝的组织器官内，干扰胎宝宝的正常生长和发育。

● 少用厨房小家电

电磁炉、微波炉、烤箱等电子产品，会释放电磁辐射，应避免长时间接触这些产品。孕妈妈在怀孕期间最好使用煤气灶和轻便的蒸锅。

● 不要站立过久

孕中期的妈妈相对比较稳定了，但是日渐膨大的腹部会使孕妈妈比较容易疲惫，煮饭时间过长，会给腿脚带来压力，所以如果能坐着完成的事情就不要站立着完成，例如择菜、削皮等。

营养课堂

这样吃可缓解水肿

孕妈妈在怀孕的中晚期经常会发生水肿，这会加重怀孕的辛苦，为了对抗孕期水肿，孕妈妈在饮食应该多加注意。

● **保证蛋白质的摄入量**

有水肿的孕妈妈，特别是营养不良而引发水肿的孕妈妈，每天要保证摄入禽、肉、鱼、虾、蛋、奶等动物类食物和豆类食物。这些食物中含有丰富的优质蛋白质。

● **保证摄入充足的蔬菜和水果**

蔬菜和水果中含有人体必需的多种维生素和微量元素，它们可以提高机体的抵抗力，帮助孕妈妈加速新陈代谢，还有解毒利尿的作用，因此孕妈妈应每天进食充足的蔬菜和水果。

● **限制饮食中的盐分**

盐会加重水肿症状，孕妈妈要吃比较清淡的食物，不要多吃过咸的食物。可以借助甜味、酸味来调剂食物的味道，或是充分发挥食物本身的鲜香味。

孕妇饮食请用植物油

研究发现，人体所必需的脂肪酸，如亚油酸、亚麻酸和花生四烯酸等，人体自身不能合成，只能靠食物供给。而这些脂肪酸主要存在于植物油中，动物油含量极少。人体缺乏脂肪酸，容易引起皮肤粗糙、头发易断、皮屑增多等；婴儿易患湿疹。因此，为了预防胎宝宝出生后患湿疹，孕妈妈要多食用植物油哦。

孕妈妈刚开始少吃盐时，可能会感到口味太淡，就可以放点柠檬汁，既可以减盐，又可以让味道更好。

本周食谱推荐

芸豆卷　开胃、利水消肿

材料： 白芸豆 500 克，豆沙馅 200 克。

调料： 碱 2 克。

做法：

1. 将白芸豆用水煮一下，泡2小时洗净捞出，加清水上屉蒸熟，去掉水分，将白芸豆碾碎，过箩去皮去渣取豆泥。
2. 将湿布铺在案子上，用刀将白芸豆泥抹在布上，按搓平整成长条状，将豆沙馅置于其上抹平，然后提起湿布一端，卷成如意形状，放入冰箱，吃时用刀切成小段，剖面向上装盘即可。

红烧冬瓜　缓解水肿

材料： 冬瓜 300 克，肉末、泡发的香菇、青椒、红椒各 20 克。

调料： 葱花 5 克，酱油、蚝油各 8 克，盐 2 克，鸡精 2 克，植物油适量。

做法：

1. 冬瓜去皮，切方块，在上面打十字花刀。
2. 泡发的香菇冲洗，挤干，去蒂，切粒；青椒、红椒洗净，去蒂及子，切粒。
3. 锅内倒油烧热，放入冬瓜块煎香，放香菇粒、青椒粒和红椒粒炒香，加适量清水没过冬瓜块，加酱油烧开，待汤汁快收干，加蚝油、鸡精、盐搅匀，撒葱花即可。

胎教课堂

音乐胎教：学唱中英文对照歌曲《雪绒花》，有利于胎宝宝的英语启蒙

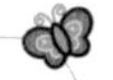

Edelweiss, edelweiss,
雪绒花，雪绒花，
Every morning you greet me.
每天清晨迎接我。
Small and white,
小而白，
Clean and bright,
纯又美，
You look happy to meet me.
总很高兴遇见我。
Blossom of snow may you bloom and grow,
雪似的花朵深情开放，
Bloom and grow forever.
愿永远鲜艳芬芳。
Edelweiss, edelweiss,
雪绒花，雪绒花，
Bless my homeland forever.
为我祖国祝福吧。
Edelweiss, edelweiss,
雪绒花，雪绒花，
Every morning you greet me.
每天清晨迎接我。
Small and white,
小而白，
Clean and bright,
纯又美，
You look happy to meet me.
总很高兴遇见我。
Blossom of snow may you bloom and grow,
雪似的花朵深情开放，
Bloom and grow forever.
愿永远鲜艳芬芳。
Edelweiss, edelweiss,
雪绒花，雪绒花，
Bless my homeland forever.
为我祖国祝福吧。

第20周

胎宝宝 我的骨骼发育开始加快

我的骨骼发育在这个时期开始加快；肺泡上皮开始分化；我的四肢和脊柱也已开始进入骨化阶段。这就要求妈妈补充足够的钙，以保证我骨骼的正常生长。此外，本周我纤细的眉毛正在形成。我消化道中的腺体开始发挥作用，胃内制造黏膜的细胞开始出现，肠道内的胎便也开始积聚。

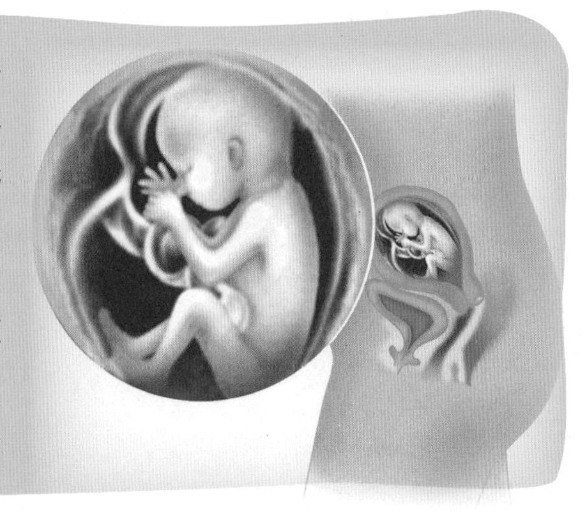

孕妈妈 腰痛、失眠来叨扰

这一周，孕妈妈的子宫约在肚脐的位置，日渐增大的子宫将腹部外挤，致使腹部向外膨胀，腰部曲线完全消失，已接近典型孕妇的体型。膨大的腹部破坏了整体的平衡，使人很容易感觉疲劳。此外，还伴有腰痛、失眠、小腿抽筋等不适。这就要求孕妈妈在日常生活中，要注意休息，多出去呼吸些新鲜空气，活动一下筋骨。

到了这周，孕妈妈已能明显地感觉到胎动，可以让准爸爸帮忙数数胎动，感受宝宝的生命力。

胎宝宝一天天在长大，孕妈妈要将更多的注意力放到加强营养上，保证营养均衡，但切忌饮食过量。

生活保健

孕期散步，好处多

散步是一种很好的锻炼方式，适合孕妈妈在整个孕期进行。既可以锻炼孕妈妈的腹部、腿部和臀部，还能增加孕妈妈体内血液循环，保持身体健康。

● 呼吸氧气

散步本身就是一项有氧运动，经常散步可以增加孕妈妈血液中氧分含量，然后传递给胎宝宝，促进胎宝宝健康发育。

● 帮助胎宝宝入骨盆

孕晚期常进行散步，可以让孕妈妈呼吸到新鲜的空气，还能帮助胎宝宝下入骨盆，松弛骨盆韧带，做好分娩准备。

● 孕妈妈散步的注意事项

1. 确认身体处于良好的状态。散步前，要确认自己的身体不存在任何问题。

2. 穿舒适、轻便的鞋。孕妈妈最好穿轻便的鞋，开口宽敞、低面、弹性好的鞋子是最佳选择。另外，穿棉袜可以保护孕妈妈的足部。

3. 摄取充足的水分。散步前，要准备好水或矿物质饮料，为身体供给充足的水分，防止出现脱水症状。

4. 控制速度。孕妈妈要根据自己的身体状态来调节走路的速度，保持愉快的心态，这样能获得最佳的散步效果。

5. 选择适宜的散步地点。最好选择平坦的道路或草地。

6. 放松呼吸。用鼻子吸入长长的一口气之后稍作停顿，然后随着“呼”的一声把气息从口中排出，发生阵痛时也需要用到与此类似的呼吸法，从现在就试着练习吧。

7. 正确的姿势。孕妈妈在散步时，要挺起胸部，注视前方，步伐不要迈得太大，要给双脚留出一定的自由活动时间。

什么是孕期失眠

怀孕期间，孕妈妈要应对各种不适。在恶心、呕吐、头晕，以及腰、背、胸、腹等疼痛之后，孕晚期又出现了因缺钙而导致的腿抽筋、尿频，也因为心理压力过大等原因，孕妈妈还常常会出现失眠的现象。

对于孕妈妈来说，失眠不仅影响心情，而且对整个身体系统都可能造成伤害。因为睡眠不足可能导致孕妈妈体内的胰岛素水平过高，增加孕妈妈患妊娠糖尿病的机会，也容易使孕妈妈血压升高，造成产程迟滞，给孕妈妈的分娩带来意料不到的障碍。

对付孕期失眠，过来人有哪些小妙招

很多孕妈妈都会因为各种原因出现失眠的情况，这样各位妈妈就在生活中总结出了很多缓解孕期失眠小妙招，下面我们就分享一下。

● 妙招一：创造良好的睡眠氛围

选择家中安静的房间作为卧室，布置得温馨点，营造一个舒适的氛围。将灯光调得暗一些，挂上厚厚的窗帘或是隔音壁纸来隔绝噪声。此外，不要在卧室里放电视，或在床上看书、工作，这些都是导致入睡困难的原因。

● 妙招二：适当增加生活内容

孕妈妈要根据怀孕情况和个人爱好，适当增加生活内容，如听听音乐、进行放松训练、适当运动、读休闲书等，这既有利于调整情绪，又有利于胎宝宝成长。

● 妙招三：养成规律的睡眠时间

孕妈妈尽量每晚都按同一时间睡眠，早晨在同一时间起床，养成有规律的睡眠习惯，有助于调节孕妈妈的睡眠状态，提高睡眠质量。

● 妙招四：转变其对睡眠的态度

失眠不可怕，对失眠本身的恐惧却可以加重失眠，因对睡眠需要的强烈动机而形成的紧张更不利于入睡。接受失眠的现实，放弃对睡眠的强烈渴望，形成睡觉是为了放松，为了享受应顺其自然的观念，这样有利于入睡。

好孕温馨提醒

孕期，大部分孕妈妈的睡眠障碍多是心理因素引起的，极少部分是身体原因引起的。其调理应慎用药物，多采用心理引导，要积极引导孕妈妈转变和适应目前的怀孕状况，把对外界的高度关注，转变到对即将为人母的幸福感的体验上来。

营养课堂

喝杯温牛奶助眠

睡前喝杯温热的牛奶可改善睡眠，这是医生经常建议的做法，因为奶制品中含有色胺酸——一种有助于睡眠的物质。其实，牛奶宜搭配富含碳水化合物的食物（如青稞、燕麦、荞麦、大米、小麦、玉米和高粱等）一起吃，这样可以增加血液中有助于睡眠的色胺酸的浓度，能让牛奶助眠的功效加倍。

吃些助睡眠的食物

小米　其色氨酸含量在所有谷物中独占鳌头，色氨酸能促进大脑神经细胞分泌出5-羟色胺，使大脑思维活动受到暂时抑制，使人产生困倦感。小米熬成粥，临睡前食用，可使人安然入睡。

桂圆　有养血安神之功效。睡前饮用桂圆茶或取桂圆加白糖煎汤饮服均可，对改善睡眠有益。

莲子　含有芦丁等成分，有镇静作用，睡前可将莲子煮熟加白糖食用。

红枣　所含的糖苷类物质有中枢抑制作用，能够促进睡眠。

忌长期采用高脂肪饮食

怀孕期间，孕妈妈肠道吸收脂肪的功能增强，血脂相应升高，体内脂肪堆积也增多。孕期能量消耗较多，而糖的储备减少，这对分解脂肪不利，会因为氧化不足而产生酮体，引发酮血症，出现尿中有酮体、严重脱水、唇红、头昏、恶心、呕吐等症状。

孕产科专家认为，脂肪本身不会致癌，但如果长期多食，容易使大肠内的胆酸和胆固醇浓度增加，这些物质的蓄积容易诱发结肠癌。同时，高脂肪食物容易促进催乳激素的合成，诱发乳腺癌，这对孕妈妈和胎宝宝的健康都不利。

本周食谱推荐

牛奶小米粥 开胃安眠

材料： 大米、小米各 50 克，牛奶 1 袋。

调料： 白糖 10 克。

做法：

1. 大米、小米分别淘洗干净，大米浸泡30分钟。
2. 锅置火上，加适量清水煮沸，分别放入大米和小米，先用大火煮至米胀开，转小火熬煮成粥，加牛奶，并不停搅拌，加白糖，再煮1分钟即可。

功效： 牛奶、小米中富含的色氨酸进入人脑后，会分泌出使人产生困倦感的五羟色胺，孕妈妈常食可以起到安眠的作用。

红枣山药粥 静心安神

材料： 山药 60 克，大米 50 克，薏米 10 克，红枣 5 颗。

做法：

1. 将红枣用沸水发胀后去核；山药去皮，切丁；大米淘洗干净；薏米淘洗干净后用清水浸泡2～3小时。
2. 将大米和薏米大火熬15分钟，加入红枣、山药丁，用小火再煮10分钟即可。

功效： 红枣中含有的黄酮类物质——葡萄糖苷有镇静的作用，孕妈妈常食，有利于静心安神。

胎教课堂

情绪胎教：冥想让孕妈妈心绪安宁

宝宝的五官正在加紧发育着，开始具有五种感知能力，要给予良性的刺激。而孕妈妈在怀孕时，可能会有各种各样的烦心事，那么就用瑜伽来调整杂乱的心绪，给宝宝营造一个良好的内环境吧。

● 净化心灵的冥想

冥想是集中精神进行自我呼吸，抛除心中杂念，意念集中在呼气和吸气上，渐渐地，呼吸就能变平缓，心情也能安定下来。

● 姿势一

盘腿而坐，下巴微收，拇指和食指连成圆环，掌心向上，双手自然地放于双膝处，闭目冥想。

● 姿势二

早上起床前或晚上睡前以“大”字的姿势躺在床上，放松全身进行冥想。

● 孕妈妈做瑜伽必须知道的一些事项

（1）服装：孕妈妈最好穿自己感觉舒适的纯棉且宽松的衣物，最好赤脚进行练习，还要取下身上所有的装饰品。

（2）练习瑜伽需注意的要点：

◆所有的动作要根据身体状况慢慢进行，如感到吃力可以减小动作的幅度，并用增加次数来弥补。

◆摆好姿势后，要深深地、均匀地呼吸。

◆不要用力压迫腹部。

◆用餐3~4小时后再开始练习。

◆练习瑜伽的最佳时期是孕4月～孕8月，孕妈妈一定不要错过哦。

第21周

胎宝宝 我能听到妈妈的声音了

到目前为止，我已经在妈妈温暖的子宫中走完一半的孕程了，这周我身长约27厘米，体重约365克。现在，我几乎所有的器官系统都完成了构造，只需做一些细微的调整就行了。我在妈妈日渐增多的羊水中自由自在地穿梭着，不停地吞咽羊水以练习呼吸。放心，我是个爱干净的主儿，尽管不断吞咽羊水，但通常不会排出大便的，那得等到我出生以后了。我会通过自己的运动告诉妈妈在子宫内生活得很好，如果感觉不对劲，我会第一时间向妈妈发出信号——通过剧烈的胎动、少动或者不动。

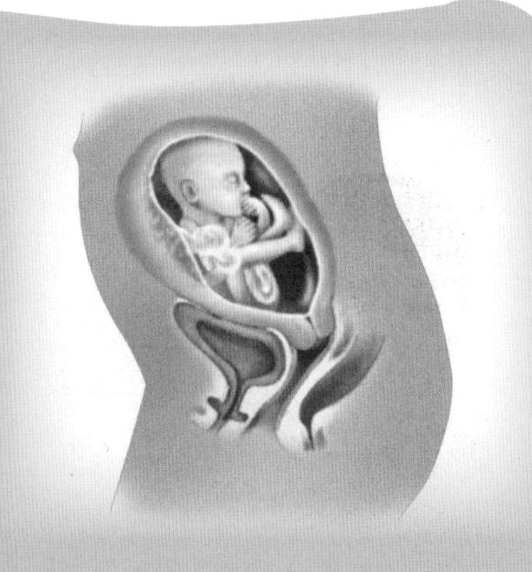

我的听觉功能已经相当完善了，我能听到妈妈的说话声、爸爸朗读诗歌的声音，甚至能听到妈妈肠胃的咕噜声。当然，一些大的噪声也能听到，如准爸爸开很大声音听音乐等。

孕妈妈 稍微动一动呼吸就会变得急促

随着胎宝宝的生长，孕妈妈日益增大的子宫会压迫到肺部，所以孕妈妈时常会觉得呼吸急促，尤其是在运动后，哪怕是轻微的运动，比如爬楼梯时，走不了几级台阶就会气喘吁吁的。此时有的孕妈妈可能已经觉得自己的行动有些迟缓和笨重了，不要紧，这很正常。

生活保健

孕期乳房护理

乳房的护理对孕妈妈来说是非常重要的，因为一方面可以预防乳腺炎等疾病，另一方面可以避免分娩后乳房松弛、下垂，保持乳房美丽的外形。为此，孕妈妈们可以从以下三方面进行护理。

● 选择合适的内衣

怀孕之后，孕妈妈的乳房会变得空前的丰满、漂亮，这就需要孕妈妈根据不同时期乳房的具体变化情况适时更换合适的内衣，并且坚持每天穿戴，哺乳期也不例外。要注意选购的内衣不能太紧也不能太松，最好是能较松地包裹、支撑乳房的半杯型胸衣。

● 坚持清洁乳房

乳房的清洁对于乳腺管保持通畅，以及增加乳头的韧性、减少哺乳期乳头皲裂等并发症的发生无疑具有很重要的作用。要注意，清洁乳房时，要使用温水擦洗，并将乳晕和乳头的皮肤褶皱处一并擦洗干净。不可用手硬抠乳头上面的结痂，可在乳头上涂抹植物油，待上面的硬痂或积垢变软溶解后再用温水冲洗干净，拿一条柔软干净的毛巾拭干，之后在乳房和乳头上涂些润肤乳，避免干燥皲裂。需注意的是，千万不要用香皂或肥皂、酒精等清洁乳房，这些清洁用品不利于乳房的保健以及随后的母乳喂养。

● 内陷的乳头矫正

如果孕妈妈有乳头内陷，可擦洗后用手指牵拉，严重乳头内陷者，可以借助乳头吸引器和矫正内衣来矫正。使用的时候要注意，一旦发生下腹疼痛则应立即停止。曾经流产过的人尽量避免使用这种方法刺激乳头。

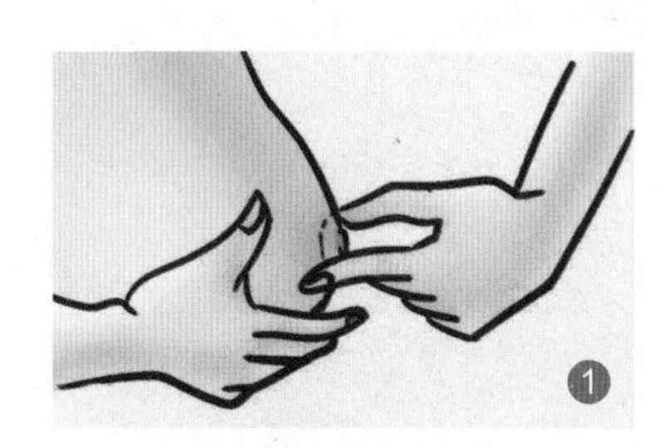

1.用一只手托着乳房，用另一只手以拇指、食指和中指牵拉乳头下方的乳晕，改善伸展性。

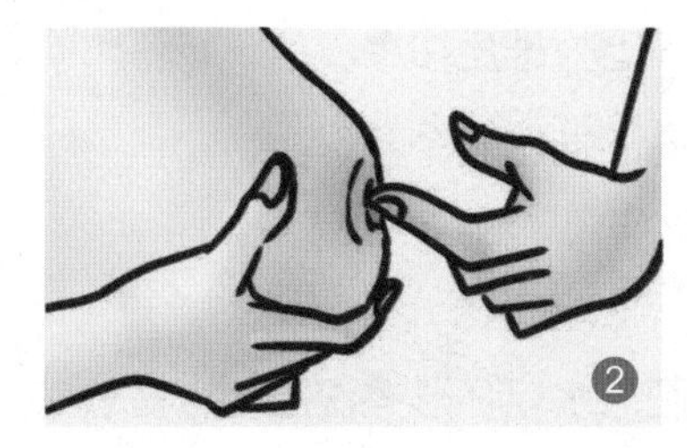

2.抓住乳头，往里压到感到疼痛为止。

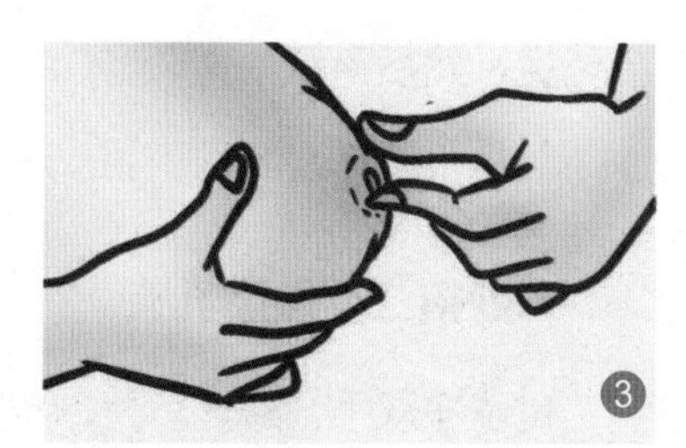

3.用手指拉住乳头，然后拧动，反复2~3次。

乳房按摩操，增加产后的泌乳功能

从孕中期开始，孕妈妈的乳腺组织迅速增长，这时做做乳房按摩操，可以松解胸大肌筋膜和乳房基底膜的黏着状态，使乳房内部组织疏松，促进局部血液循环，有利于乳腺小叶和乳腺导管的生长发育，增加产后的泌乳功能，并可以有效防止产后排乳不畅。

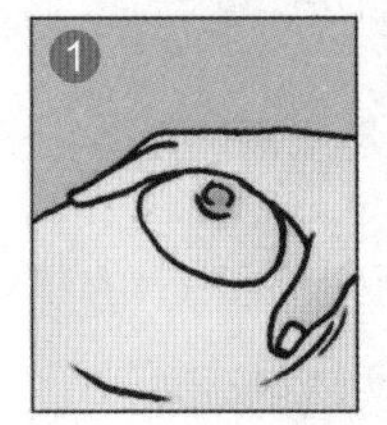

用一只手包住乳房。

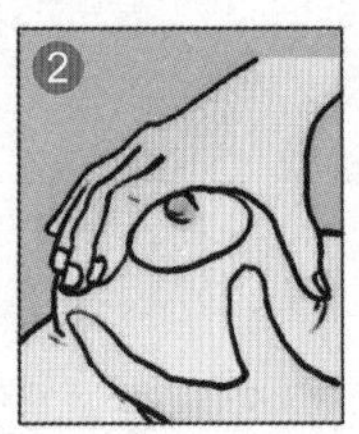

用另一只手的拇指贴在乳房的侧面，画圈，用力摩擦。

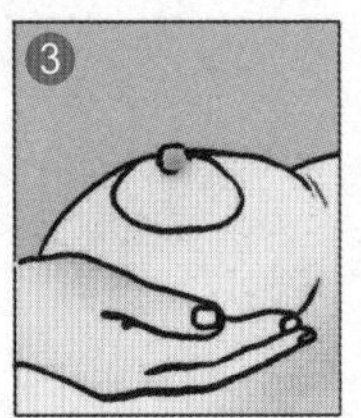

按摩时用一只手固定住乳房，从下往上推。

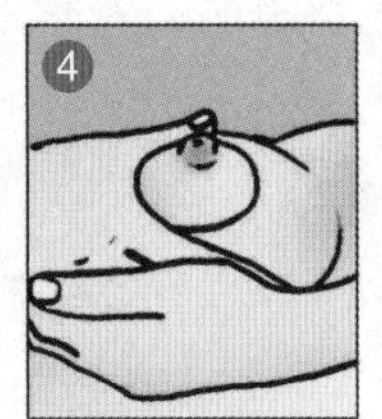

另一只手稍微弯曲地贴在支撑着乳房的手的外部，用力往上推，再放下。

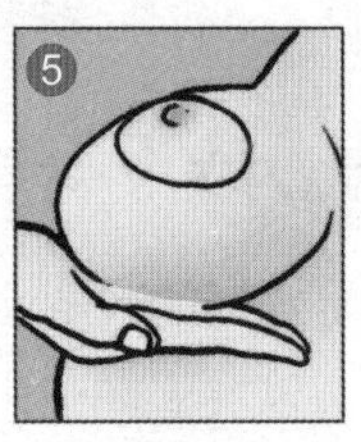

乳房放在手掌上。

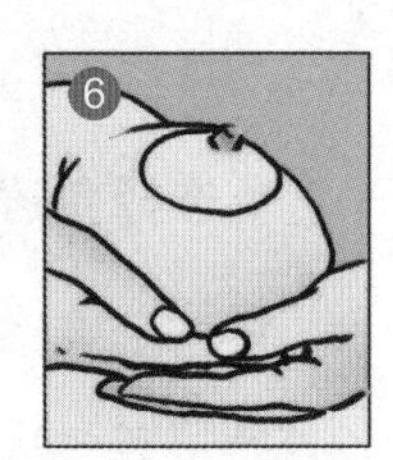

另一只手的小拇指放在乳房正下方，用力抬起。

孕期乳房疼痛，过来人有哪些小妙招

很多孕妈妈在孕期都有乳房疼痛的情况，下面看看过来人有哪些小妙招来应对的。

● 妙招一：热敷乳房

孕妈妈可以用温热毛巾热敷整个乳房。具体做法：

1. 双手叠放在一起，放在乳房上，然后双手用力向胸中央推压乳房进行按摩。

2. 将双手手指并拢放在乳根下方，然后振动整个乳房，然后用双手将乳房向斜向上方推压按摩。

3. 从下方托起乳房，用双手向上推压整个乳房。

好孕温馨提醒

热敷按摩整个乳房时，动作幅度要以感到乳腺团块从胸大肌上消失为宜，但严禁乱揉捏，避免损伤乳腺。

● 妙招二：按摩乳头

1. 洗净双手，除乳房外，用肥皂水以环形擦洗至乳房基底部。

2. 然后用手托住乳房，自乳房基底部用中指和食指向乳头方向按摩，用拇指和食指揉捏乳头来增加乳头的韧性，每日 2 次，每次 20 下，可以减轻乳房疼痛。

营养课堂

多吃促进乳房发育的食物

孕妈妈保护好孕期的乳房，不仅可以让乳房兼顾健康和美丽，还能促进乳汁的分泌，为宝宝出生后提供充足的“口粮”。

黄豆　所含的“植物雌激素”异黄酮类物质，能有效调节孕妈妈体内雌激素的分泌，有助于保持乳房的美感，延缓乳房衰老。

山药　含有大量的黏蛋白可以帮助乳房第二次发育，山药具有的植物性激素有丰胸效果，让孕妈妈的双乳不松不下垂。

番茄　含有番茄红素、维生素C、胡萝卜素、烟酸等，有抗氧化、防衰老、增强身体免疫力、排毒等作用，让乳腺保持畅通，有助于守护乳房健康。

芋头　含有一种叫黏蛋白的蛋白质，对人体的痈肿毒痛有抑制消解作用，如果把每天吃两三个芋头作为一种饮食习惯，对缓解乳房疼痛有很好的效果。

适当摄取胆碱含量高的食物

对于孕妈妈来说，胆碱的摄入是否充足，直接影响着胎宝宝大脑的发育。如果孕妈妈缺乏胆碱，就会导致胎宝宝的神经细胞凋亡，新生细胞减少，进而影响大脑的发育。尽管人体能自己合成胆碱，但由于孕期需求量逐渐增加，孕妈妈要注意适当摄取含胆碱的食物，进行额外补充。富含胆碱的食物，如动物肝脏、鸡蛋、红肉、奶制品、豆制品、花生等。

本周食谱推荐

番茄枸杞玉米　促进乳腺通畅

材料： 玉米粒 100 克，番茄 150 克，枸杞子 10 克，鸡蛋 1 个。

调料： 盐 2 克，香油、水淀粉各适量。

做法：

1. 番茄洗净，去蒂切块；枸杞子、玉米粒洗净；取蛋清打匀。
2. 清水烧开，倒入玉米粒煮开，转中小火煮5分钟，放入番茄块、枸杞子煮沸，用水淀粉勾芡，加入鸡蛋清搅匀，加盐，淋入香油即可。

芋头猪骨粥　缓解乳房疼痛

材料： 芋头 150 克，猪骨 200 克，大米 100 克。

调料： 葱花 5 克，盐 2 克。

做法：

1. 芋头洗净，去皮，切块；猪骨洗净，剁成小块；大米淘洗干净。
2. 先煮骨头浓汤，滤去骨渣，加入大米、芋头块，再熬煮成粥，加盐略煮，撒上葱花即可。

功效： 芋头中的黏蛋白质可以缓解疼痛，所以孕妈妈常食用，可以缓解孕期乳房的疼痛不适。

胎教课堂

语言胎教：读读《致橡树》，传递积极、乐观、健康的生活态度

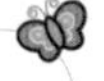

我如果爱你——
绝不像攀援的凌霄花，
借你的高枝炫耀自己：
我如果爱你——
绝不学痴情的鸟儿，
为绿荫重复单调的歌曲；
也不止像泉源，
常年送来清凉的慰藉；
也不止像险峰，增加你的高度，衬托你的威仪。
甚至日光。
甚至春雨。
不，这些都还不够
我必须是你近旁的一株木棉，
作为树的形象和你站在一起。
根，紧握在地下，
叶，相触在云里。
每一阵风过，
我们都互相致意，
但没有人
听懂我们的言语。
你有你的铜枝铁干，
像刀，像剑，
也像戟，
我有我的红硕花朵，
像沉重的叹息，
又像英勇的火炬，
我们分担寒潮、风雷、霹雳；
我们共享雾霭、流岚、虹霓，
仿佛永远分离，
却又终身相依，
这才是伟大的爱情，
坚贞就在这里：
不仅爱你伟岸的身躯，
也爱你坚持的位置，脚下的土地。

情绪胎教：五子棋，准爸妈的快乐游戏

五子棋是一种两人对弈的纯策略性游戏，容易上手。孕妈妈和准爸爸今天就开始玩吧。玩这个游戏能增强孕妈妈和宝宝的思维能力，提高智力，而且还富有哲理，能帮助孕妈妈修身养性。

传统五子棋的棋具与围棋相同，棋子分为黑白两色，棋盘大小为19×19，棋子放置于棋盘线的交叉点上。两人对局，各执一色的棋子，轮流下一子，先将横、竖或斜线的5个同色棋子连成不间断的一排者为胜。

准爸爸、孕妈妈准备好了吗，那么五局三胜，现在就开始吧。

产检课堂

孕 21~24 周，需要做 B 超，进行大排畸

在本月，孕妈妈需要做 B 超检查，主要是针对胎儿的重大畸形作筛检，如脑部异常、四肢畸形、胎儿水肿等。有些孕妈妈还会做四维彩超来检测胎儿的正常情况，其实如果 B 超做的好了，可以不用做四维彩超的。但是，思维彩超可以算是宝宝的第一张照片，比较有纪念意义，想要的话也可以做一下。

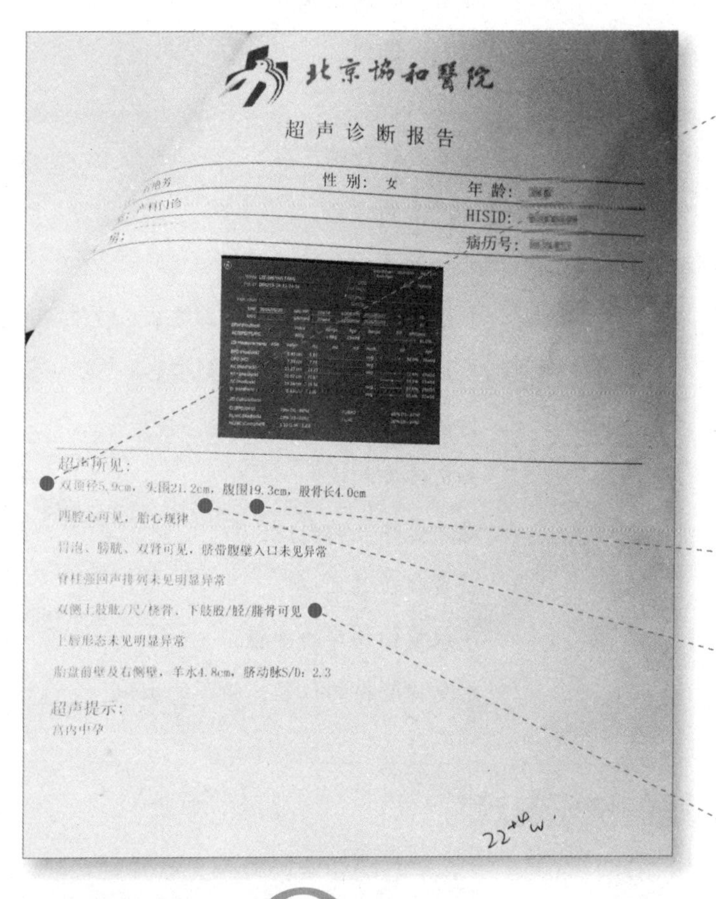

北京协和医院

超声诊断报告

性别：女　年龄：

HISID：

病历号：

超声所见：

双顶径5.9cm，头围21.2cm，腹围19.3cm，股骨长4.0cm

四腔心可见，胎心规律

胃泡、膀胱、双肾可见，脐带腹壁入口未见异常

脊柱强回声排列未见明显异常

双侧上肢肱/尺/桡骨，下肢股/胫/腓骨可见

上唇形态未见明显异常

胎盘前壁及右侧壁，羊水4.8cm，脐动脉S/D：2.3

超声提示：

宫内中孕

22+4w

双顶径（BPD）

头部左右两侧之间最长部位的长度，又称为“头部大横径”。当初期无法通过头臀长来确定预产期时，往往通过双顶径来预测；中期以后，在推定胎儿体重时，往往也需要测量该数据。

在孕5 个月后，双顶径基本与怀孕月份相符合，也就是说，妊娠28 周（7 个月）时双顶径约为7.0 厘米，孕32 周（8 个月）时约为8.0 厘米。依此类推，孕8 个月以后，平均每周增长约0.2 厘米为正常，足月时应达到9.3 厘米或者以上。

腹围

也称腹部周长，测量的是胎儿腹部一周的长度。

头围

测量的是胎儿环头一周的长度，确认胎儿的发育状况。

股骨长

大腿骨的长度。

专家在线答疑 Q&A

Q 我怀孕 4 个月了，B 超检查说胎盘有点靠下，怎么办？

A 很多孕妈妈胎盘都是靠下的，没关系。但是，孕妈妈要注意别太劳累，活动量不要太大，不要提重的东西，胎宝宝慢慢长大，胎盘就会往上的。

第22周

胎宝宝 我的大脑又到了一个快速成长期

从这周开始，我的大脑向更高级的层次发展，大脑皮质负责思维和智慧的部分已经发育起来，大脑面积增大，脑的沟回明显增多，我明显表现出高等智慧生物的智商。对于来自外界的不良刺激，我已经能够快速作出反应，来保护自己不受伤害。

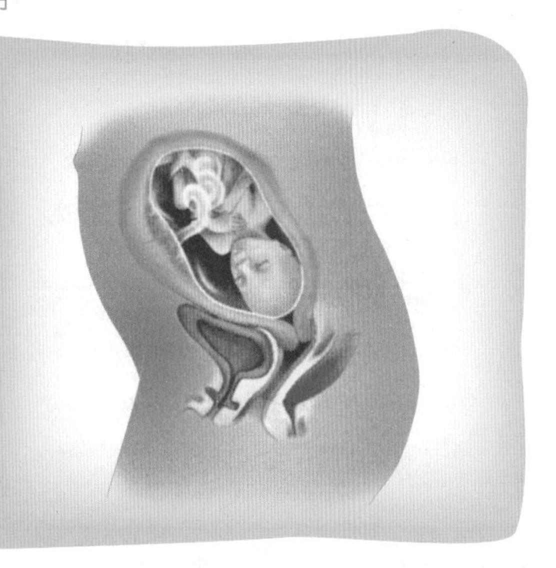

孕妈妈 体重增长加速

第 22 周的孕妈妈身体越来越重，并且在迅速增长，孕妈妈在做稍微重点儿的劳动时，就会感到呼吸困难。孕妈妈不要焦急，最好减少或避免过重劳动，做些力所能及的事情，保持愉快的心情。

由于孕激素的作用，孕妈妈的手指、脚趾和全身关节韧带会变得松弛，因而会觉得不舒服。此时的孕妈妈应该多活动活动关节，缓解不适感。

生活保健

孕妈妈洗脸洗头有讲究

怀孕的女性要注重皮肤的护理，掌握正确的洗脸方法有助于皮肤的保养，达到美容的效果。

● 增加洗脸的次数

孕妈妈体内荷尔蒙会发生变化，很多人由于短期内无法适应这种变化，皮肤会容易出油，如清洁不当，蓄积的油脂就会滋生痘痘。所以怀孕后的妈妈应该增加洗脸的次数，由原来的每日两次变为每日早、中、晚共三次。

● 洗脸水的温度

洗脸水最适宜的温度是34℃左右。该温度下，水的性质与生物细胞内的水十分接近，不仅容易溶解皮脂、开放汗腺管口、使废物排出，而且有利于皮肤摄入水分，使面部柔软细腻，富有弹性。油性和干性皮肤的孕妈妈可以用温水和冷水交替的方法洗脸，即先用温水将附着于皮脂上的污垢清洗干净，再用经过低于皮肤温度的水浸透过的毛巾敷脸，补充皮肤所失去的水分，这是保养皮肤的好方法。

● 洗脸水的硬度

洗脸要用软水，不能用硬水。软水是指河水、溪水、雨水、雪水或自来水。硬水是指井水或池塘水。地下的硬水富含钙、镁、铁，如果直接用它来洗脸，会造成皮肤脱脂，变得粗糙、毛孔外露、皱纹增多，加速皮肤衰老，所以最好将硬水煮沸使之软化后再用。

● 尽量不要更换洁面产品

如果你一直使用性质温和且具有天然成分的洁面产品，就不用更换。因为怀孕后皮肤容易敏感，一时会很难适应新产品。

有的孕妈妈喜欢用含有磨砂颗粒的洁面产品，在强烈的摩擦过程中能感受彻底清洁的快感，殊不知磨砂膏会通过机械作用过度刺激表皮，破坏肌肤表面的角质层细胞。故孕妈妈要减少使用含磨砂颗粒的洁面产品。

如单独洗头，可以坐在椅子上，头向后仰，可以请准爸爸帮忙冲洗。洗干净后，不要忘了及时将头发吹干。最好的方法是带着自己的洗发用品到理发店洗，清洁、按摩、吹干一条龙服务，很舒适，只是要求理发店离家近、干净卫生、环境好就行了。

睡会儿午觉，精神好

怀孕后，孕妈妈的睡眠时间比孕前会多一些，这时孕妈妈睡个午觉，可以养足精神，有利于缓解孕妈妈的疲劳，还能促进胎宝宝的健康发育。但提醒孕妈妈，孕期睡午觉时间不要太长，且睡觉姿势要舒服。

● 午睡时间控制在1~2小时为宜

睡得过久，会导致进入深度睡眠状态，突然醒来，容易导致脑供血不足，孕妈妈会感到轻微的头痛和全身乏力。

避免在风口睡觉

孕妈妈午觉时要注意保暖，如果是夏天要远离风口的地方睡觉，可在身上盖一条毛毯，避免着凉。

不要趴着午觉

因为孕妈妈趴着午觉会减少头部的血液和氧气的供应量，甚至压迫到胸部，进而影响到血液循环和神经传导，甚至损伤孕妈妈脊椎和颈椎，让孕妈妈更不舒服。

孕期多汗，其实是身体自我保护性的表现

到了孕中期，孕妈妈身体多汗的情况越来越明显，尤其是晚上一觉醒来，手脚、头发、外阴等汗腺较多的地方出汗较多，这时，孕妈妈不必过于担心，因为这种多汗是孕妈妈身体的一种自我保护的表现。

孕妈妈多汗主要是因为孕妈妈体内激素增加，导致体温上升，加快血液循环，同时皮肤血流量也会增加，进而出现多汗。而且孕妈妈多汗，会带走体内代谢废物，加速体内毒素排出，有利于孕妈妈身体健康。

住高楼的孕妈要注意增加运动量

有些孕妈妈住在高楼里，感觉上下楼不方便，喜欢“宅”在家里。其实这是不好的，因为高层建筑的墙壁、地板等绝缘效果好，空气干燥时，身体容易产生“静电”，而孕妈妈长期接触静电，会降低体内孕激素水平，导致身体疲惫、精神烦躁等不适，甚至会导致流产或早产。对此，孕妈妈应该这样做：

1. 孕妈妈应该多到户外活动活动，这样有利于增加体力，提高身体的免疫力，促进胎宝宝健康发育。

2. 如果孕妈妈真的不方便下楼，也可以在室内做做孕妇操。为了避免产生静电，可以不穿鞋，直接在地板上做操。

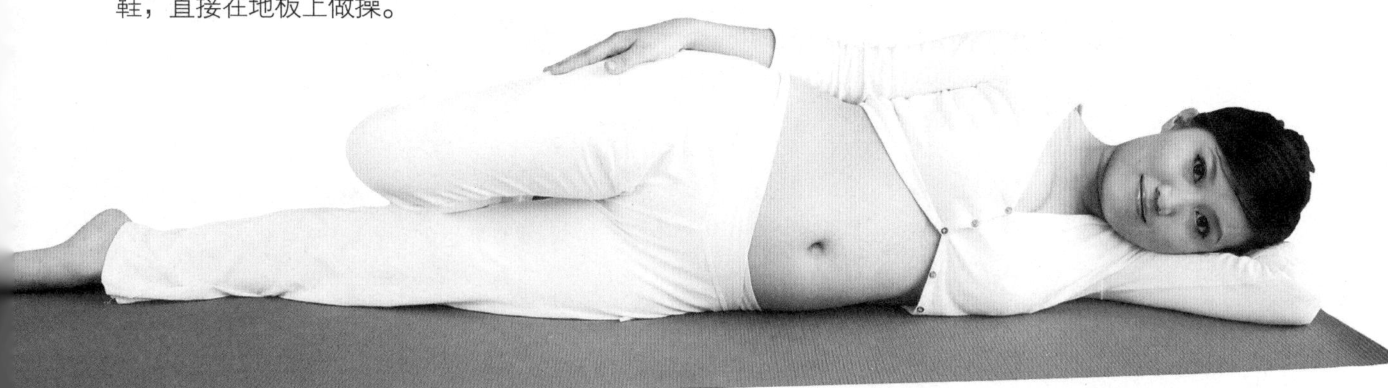

生活保健

补充卵磷脂，保护胎宝宝脑细胞正常发育

卵磷脂是细胞膜的主要成分，能保持大脑的正常功能，确保脑细胞的营养输入和废物输出，保护脑细胞的健康。此外，卵磷脂还是神经细胞之间传递信息介质的主要来源。充足的卵磷脂能提高信息传递的速度，保持注意力集中，增强记忆力。

如果孕妈妈缺乏卵磷脂，会感到疲劳、反应迟钝、记忆力差等，同时还会影响胎宝宝大脑的正常发育。所以孕妈妈每天补充 500 毫克卵磷脂为宜。

富含卵磷脂的食物，如蛋黄、黄豆、动物肝脏等。

鸡蛋中富含丰富的卵磷脂，适合孕妈妈常食，促进胎宝宝大脑的发育。

补充牛磺酸，促进视网膜发育

牛磺酸是一种氨基酸，能提高视觉功能，促进视网膜的发育，同时促进大脑生长发育。研究表明，眼睛的角膜有自我修复能力，而牛磺酸能加强这种修复能力，保护眼睛健康。但视网膜中缺少牛磺酸时，那么就会导致视网膜功能紊乱，不利胎宝宝视力的发育。

建议孕妈妈每天补充 20 毫克牛磺酸即可。富含牛磺酸的食物，如牛肉、青花鱼、墨鱼、虾等。

牛肉纤维比较粗，烹调时加点醋，可以破坏粗纤维，有利于营养的释放和牛肉熟烂。

虾比较咸，孕妈妈食用时，就要相应减少用盐量，有利于预防孕期水肿的出现。

本周食谱推荐

琥珀核桃 *促进胎宝宝脑部发育*

材料：核桃 100 克，黑芝麻 3 克。

调料：白糖 20 克，蜂蜜 15 克。

做法：

1. 将核桃砸裂，剥开取出核桃仁。
2. 将核桃仁装在可以进微波炉的盘子里，放进微波炉里，用高火加热1分钟。
3. 取出，加入白糖、蜂蜜、黑芝麻后拌匀，用中火加热20秒，出炉后晾凉即可。

功效：核桃含磷脂较高，可维护细胞正常代谢，增强细胞活力，是良好的健脑食品。孕妈妈食用核桃可以促进宝宝的大脑发育。

番茄炒鸡蛋 *健脑益智*

材料：番茄 250 克，鸡蛋 2 个。

调料：葱花 5 克，白糖 10 克，盐 2 克，植物油适量。

做法：

1. 鸡蛋打散；番茄洗净，切块。
2. 锅内倒油烧热，下蛋液炒至表面焦黄，捞出。
3. 锅留底油烧热，爆香葱花，放入番茄块翻炒出沙，放白糖、盐和炒好的鸡蛋，翻炒均匀即可。

功效：鸡蛋富含卵磷脂；番茄含维生素和矿物质等多种营养素，搭配食用能促进胎宝宝大脑的发育。

胎教课堂

美育胎教：看着漂亮宝宝的图片，放松心情

把漂亮宝宝的图片收集起来，全部贴在书房的墙上，一边欣赏一边期待自己也能生下同样漂亮的宝宝，孕妈妈的心情也明朗起来了，这也是一种不错的胎教方法呢。

第23周

胎宝宝 我会用踢踹动作回应爸爸妈妈了

这周我内耳的骨头已经完全硬化，所以我的听觉非常敏锐。此时我能听到妈妈体内的声音，像胃里汩汩的流水声、怦怦的心跳声、全身血液的急流声。不仅如此，我还能分辨出妈妈体外和体内的声音。

这周我的反应比较灵敏，在妈妈或爸爸轻轻拍着肚子说话时，也不肯闲着，常常会以踢踹作为回应。

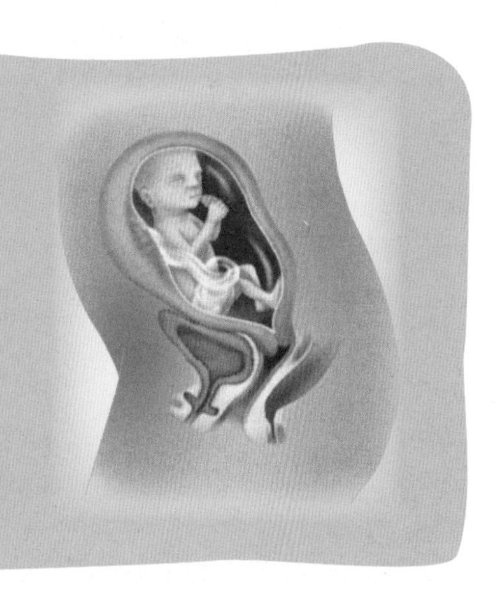

孕妈妈 肠蠕动减慢

到了这一周，随着孕妈妈子宫的不断增大，“小房子”里的房客也在全力成长，他长啊长，一直把孕妈妈的肠子往两边挤，导致孕妈妈肠蠕动减慢，直肠周围血管受到压迫，从而引发便秘。

同时，由于孕妈妈身体的其他部分需要更多的水分，所以会从肠道吸取一些水分，这无疑使便秘“雪上加霜”。所以，孕妈妈一定要记得每天至少喝 2000 毫升水，此外，还要在饮食及生活细节方面多注意调节。

生活保健

什么是孕期便秘

孕激素使胃酸分泌减少，胃肠道的肌肉张力和蠕动能力减弱，食物在腹内停留的时间变长，加之日渐增大的子宫压迫直肠，孕妈妈腹壁的肌肉变得软弱，腹压减小，便秘就这样产生了。还有一个原因是孕妈妈平时喝水比较少，饮食中缺乏富含膳食纤维的食物，再加上怀孕之后运动量变少，也容易导致便秘。

如果便秘逐渐加重，容易使孕妈妈在腹内积累毒素，不利于机体代谢，影响身体健康。长时间便秘还容易使孕妈妈患上痔疮，出现发痒、疼痛、出血等症状，将给孕期生活带来很大困扰；便秘还会使孕妈妈的食欲受到影响，造成营养素摄入不足，不利于胎宝宝的成长。

另外，孕晚期，便秘还会更加严重，这时如果用力排便，不仅血压会升高，甚至可能导致胎膜早破，发生早产。有些患有便秘的孕妈妈在分娩时，肠道中的粪便会妨碍胎儿的娩出，造成难产。

缓解孕期便秘，过来人有哪些小方法

孕期便秘的孕妈妈有很多，下面我们了解一下过来人都有哪些小方法可以帮助孕妈妈缓解孕期便秘。

● 方法一：养成定时排便的习惯

孕妈妈不管有没有便意，在晨起、早餐后或晚睡前都按时去厕所，久而久之就会养成按时排便的习惯。

● 方法二：按摩支沟穴

支沟穴是将除拇指外的四指并拢，小指置于手背腕横纹的中点，食指指尖所至的两骨之间的凹陷处，孕妈妈可以用拇指指腹分别按压双侧支沟穴5~10分钟，由轻到重，以有酸麻胀痛感为度，可以增强大肠传导功能，缩短大便在肠内停留的时间，缓解孕期便秘。

● 方法三：排便时要集中注意力

上厕所时不要看书、玩手机、看报纸等，尽量避免一切分散注意力、延长排便时间的坏习惯。

● 方法四：每天坚持锻炼

到了孕晚期，有些孕妈妈因身体笨重而懒于运动，往往会导致便秘严重，所以适度的孕妈妈可以增强孕妈妈腹部肌肉的收缩力，加速肠道蠕动，可以缓解和预防孕期便秘的出现。孕妈妈可以爬爬楼梯、散散步等，也可以做些力所能及的家务。

● 方法五：保持身心愉悦

怀孕后，孕妈妈要合理安排工作和生活，保证充足的休息，保持乐观的生活态度和精神状态，这也有利于缓解和预防便秘，孕妈妈可以拓宽一下自己的兴趣爱好，如看书、欣赏音乐等，都可以让自己身心愉悦。

孕妈妈保持正确的站姿、坐姿、卧姿，
可以减轻腹部的压力。

孕妈妈正确躺卧和起身的姿势

孕妈妈会觉得侧卧舒服些，那就侧卧吧。在侧卧时，为了让全身的体重分配得更均匀，孕妈妈最好在膝盖之间垫上小枕头。如感到身体麻木或腰疼痛，可以在侧面垫上小枕头，这样能避免背部出现弯曲。

怀孕刚开始时，孕妈妈起身还是比较轻松的，但到了中后期，孕妈妈起身就要慢慢地去做了，以避免腹壁的肌肉过分紧张。孕妈妈起身前，要先侧身，肩部前倾，屈膝，再用肘关节支撑起身体，盘腿，方便腿部从床边移开并坐起来。

孕妈妈的站姿

孕妈妈长期站立会减缓腿部的血液循环，导致水肿和静脉曲张。因此，孕妈妈站立一会儿，就要定期让自己休息一下。如能坐在椅子上，可以将双脚放在小板凳上，这样有利于血液循环，也能放松背部。如没有条件做，就要尝试着把重心从脚趾移到脚跟，从一条腿移到另一条腿上。

孕妈妈的坐姿

孕妈妈坐着时，最好把后背紧靠在椅子背上，还可以在靠腰部的地方放上一个小枕头。坐着工作的孕妈妈可以时常站起来走动一下，有助于血液循环，对预防痔疮也有效。如果孕妈妈写字或用电脑的工作量很大，至少应每隔 1 小时放松下眼睛和身体。

营养课堂

饮食缓解孕期便秘

孕妈妈出现孕期便秘后，要在饮食上多加注意。

● **多喝水**

便秘比较严重的孕妈妈应多喝水，每天1600 ~ 2000毫升，最好是喝温开水。另外，建议孕妈妈每天早上起床后空腹喝一杯水，以促进胃肠蠕动，产生排便反应。

● **多吃蔬菜、水果和粗粮**

一般蔬菜、水果和粗粮中都富含膳食纤维，可以促进胃肠蠕动，帮助身体排便。如大米、玉米等粮食，苹果、梨、山楂等水果，还有白菜、菠菜、黄瓜等蔬菜。

● **摄入适量的植物油**

孕妈妈可以适量摄入一些植物油，如香油、大豆油等；或者含有植物油的坚果，如核桃、花生、芝麻等，都对防止便秘效果显著。

多吃促进排便的食物

很多食物都有促进排便的功能，孕妈妈可以有针对性地选择一些。

燕麦　富含膳食纤维，能调节肠道菌群，还可促进胃肠蠕动，防止便秘，起到很好的排毒作用。

糙米　含有丰富的膳食纤维，能润肠通便，促进毒素排出，从而有效地防止身体吸收有害物质，起到防癌的作用。

绿豆　含较多膳食纤维，能促进排便，对缓解因上火引起的便秘症状有比较好的疗效。

红薯　含有大量膳食纤维，在肠道内无法被消化吸收，能刺激肠道，增强蠕动，达到通便排毒的功效。

本周食谱推荐

油菜土豆粥　缓解孕期便秘

材料： 大米20克，土豆、油菜各30克，洋葱10克。

调料： 海带汤150毫升。

做法：

1. 大米洗净，浸泡20分钟；土豆和洋葱去皮，洗净，切碎；油菜洗净，用开水烫一下，去茎，捣碎菜叶部分。
2. 将大米和海带汤放入锅中大火煮开，转小火煮熟，再放入土豆碎、洋葱碎、油菜叶末煮熟即可。

功效： 土豆、油菜、洋葱都含有大量膳食纤维，能宽肠通便，防止孕期便秘。

红薯牛奶汁　润肠通便

材料： 红薯200克，牛奶300毫升。

做法：

1. 红薯洗净，削去外皮，切小块，放入锅中蒸熟，晾凉备用。
2. 将蒸熟的红薯与牛奶一同放入榨汁机中搅打成汁后倒入杯中即可。

功效： 红薯富含水溶性膳食纤维，能促进肠胃蠕动，从而起到通便作用，与牛奶一起打汁饮用，口感润滑，润肠通便效果显著。

胎教课堂

折千纸鹤的手工课堂

孕妈妈晚上或者周末闲来无事的时候叠一些千纸鹤，如果能折很多只，不妨用线串起来挂在家里，五颜六色、栩栩如生的千纸鹤可以给房间增加很多浪漫的气氛哦！

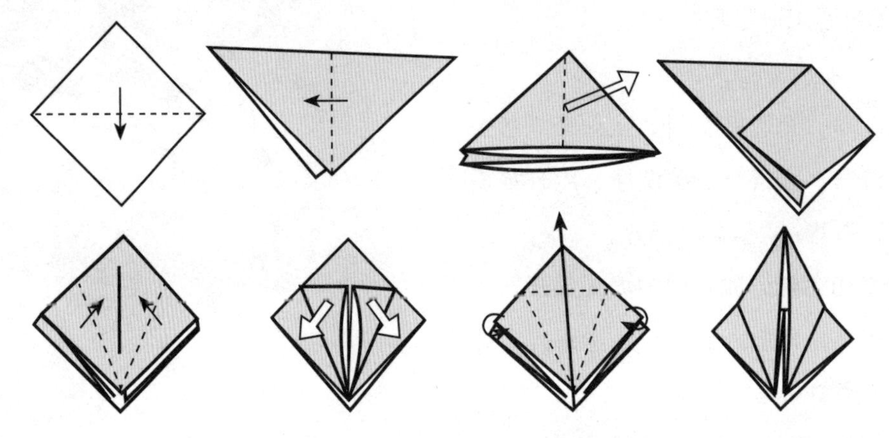

（1）用正方形的纸折成双菱形。

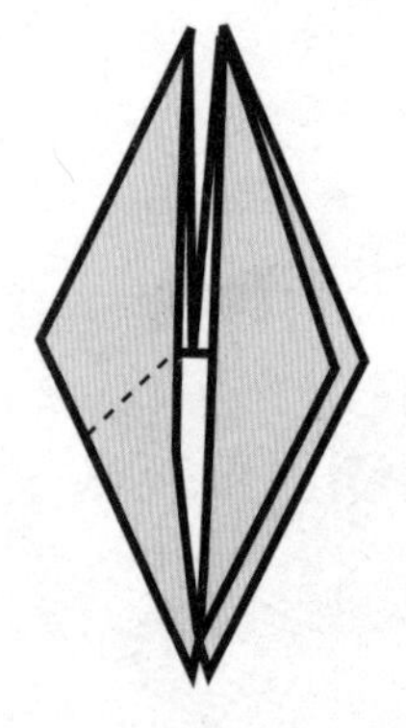

（2）再压折出颈部。

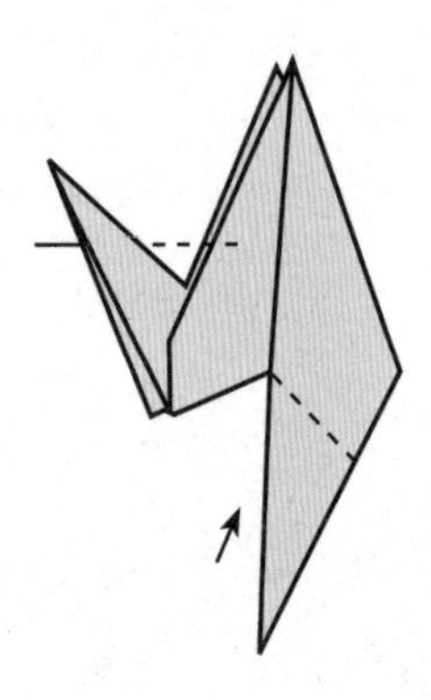

（3）压折头部和尾部。

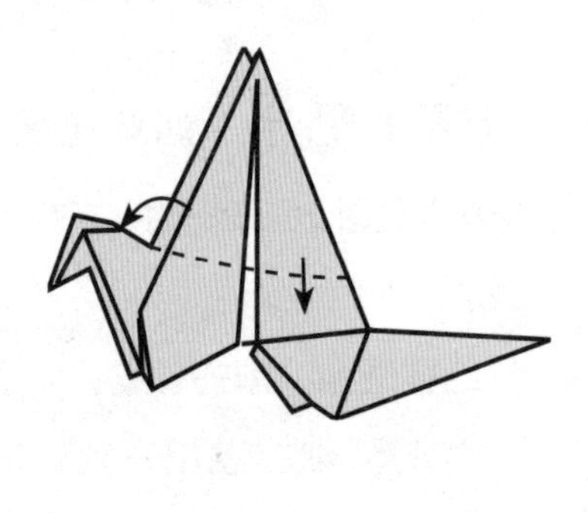

（4）两角向下折成翅膀。

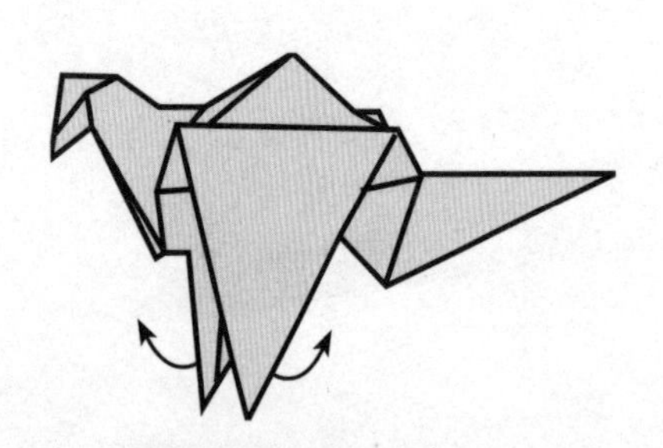

（5）翅膀向上拉平。

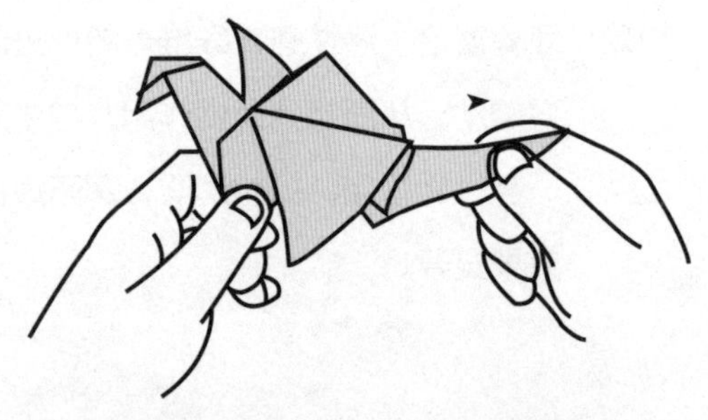

（6）向后拉动尾部，千纸鹤的翅膀就动起来了。

第24周

胎宝宝 我的味蕾开始发挥作用了

我的感觉器官天天在发育，堪称日新月异，舌头上的味蕾已经形成了，脑部和神经终端发育良好，我能感受到触觉了。此外，我在这时候除了能够吮吸自己的手指外，还会用小手抚摸自己的脸蛋。我的皮肤呈红色并起皱，胎毛变成了浓密的毛发，我的脑细胞也形成了，这意味着我越来越聪明了，我的消化系统也更为完善，肾脏系统也开始发挥作用了。

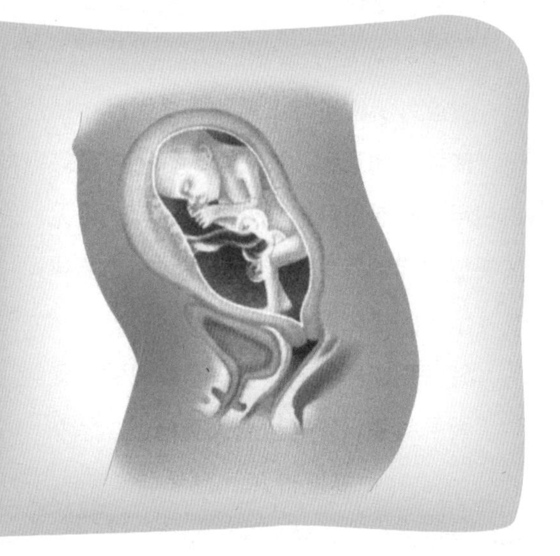

孕妈妈 要做好乳房护理

整个孕期乳房会发生一系列变化，妊娠头几周会感觉乳房发胀，有触痛感，妊娠2个月后乳房会明显增大。到了孕6月，乳房越发变大，乳腺功能发达，挤压乳房时会流出一些黏性很强的黄色稀薄液体，内衣因此容易被污染，孕妈妈要注意勤换内衣，保持清洁，并要每天对乳房做好护理。

生活保健

什么是妊娠期糖尿病

妊娠期糖尿病是指怀孕前未患糖尿病，而在怀孕时才出现高血糖的现象，发病率5%~10%左右。妊娠期糖尿病的发生主要是因为随着胎宝宝的生长发育，对母体的物质需求日渐增多，导致母体发生一系列生理变化，其中以糖代谢的变化较为突出。

胎盘分泌的多种激素对胰岛素产生抵抗作用，使糖代谢紊乱，体内葡萄糖不能很好地得到利用，从而出现血糖升高和尿糖。可见，妊娠期糖尿病的发生主要是因为孕期物质代谢和激素水平的变化引起的。

妊娠期糖尿病的增加与孕妈妈的饮食结构有很大的关系，营养过剩、高糖、高脂肪、高蛋白质的食物摄取过多，容易导致糖耐量受损。除此之外，总体国民的糖尿病发病率的普遍升高，及高龄孕妈妈的增加，都是妊娠糖尿病增加的客观原因。

哪些人容易得妊娠糖尿病

1. 怀孕前比较肥胖的孕妈妈。

2. 家族中一级亲属患有糖尿病。

3. 孕妈妈本身就是巨大儿。

4. 曾怀过孕，并出现过妊娠期糖尿病的。

5. 曾生过巨大儿，以往曾有不明原因胎死宫内等现象，这些都是妊娠期糖尿病发生的高危因素。

6. 多囊卵巢综合征的孕妈妈。

“糖”妈妈的应对策略

- **不要恐慌**

害怕就此得上糖尿病了。实际上，如果注意得好，可能这辈子也不会得糖尿病。

- **严格控制餐后血糖**

糖尿病对孕妈妈和胎宝宝的危害都是由于血糖高引发的，所以应严格控制血糖，特别是餐后的血糖水平。

- **适当增加运动，帮助消耗体内热量**

孕妈妈三餐以后最好都要做一些运动，如散步等，通过少食多餐和适当运动，餐后2小时血糖6.7~7.0毫摩尔/升之间就是满意水平。

- **少量多餐**

孕妈妈一天吃5~6顿，每次吃六七成饱，两三小时后饿了就再吃一点。这样每天保证主食250克，其中细粮和粗粮的比例是4:1，即200克细粮，50克粗粮。

- **胰岛素治疗**

必要时孕妈妈要进行胰岛素治疗，这样对母亲和胎儿都是安全的。

孕期游泳，好处多

妊娠的第 5 个月，胎宝宝的状况已经比较稳定了，此时孕妈妈可以主动参加适度运动。这样不但能控制体重，还能提高妈妈的抵抗力，改善妊娠中的不适，加强骨盆和腰部的肌肉，使宝宝在分娩时容易娩出。游泳是比较好的运动方式，能锻炼全身。

孕妈妈在游泳时，胎宝宝也像进入了游泳的状态，在子宫中漂起来，会跟着变换到比较舒服的姿势，宝宝随之会平静下来。此外，在水中活动的孕妈妈会感到身体轻盈，从而减轻了脚腕和膝盖等部位的肌肉和关节的负担，就连腿部水肿和腰部疼痛也能得到缓解呢。而且，游泳能放松孕妈妈的子宫，锻炼肌肉并强化其心肺功能，这都可以提高顺产的概率。

● 游泳前的准备活动

1. 孕妈妈在下水前，要用温暖的水淋浴，先让身体放松下来，然后再做些基础的体操运动。

2. 孕妈妈下水先不要急着游泳，可以先重复向两侧做分腿和弯曲的动作，还可以同时“呼、哈、呼、哈”地做一些帮助分娩的呼吸法练习。

3. 孕妈妈可以用自由行走或轻轻跳跃的方法使自己的脉搏渐渐加快。

● 游泳后的伸展运动

在结束游泳后，可以伸展胳膊、肩膀和跟腱。从水中出来后，可以做一套简单的体操为这次锻炼过程画上句号。

乳房分泌少量液体是正常现象

很多孕妈妈在这个时候乳房会分泌一些不明液体，没有经验的孕妈妈可能会一下子不知所措，还以为是自己的身体出来了问题。其实，孕妈妈不用害怕，这是在孕期过程中很正常的现象，要知道，这是乳房在为未来制造乳汁开始做准备。

在孕期，大脑垂体开始释放大量的催乳激素，催乳激素促使泡状细胞合成乳汁。不过放心，它不会大量释放乳汁，因为孕激素会起到拖延的作用，直到孕妈妈生出宝宝，才开闸放奶。

营养课堂

忌过分吃甜食，避免引起血糖波动

甜食是含有大量蔗糖、葡萄糖的食品，比如白糖、蜂蜜、巧克力、冰淇淋、月饼、甜饮料等。吃了这些食品，糖分会很快被人体吸收，血糖陡然上升并会持续一段时间，造成血糖不稳定，长期食用这些食物还会导致肥胖。

而我们平时吃的粮食如米饭、面条、馒头等，都富含碳水化合物，但属于多糖，进入体内经过代谢最终会变成葡萄糖以供给人体所需能量。这些食物进到胃肠道逐渐被消化吸收，引起的血糖上升程度远不及进食同等量的甜食，所以“糖”妈妈忌大量吃甜食。

灵活加餐，不让血糖大起大落

对于“糖妈妈”来说，在控制总热量的同时，可采取少食多餐的方式，就是每天多吃几顿，每顿少吃一点儿，在正常的早中晚三餐之外匀出一些热量作为加餐。

少食多餐、适当加餐，有利于胃肠道的消化吸收，可避免三餐后的血糖水平大幅度升高，还能有效预防低血糖的出现，又不会加重胰岛的负担。少食多餐是适合“糖妈妈”的，但是如何加餐同样需要掌握技巧。

● 如何科学加餐

一般来说，孕妈妈加餐时间可选择上午 9 时 ~ 10 时、下午 3 时 ~ 4 时和晚上睡前 1 小时。加餐的食物可选择水果（在血糖控制好的情况下可适当进食水果，但要控制用量）、低糖蔬菜（如黄瓜、番茄、生菜等）。

睡前加餐主要是为了补充血液中的葡萄糖，避免发生夜间低血糖，加餐与否可根据个人的血糖控制情况而定，如果血糖水平较低或正常可适当加餐，如果血糖水平较高则没有必要加餐。睡前加餐可选择牛奶、豆腐干、花生等高蛋白食品。

圣女果可蔬可果，且是低糖食物，适合“糖”妈妈作为加餐食用。

降低食物生糖指数的烹调方法

孕妈妈日常饮食中，除了避免吃过甜的食物外，还要选择一些降低食物生糖指数的烹调方法，这样能更好地控制血糖。

● 蔬菜能不切就不切

一般薯类、蔬菜等不要切得太小或制成泥状。宁愿多嚼几下，让肠道多蠕动，对血糖控制有利。因为食物颗粒越小食物血糖生成指数也越高，相反，食物颗粒越大食物血糖生成指数就越低。

连皮煮的土豆

升糖指数：低

土豆块

升糖指数：中

土豆丝

升糖指数：高

土豆泥

升糖指数：高

● 高、中、低的搭配烹调

高、中血糖生成指数的食物与低血糖生成指数的食物一起烹饪，可以制作中血糖生成指数的膳食。比如在做大米白饭的时候，加入一些燕麦等粗粮同煮，可降低米饭的生糖指数。

● 急火煮，少加水

食物的软硬、生熟、稀稠、颗粒大小对食物血糖生成指数都有影响。加工时间越长、温度越高、水分越多，糊化就越好，食物血糖生成指数也越高。

● 烹调时加点儿醋或柠檬汁

食物经过发酵后产生的酸性物质，可使整个膳食的食物血糖生成指数降低，在副食中加醋或柠檬汁是简便易行的方法。

本周食谱推荐

小窝头 延缓餐后血糖上升

材料：玉米面（黄）150克，黄豆面100克。

调料：泡打粉少许。

做法：

1. 将玉米面、黄豆面、泡打粉混合均匀，慢慢加入温水，边加边搅动，直至和成软硬适中的面团。
2. 取一小块面团，揉成小团，套在食指指尖上，用另一只手配合着将面团顺着手指推开，轻轻取下来，放入蒸锅里蒸熟即可。

功效：玉米面窝头富含膳食纤维，增加孕妈妈的饱腹感，可延缓餐后血糖升高。

荞麦双味菜卷 平稳血糖

材料：荞麦面500克，鸡蛋液80克，熟土豆丝100克，熟青椒丝、熟红椒丝各50克，熟酸菜丝100克。

调料：植物油、盐各适量。

做法：

1. 荞麦面加水、鸡蛋液、盐搅拌成均匀的糊，平底锅底部擦油，摊成薄饼。
2. 将荞麦饼切成10厘米见方的正方形，一半卷入熟土豆丝、熟青椒丝、熟红椒丝，一半卷入熟酸菜丝，装盘即可。

胎教课堂

美育胎教：打造优美的居室环境，放松心情

整洁、温馨的家居环境可以让孕妈妈心情舒畅，进而促进胎宝宝的成长发育。在布置得非常优美的居室里，孕妈妈可以发展自己更广泛的兴趣，例如自己种一些花草，喂养漂亮的小鱼等，这些都能让你成为更加平和温柔的妈妈。花点心思把自己的居室装扮一下，也是一种放松心情、释放对宝宝浓浓爱意打造优美的居室环境的方式。

● 悬挂画片或照片

在空白的墙壁挂上几张可爱宝宝的照片，可以让整个居室充满活力和温馨的氛围，还可以让孕妈妈产生很多美好的想象。而意境优美的风景画，可以增加居室的自然色彩，也可以引起人无限的遐思。你是喜欢可爱宝宝的照片，还是意境深远的风景画呢？亦或你还有更多更好的选择？只管根据你自己的喜好来把空白的墙壁装扮一新吧。

● 摆上盆花、插花

一抹绿，一点红，一缕清香。花朵能带给整个居室轻松、温柔的格调。无论盆花、插花装饰，均应以小型为佳，不宜大红大紫，花香也不宜太浓。孕妈妈身处被花朵装饰的雅致的房屋里，一定会感到舒适而富有情趣。

● 悬挂优秀的书法作品

书法作品的内容常常是一些引人深思的名句，从中不仅能欣赏字体的美，还可以给自己更多积极的暗示，让自己更有智慧、勇气和自信。

简洁雅致、清新芳香的插花可以为居室增添不少的情趣。

产检课堂

孕 24~28 周，需要做妊娠糖尿病筛查了

孕妈妈在孕 24~28 周间需要进行一次糖尿病筛查，检测是否患有妊娠期糖尿病，因为患有妊娠期糖尿病的孕妈妈都是很胖的，容易生出巨大儿，增加分娩的危险性，还会导致胎儿患潜在糖尿病情况。

● 糖尿病筛查单

葡萄糖【50g，1 小时】(Glu)
孕妈妈随机口服50 克葡萄糖，溶于200 毫升水中，5 分钟内喝完。从开始服糖计时，1 小时后抽微量血或静脉血测血糖值，血糖值≥7.8mmol/L，为葡萄糖筛查阳性，应进一步进行75 克葡萄糖耐量试验（OGTT）。

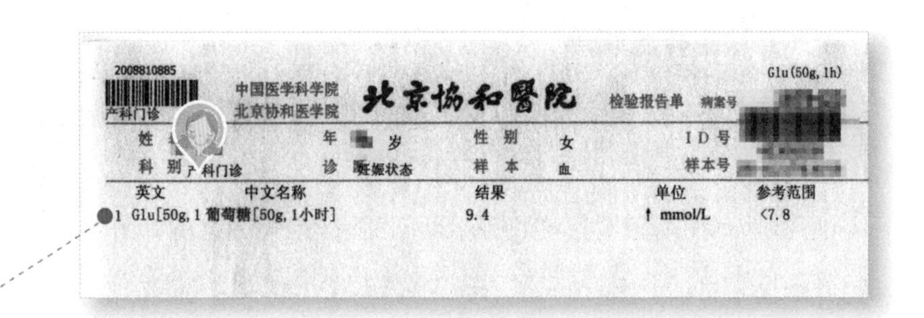

2009810885　Glu(50g,1h)
中国医学科学院 北京协和医学院　北京协和医院　检验报告单　病案号
产科门诊
姓名　年 岁　性别 女　ID号
科别 产科门诊　诊断 妊娠状态　样本 血　样本号

英文	中文名称	结果	单位	参考范围
1 Glu[50g,1	葡萄糖[50g,1小时]	9.4	↑ mmol/L	<7.8

糖筛查试验（GCT）：这是血糖高低的指标。体内葡萄糖主要来源于食物中的碳水化合物，肝脏具有合成、分解与转化糖的功能。无论是否处于妊娠期，静脉血浆葡萄糖值为空腹＞5.8mmol/L。喝糖水后 2 小时≥ 11.0mmol/L，就可确诊为糖尿病。

2009168768　Glu(0h)+Glu(1h)+Glu(2h)
中国医学科学院 北京协和医学院　北京协和医院　检验报告单　病案号
产科门诊
姓名　年 岁　性别 女　ID号
科别 产科门诊　诊断 妊娠状态　样本 血　样本号

英文	中文名称	结果	单位	参考范围
1 Glu0	葡萄糖[0小时]	4.2	mmol/L	3.9-6.1
2 Glu1	葡萄糖[1小时]	8.8	mmol/L	
3 Glu2	葡萄糖[2小时]	9.2	mmol/L	

葡萄糖耐量试验（OGTT）：是检查人体糖代谢调节机能的一种方法。孕妈妈正常饮食 3 天后，禁食 8~14 小时，抽空腹血测空腹血糖，然后在 5 分钟内喝完含葡萄糖粉 75 克的 200~300 毫升糖水。从开始服糖计时，服糖水后 1、2、3 小时分别抽取静脉血，检测血糖值。有任何一项指标超标，请自己去营养科挂号咨询，或及时就诊。

第25周

胎宝宝 我皱巴巴的皮肤开始舒展开了

现在我从头到脚大约长34厘米，重约680克，看起来更饱满了。随着体重的不断增加，我皱巴巴的皮肤也开始变得舒展开来，越来越接近新生儿，我头发的颜色和质地也能够看得见了，尽管它们可能会在我出生后发生变化。

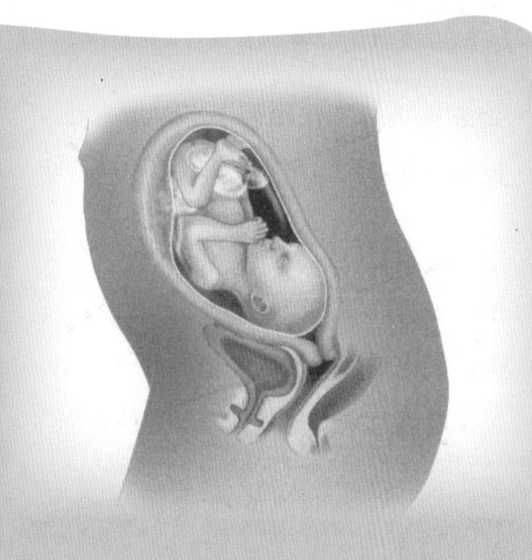

我的胎动情况可以判断我的安危。我在妈妈那还算很大的子宫中翻来滚去的，还时不时地转转身体，而且眼球也开始转动，并且有了味觉。到本周末，我的传音系统发育完成，神经系统发育良好，对声音、光线和爸爸妈妈对我的轻拍和抚摸都能作出不同的反应。我已经有了疼痛感、刺痒感，还能准确“认出”妈妈和其他熟人的声音。

孕妈妈 可能遭遇静脉曲张

这周，孕妈妈腹部变得更大，子宫也增大了许多，如足球般大小，宫顶高度恰好在脐上1~2指，可能会压迫到下腔静脉的回流，所以，孕妈妈容易出现静脉曲张，从而引发下肢水肿，预防的最好办法是避免长时间站立或行走，休息时要把脚垫高，以利于下肢静脉血回流。此外，有的孕妈妈还会有便秘和痔疮、腰酸、背痛等症状。

这时孕妈妈可在腹部和乳房上发现更为明显的妊娠纹，暗红的颜色也逐渐加重，好像皮肤要被撑裂了似的，脸上的妊娠斑也明显起来。孕妈妈不要担心，宝宝出生后就会有所好转。

生活保健

什么是静脉曲张

孕妈妈怀孕后，很容易出现下肢和外阴部静脉曲张。静脉曲张往往会随着妊娠月份的增加而逐渐加重，越是到了怀孕晚期，静脉曲张会越厉害。而且经产妇会比初产妇更加严重。这主要是因为在怀孕后，子宫和卵巢的血容量增加，以致下肢静脉回流受到影响。增大的子宫压迫盆腔内静脉，阻碍下肢静脉的血液回流，使静脉曲张更为严重。

缓解和预防静脉曲张，过来人有哪些小方法

孕妈妈出现静脉曲张的情况并不少见，下面我们来看看过来人是如何缓解静脉曲张的。

● 方法一：不要提重物

重物会加重身体对下肢的压力，不利于症状的缓解，所以孕妈妈尽量不要提过重的东西，如需要可请家人或者同事帮忙。

● 方法二：不要长时间站或坐

孕妈妈不能长时间站或坐，也不能总是躺着。在孕中晚期，要减轻工作量并且避免长期一个姿势站立或仰卧。坐时两腿避免交叠，以免阻碍血液的回流。

● 方法三：采用左侧卧位

休息或者睡觉时，孕妈妈采用左侧卧位更有利于下肢静脉的血液循环。另外，睡觉时可用毛巾或被子垫在脚下面，这样可以方便血液回流，减小腿部压力，缓解静脉曲张的症状。

● 方法四：每天坚持锻炼

孕妈妈最好每天坚持锻炼，如散步等，这样有利于全身血液的循环，能有效地预防静脉曲张。

● 方法五：控制体重

如果体重超标，会增加身体的负担，使静脉曲张更加严重。孕妈妈应将体重控制在正常范围之内，必要时可咨询医生。

孕妈妈可以每天下午4~5点时，外出散散步，可以放松心情，还能预防静脉曲张。

孕妈妈出门要有家人陪同

孕妈妈进入孕中后期，可以更多地去散散步，走动走动，这样有利于顺产。同时，孕妈妈可能要去一些公共场所，但不管怎样，都要有家人陪同，这样，在不方便行动的地方可以有人扶持，同时如果发生意外的话，还可以及时地处理。

孕中期普拉提运动

● 伸展四肢

1. 平躺，左腿伸直，右腿屈膝，右臂向上伸出，左臂自然地放在身体左侧。

2. 开始进行腹式呼吸，长长地吸入一口气，在呼出的时候双臂和双腿的姿势分别互换，重复 5~10 次。

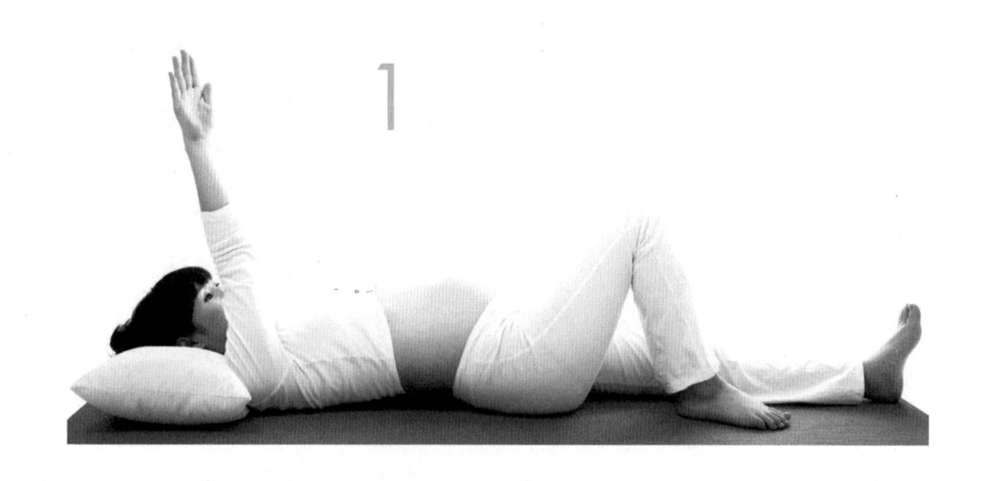

营养课堂

调节饮食，缓解静脉曲张

孕妈妈得了静脉曲张，除了一些生活细节的调养，还可以通过饮食进行调节。

● 多吃富含维生素E的食物

维生素 E 对血管的恢复具有一定功能，所以孕妈妈经常食用富含维生素 E 的食物对预防和恢复静脉曲张有一定效果。富含维生素 E 的食物：植物油、绿色蔬菜、核果、豆类、全谷类、肉、奶油、鸡蛋等。

● 新鲜蔬果不能少

孕妈妈要多吃些新鲜的蔬菜和水果，可以改善身体的氧化作用，增加血液循环，增强机体免疫力。新鲜的蔬菜富含丰富的膳食纤维，能加速肠胃蠕动，改善肛门周围的血液循环，预防静脉曲张。而新鲜的水果富含大量的维生素 C，可以稀释血液，加速血液循环，起到缓解和预防静脉曲张的作用。

● 摄取足够的蛋白质

孕妈妈需要补充足够的蛋白质，因为他可以保持体内营养的均衡，提高身体的免疫力，还可以乳化脂肪，加速血液循环，缓解静脉曲张。所以孕妈妈可以适量多吃些鱼、牛肉、羊肉、豆类及制品等。

补充 B 族维生素，缓解孕期紧张情绪

B 族维生素是一个大家族，包括维生素 B_1、维生素 B_2、维生素 B_6、维生素 B_{12}、烟酸、泛酸、叶酸等。这些 B 族维生素是推动体内代谢，把糖、脂肪、蛋白质等转化成热量时不可缺少的物质。B 族维生素还是维持和改善上皮组织（如眼睛的上皮组织、消化道黏膜组织）的健康的重要营养素。

B 族维生素摄入充足，则细胞能量充沛，可以缓解忧虑、紧张，增加对噪声等的承受力。反之，则有可能导致应对压力的能力衰退，甚至引发神经炎。

小白菜、菠菜、空心菜、韭菜、香椿等绿叶蔬菜中都含较多的 B 族维生素。

本周食谱推荐

小米花生粥 补脑益智

材料：花生仁 30 克，小米 20 克。

做法：

1. 花生仁洗净，泡3小时；小米淘洗干净。
2. 锅置火上，加适量清水煮沸，把小米、花生仁一同放入锅中，大火煮沸，转小火继续熬煮至黏稠即可。

功效：花生中含有的卵磷脂是一种健脑食材，孕妈妈经常食用，可以增强记忆力，促进宝宝大脑发育。

清炒鳝鱼 补充 DHA 和卵磷脂

材料：鳝鱼 400 克。

调料：葱花、姜末、料酒、酱油各 5 克，白糖 8 克，香油少许，盐 2 克，水淀粉 15 克，植物油适量。

做法：

1. 鳝鱼处理干净，去骨，切丝，洗净。
2. 锅内倒油烧热，放入鳝鱼丝翻炒，加姜末、料酒、酱油、白糖和盐翻炒均匀，加入适量清汤烧透入味，用水淀粉勾芡，放葱花，淋上香油即可。

功效：鳝鱼中含有丰富的 DHA 和卵磷脂，孕妈妈常吃可以促进胎宝宝大脑神经的发育，提高胎宝宝的智力。

胎教课堂

情绪胎教：准爸爸讲笑话，孕妈妈心情好

到了准爸爸表现的时间了，准爸爸给孕妈妈和宝宝讲几个小笑话，让孕妈妈在开怀大笑的同时，心情也跟着好了起来。准爸爸一定要拿出你的幽默感，模拟不同人的声音，如果能带上动作就更棒了。

聪明孩子和笨孩子

一个聪明的孩子和一个笨孩子去考试，老师问聪明的孩子说：“谁发明了电灯？”“爱迪生。”“谁发现了镭？”“居里夫人。”“谁发现了地球有引力？”“牛顿。”“100分。”

聪明的孩子为了帮笨孩子，把答案告诉了他。老师问：“你爸爸是谁？”“爱迪生。”“你妈妈是谁？”“居里夫人。”“谁告诉你的？”“牛顿。”

适得其反

“这次算术考试得了多少分？”“三分。”话音刚落，“啪啪啪”小明的屁股挨了爸爸三鞋底子。“下次再考，得多少分？”“下次我一分也不要了。”

省钱了

“爸爸，你可以省钱了。”“省什么钱，孩子？”“今年你不用再花钱给我买课本了，我已经留级了。”

爸爸无用论

孩子：“妈妈，我们是上帝生的吗？”

妈妈：“当然，亲爱的。”

孩子：“礼物也是上帝发的？”

妈妈：“那还用说。”

孩子：“那我不明白，我们还要爸爸干什么。”

生日

爷爷说：“今天是我的生日。”

孙子问：“‘生日’是什么意思？”

“生日嘛，就是说爷爷是今天出生的。”孙子听了，瞪大眼睛说：“嗬，今天生的怎么就长这么大了呀？”

法律和法盲

儿子：“爸爸，什么叫法律？”

父亲：“法律就是法国的律师。”

儿子：“那么什么是法盲？”

父亲：“那当然就是法国的盲人。”

第26周

胎宝宝 我开始迅速增重

现在我的体重不足720克，从头到脚长约34.3厘米。从现在到出生，我会迅速积聚脂肪，体重会因此增长3倍以上，这是为了帮助我适应离开子宫后外界的低温，并提供我出生后头几天的能量和热量。这周我耳中的神经传导组织正在发育，这意味着我对声音的反应将会更加一致。

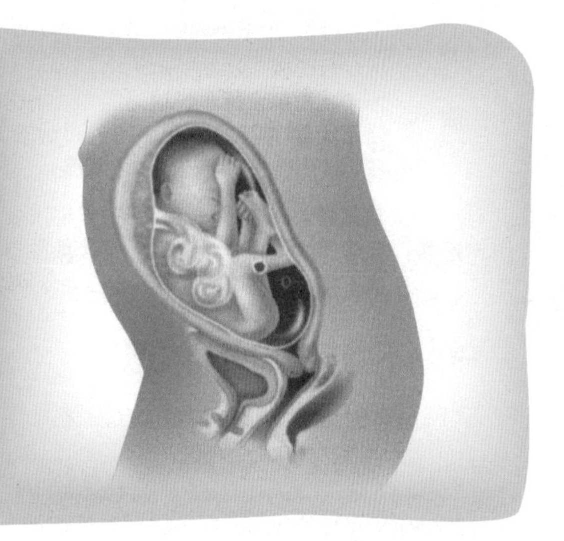

孕妈妈 遭遇了坏情绪

胎宝宝在一天天长大，孕妈妈的子宫也在不断扩张，腹部时常会感到如针一般的疼痛。

这周，孕妈妈会心绪不宁、睡眠质量不高，还会做些醒后记忆清晰的奇奇怪怪的梦，这是孕妈妈对即将承担为人母亲之重任感到忧虑不安的反应。孕妈妈此时要从胎宝宝健康发育的大局出发，保持良好的心境，可以适当地学习一些分娩课程，和其他孕妈妈交流交流心得。当然也可以向丈夫或闺中密友倾诉自己真实的内心感受，从而得到好的建议，放飞心情。

生活保健

过来人教你缓解这些孕期疼痛

疼痛种类	原因	过来人的缓解方法
头痛	怀孕时，孕妈妈血压发生变化，导致体内分泌的激素量与原来不同，因此，孕妈妈有时候会感到眩晕和头痛	保证充足睡眠，特别是到了孕中期，头痛越来越严重，同时还有眼花、耳鸣、心悸、水肿等情况，要小心妊娠期高血压疾病
手腕麻木和刺痛	有时候，孕妈妈手指和手腕会有一种针刺和灼热的感觉，有时候会从手腕延伸至整个肩膀，这种情况被称为“腕管综合征”。这是因为，孕妈妈怀孕时体内积聚了大量的额外体液，使通过腕管的神经和肌腱受压，从而造成了手腕麻木和刺痛	白天减少手的活动量。在打字时让手腕自然放平，稍稍向下弯曲一些，或者在手腕下垫个鼠标垫
韧带疼痛	随着腹部的隆起，在韧带拉长的过程中，痛感会伴随着孕妈妈的任何运动，如上床或翻身等动作。这种疼痛不会对胎儿有任何影响，但会令孕妈妈难以忍受	动作慢一些，不要做大幅度的动作。可以尝试用热敷的方法减轻疼痛

养胎不必整天卧床休息

孕妈妈有时候会由于自身的原因需要养胎，但不建议孕妈妈整天卧床休息。主要有以下原因。

1. 孕妈妈长期卧床养胎，会导致生活无聊、精神空虚，很容易产生孕期抑郁，不利于胎宝宝的健康发育。

2. 如果孕妈妈有便秘的症状，加上长期卧床养胎，不运动，很容易加重孕期便秘。

3. 长期卧床休息，可以减缓血液循环，降低孕妈妈身体的抵抗力，还会导致下肢血液不畅，发生静脉血栓，甚至肌肉萎缩无力。

所以，孕妈妈要养胎时还是需要适当运动的，可以保证母婴健康。

● 需要卧床养胎的情况

孕妈妈出现下面的情况，应该卧床休息，避免运动。

1. 孕妈妈前置胎盘出血。

2. 子痫前期。

3. 过早破水。

4. 子宫颈闭锁不全。

除此之外，孕妈妈都不必整天卧床休息。

好孕温馨提醒

孕妈妈进行运动要保证不疲劳、不剧烈为前提，一旦出现头晕、气短等不适，应立即停止运动，并就医。

什么是高危妊娠

高危妊娠，是指在怀孕期间存在一些对孕妈妈和胎宝宝都不利的因素或并发症，有可能造成较大危险的妊娠。常见的高危妊娠有以下几种情况：

1. 小于18岁或大于35岁的孕妈妈。

2. 身高在145厘米以下，体重不足40千克或超过85千克的，骨盆狭窄，容易发生难产。

3. 在孕期同时有高血压、心脏病、肾炎、肝炎、肺结核、糖尿病、血液病、严重贫血、哮喘、甲状腺功能亢进等疾病。

4. 怀孕期间出现异常的，如母子血型不合、胎儿发育不良、过期妊娠、多胎妊娠、胎盘位置不对、羊水太多或太少等。

出现高危妊娠该怎么做

如果孕妈妈出现高危情况，千万不要紧张、恐惧，你需要做的是：

1. 选择条件较好的医院和保健机构进行产前检查，并积极配合医生治疗。

2. 学会自我监测，如数胎动、识别胎动异常等。

3. 卧床休息，这样可以改善子宫胎盘血液循环，减少水肿，避免子宫对肾脏的压迫和由于妊娠而产生的心血管系统的负担，有利于胎宝宝发育，减少胎儿窘迫和发育迟缓的发生率，也有利于预防和治疗妊娠期高血压疾病。

4. 进行适度锻炼，预防妊娠的各种并发症。

好孕温馨提醒

高危妊娠要适量补充维生素：维生素A能增加孕妈妈抵抗力，帮助胎儿生长发育；维生素B，可促进食欲，刺激乳汁分泌，促使胎儿生长；维生素C能使胎儿骨齿发育，增强抵抗力；维生素D可帮助钙、磷的吸收，使骨、齿发育正常。在阳光照射充足的地区，可不需要另补维生素D。

孕妈妈切忌过度情绪化

怀孕后，孕妈妈受各种激素分泌失常的影响，情绪容易波动，这样是不利于孕妈妈和胎宝宝的健康的。所以孕妈妈应该保持情绪稳定，避免过度情绪化。

● 不要过度悲伤

孕妈妈过度悲伤，会降低食欲，不能为孕妈妈和胎宝宝提供充足的营养。此外，过度悲伤还会引起孕妈妈身体释放乙酸胆碱等成分，然后通过血液进入胎宝宝的体内，进而影响胎宝宝的正常发育。

● 不要过于担忧

怀孕后，孕妈妈会担心胎宝宝的健康情况、分娩的疼痛等，这些不好的情绪会传给胎宝宝，导致胎宝宝胎动增加，这些都不利于胎宝宝的健康。

● 不要大怒

孕妈妈发怒时，会导致血液中的白细胞减少，降低身体的免疫力，这样也会导致胎宝宝抗病能力降低。

所以，整个孕期，孕妈妈应该保持稳定的情绪，这样有利于母婴健康。

营养课堂

孕妈妈食用鱼肝油要适量

鱼肝油能补充身体所需的维生素 A 和维生素 D，孕妈妈适量吃些鱼肝油，其中所含的维生素 D 可以帮助人体对钙和磷的吸收，但要注意量。如果孕妈妈体内积蓄过多的维生素 D，会引起胎宝宝主动脉硬化，影响胎宝宝的智力发育，导致肾损伤及骨骼发育异常等。

鱼肝油所含的维生素 A，能保护视力，可以缓解孕期眼睛干涩，还能促进胎宝宝的上皮分化，加速胎宝宝的发育。如果孕妈妈服用过量维生素 A，容易出现食欲减退、头痛及精神烦躁等症状。

所以，为了孕妈妈和胎宝宝的健康，孕妈妈服用鱼肝油要适量，最好在医生建议服用。此外，孕妈妈应避免过量食用富含维生素 A 的食物，否则很容易过量服用维生素 A。

吃些苦味食物，降降火

孕期，孕妈妈经常会担心胎宝宝的健康或遇到烦心的事儿，都可能会引起上火，主要表现为牙痛、头痛、便秘、痔疮等。但孕妈妈又不能随便吃药，以免伤害到胎宝宝的健康，所以吃些苦味食物，降降火是最佳方法。

苦味食物往往含有尿素类、生物碱等苦味素，具有清热去火的作用，适合上火的孕妈妈食用。苦味食物有苦瓜、苦菊、芥蓝等。

苦菊

苦瓜

芥蓝

本周食谱推荐

番茄口蘑汤　富含多种维生素

材料：番茄 200 克，口蘑 100 克，豆苗 30 克。

调料：盐、鸡精各 2 克，葱花、姜丝各 5 克，植物油适量。

做法：

1. 番茄洗净，放入沸水锅中焯烫，捞出，去蒂、皮，切小粒；口蘑洗净，去蒂，切小粒；豆苗去根、洗净。
2. 锅内倒油烧热，爆香葱花、姜丝，放入番茄粒、口蘑粒，大火翻炒均匀，加入适量水烧沸，加豆苗，用盐、鸡精调味即可。

蒜蓉苦瓜　清热降火

材料：苦瓜 300 克，蒜蓉 15 克，红椒片 25 克。

调料：盐 2 克，植物油适量。

做法：

1. 苦瓜洗净，切开，去瓤，切片，放入盐水中浸泡5分钟。
2. 锅内倒油烧热，爆香蒜蓉，倒苦瓜炒熟，加盐、红椒片炒匀即可。

功效：苦瓜含有的苦味素具有清热去心火、利尿凉血的功效，对于心火旺盛的孕妈妈来说，吃这道菜可以去火、清热、静心。

胎教课堂

情绪胎教：准爸爸朗诵古诗，陶冶胎宝宝的情操

准爸爸，让我们来朗诵一首优美的唐诗给胎宝宝听吧。要知道，唐诗是中华文化的精髓，无数优美诗歌被人们代代传唱。这些诗歌所表达出来的美丽意境，不但陶冶了准爸爸的情操，也影响着胎宝宝。

春江花月夜（张若虚）

春江潮水连海平，海上明月共潮生。
滟滟随波千万里，何处春江无月明？
江流宛转绕芳甸，月照花林皆似霰。
空里流霜不觉飞，汀上白沙看不见。
江天一色无纤尘，皎皎空中孤月轮。
江畔何人初见月？江月何年初照人？
人生代代无穷已，江月年年只相似。
不知江月待何人，但见长江送流水。
白云一片去悠悠，青枫浦上不胜愁。
谁家今夜扁舟子？何处相思明月楼？
可怜楼上月徘徊，应照离人妆镜台。
玉户帘中卷不去，捣衣砧上拂还来。
此时相望不相闻，愿逐月华流照君。
鸿雁长飞光不度，鱼龙潜跃水成文。
昨夜闲潭梦落花，可怜春半不还家。
江水流春去欲尽，江潭落月复西斜。
斜月沉沉藏海雾，碣石潇湘无限路。
不知乘月几人归？落花摇情满江树。

这首诗以写月作起，以写月落结，在从天上到地下这样广阔的空间中，从明月、江流、青枫、白云到水波、落花、海雾等等众多的景物，以及客子、思妇种种细腻的感情，通过环环紧扣、连绵不断的结构方式组织起来。由春江引出海，由海引出明月，又由江流明月引出花林，引出人物，转情快意，前后呼应，若断若续，使诗歌既完美严密，又有反复咏叹的艺术效果。

第27周

胎宝宝 我正式开始练习呼吸动作

这周我的体重大约为 780 克，腿伸直时大约长 34.5 厘米。除了略显消瘦之外，从外观上看，我与足月儿已经没有太大的区别了。我的皮肤红红的，皮下脂肪仍很薄，皮肤还是有些皱褶，随着大脑组织的发育，我现在的大脑已经变得非常活跃了，已经具有和成人一样的脑沟和脑回，但神经系统的发育还远远不够。我已经正式开始练习呼吸动作，我继续在羊水中小口地呼吸着，这是在为出生后第一次呼吸空气做练习呢。

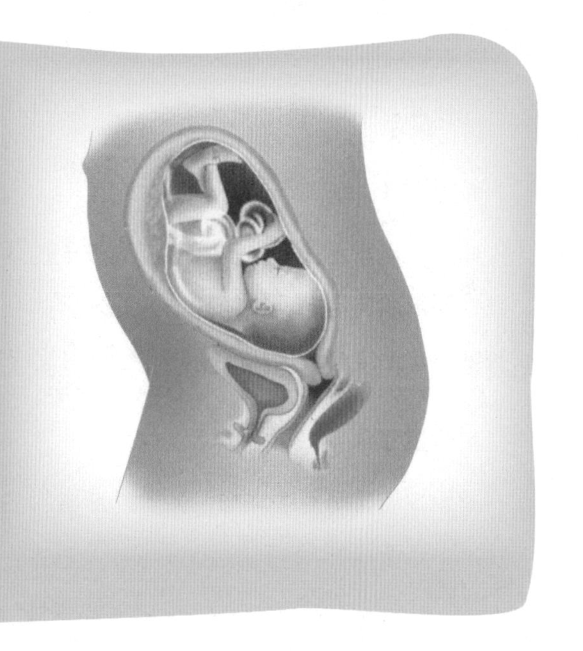

孕妈妈 出现频繁地胎动

本周，孕妈妈的腹部明显隆起，这时能感到强烈的胎动。但孕妈妈对胎动的感觉程度是因人而异的，因此不必过多考虑胎动的次数和强度。一般来说，胎动频繁表示胎宝宝很健康。此外，这个时期孕妈妈的血压会略有上升，不过不用太过担心，只有出现体重突然增加等状况时，才有患病的可能。

生活保健

什么情况下会出现腿抽筋

孕妈妈腿抽筋的原因很多，不单单是缺钙引起的，还是有其他的原因。

● 缺钙了

胎宝宝骨骼生长发育所需的钙全部来源孕妈妈供给，如果孕妈妈每天不能保证足够的钙质摄入，就可能造成血钙降低。因为钙是调节肌肉收缩、细胞分裂、腺体分泌的重要因子，低钙就会导致肌肉收缩，进而出现腿抽筋。因为夜间血钙水平往往比白天低，所以缺钙引起的腿抽筋往往出现在夜间。

● 受凉了

如果夜里室温较低，睡眠时盖的被子过薄或者脚露在外面，小腿肌肉容易受凉，受到寒冷的刺激，腿部肌肉会出现抽筋现象。此外，夜晚睡觉时，长时间仰卧，使被子压在脚面，或脚面低于床铺上，造成血液循环不畅，也容易引起腿抽筋。

● 劳累了

孕妈妈随着孕周的增加，体重逐渐增加，这样就会增加腿部负担，导致腿部肌肉经常处于疲劳状态，或者走路太多或站得过久，导致局部酸性代谢产物堆积，进而引起腿抽筋。

● 肉吃多了

电解质紊乱也会引起腿抽筋。我们都知道，肉类富含丰富的蛋白质，如果摄入过多就会影响碳水化合物的代谢，导致酸性代谢产物堆积，进而导致电解质紊乱，所以如果某天孕妈妈过多摄入肉类，也会导致腿抽筋。

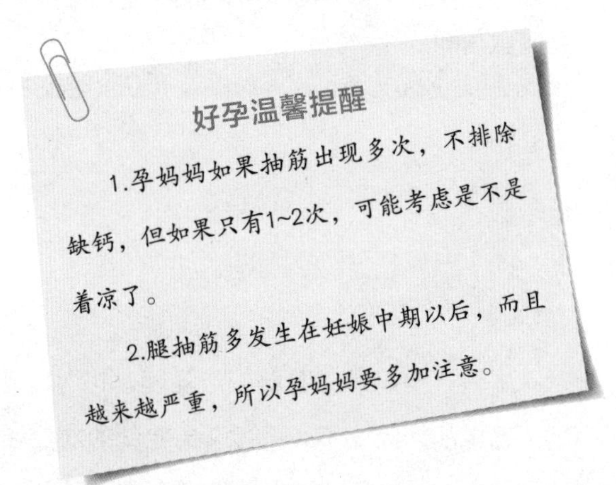

应对腿抽筋，过来人有哪些小方法

● 方法一：孕期不同，补钙量不同

1.孕早期需要250毫克的钙。孕早期是胎宝宝细胞分裂和器官初步形成期，孕妈妈需要250毫克的钙，相当于每天喝250毫升的牛奶，再加上其他食物中提供的钙和晒太阳，基本能满足孕妈妈每天对钙的需求，不需要额外补充钙剂。

2.孕中期需要1000毫克的钙。孕中期是胎宝宝快速发育期，孕妈妈要适当增加钙的摄入，建议每天保证1000毫克即可，相当于每天喝500毫升牛奶，再补充500毫克左右的钙片，就能满足孕妈妈对钙的需求。此外，孕妈妈要经常享受日光浴，能促进身体对钙质的吸收。

3.孕晚期需要1200毫克的钙。孕晚期胎宝宝对钙需求量进一步增多，每天应保证1200毫克，相当于每天喝500毫升的牛奶，补充700毫克左右的钙片，再吃些含钙丰富的食物，如虾皮、芝麻、排骨等。同时，孕妈妈还可以补充一些维生素D，促进钙质吸收。此外，还是要注意经常进行户外活动，也能促进体内维生素D的合成，加速钙质吸收。

● 方法二：经常泡泡脚

孕妈妈可以每天睡前用40℃的温水泡泡脚（也可以用姜水），以10分钟为宜，能起到舒筋活血、缓解痉挛的作用。泡脚后，准爸爸可以帮助孕妈妈按摩一下腿部，不经能缓解腿抽筋，还能缓解孕期疲劳。

● 方法三：多运动

孕妈妈白天可以适当多运动，如散散步、做做瑜伽等，可以促进血液循环。同时，避免站太久或走太多路，减轻腿部的负担。如果伏案的职场孕妈妈，可以将双脚抬高，每工作1小时适当活动5分钟，这些都能有效缓解腿抽筋。

● 方法四：抬抬脚、扳扳腿

孕妈妈一旦发生腿抽筋，也不要惊慌。孕妈妈可以立即下床，用脚跟着地站一会儿，或平躺时用脚跟抵住墙壁。孕妈妈要在自己承受范围内用力按摩抽筋部位，然后尽量伸直腿，将脚趾往头的方向伸，都可以缓解抽筋不适。

● 方法五：朝左睡

孕妈妈尽量采取左侧睡姿，可以改善腿部血液循环减少腿抽筋的发生。此外，孕妈妈在床上伸懒腰时，避免两腿伸得过直，也可以避免腿抽筋。

孕妈妈在泡脚的时候，不能进行脚底按摩，否则会导致腹部不适，甚至出现流产。

营养课堂

多食富含钙的食物，坚固胎宝宝的骨骼和牙齿

根据《中国居民膳食营养素参考摄入量（2013版）》中孕早期推荐钙的摄入量是1000毫克，孕中晚期是1200毫克，然而调查显示，孕妈妈实际膳食钙摄入量为每日500～800毫克。按此标准，目前我国许多孕妈妈的钙摄入量不足，因此，对孕妈妈来说，平时除了补充钙剂外，还要特别注意食物补充钙质，这样才能有利于胎宝宝骨骼和牙齿的发育。

豆腐　每100克豆腐含钙164毫克，且容易消化吸收，有利于孕妈妈补充钙质。

牛奶　人体最好的钙质来源，而且钙和磷的比例非常适当，利于钙的吸收，适合孕妈妈补钙食用。

虾皮　味道鲜美的补钙能手，大约25克虾皮中含钙500毫克以上的钙质，所以人们常说虾皮紫菜汤是补钙的佳品，但由于虾皮含有亚硝酸胺类致癌物，孕妈妈应该控制好量。

怎样让钙质的吸收利用达到最大

孕妈妈通过食物补充钙质，就希望钙质都被身体吸收，保证自身和胎宝宝对钙质的需要，但往往效果不佳，下面提出了几点提高钙质吸收利用的注意事项。

1. 少量多次补钙。人体吸收钙能力有限，如一次性摄入过多，钙来不及吸收就会被排出体外，不但浪费，还会造成身体的负担。如牛奶分2~3次喝，补钙效果就可以大大提高。

2. 选择合适的补钙时间。血钙浓度在后半夜和早晨最低，睡前半小时补些钙，能提高吸收率，最好喝牛奶来补充。

3. 多晒太阳补充维生素D。天气好的时候，孕妈妈可以多晒晒太阳补充些维生素D，这样可以促进钙质的吸收。注意隔着玻璃晒太阳除了使你的皮肤变黑，是无助于钙的吸收的。孕妈妈也可以补充含有维生素D的复方钙。

本周食谱推荐

燕麦南瓜粥 促进肠胃蠕动

材料：燕麦片、大米各 30 克，南瓜 200 克。

做法：

1. 将南瓜洗净，削皮，切成小块；大米洗净，用清水浸泡30分钟。
2. 将大米放入煮锅中，加适量水，用大火煮沸后换小火煮20分钟，加入南瓜块，小火煮10分钟，最后加入燕麦片，小火煮5分钟关火即可。

功效：燕麦具有丰富的可溶性膳食纤维，能刺激肠道蠕动，促进粪便排出；南瓜中所含的甘露醇有润肠通便的作用，可以促进毒素排出体外。

黄豆排骨蔬菜汤 补充蛋白质

材料：黄豆、西蓝花各 50 克，猪排骨 200 克，香菇 4 朵。

调料：盐 3 克，姜片适量。

做法：

1. 黄豆洗净，泡胀；猪排骨洗净，剁成段，沸水焯烫，冲去血沫；香菇用温水泡发去蒂，洗净，一切两半；西蓝花洗净，掰成小朵。
2. 锅中倒入适量清水，放入黄豆、排骨段，加姜片大火煮沸，加入香菇转小火煲约1小时，至黄豆、排骨熟烂，放入西蓝花煮约5分钟，加盐调味即可。

胎教课堂

美育胎教：剪只漂亮的蝴蝶，让胎宝宝感受艺术美

今天孕妈妈来尝试着自己动手做剪纸吧。剪纸，又叫刻纸、窗花或剪画，在创作时，有的用剪子，有的用刻刀，虽然工具有别，但创作出来的艺术作品基本相同，人们统称为剪纸。学做剪纸有一个由简到繁、由易到难的过程。

● 剪纸的简单步骤

（1）构思确定后，对画面进行具体的勾勒描绘，画出黑白效果。没有剪纸、刻纸经验的孕妈妈不妨先从简单的图案开始做起。可以是一个桃子，一只梨、一只蝴蝶或者猪、牛、羊、人等图案。

（2）如用刀子刻，须将画面和纸用订书机订好，将四角固定在蜡盘上。为了保证形象的准确，人物先刻五官部分，花鸟先刻细部或关键处，再由中心慢慢向四周刻，刀的顺序如同写字一样由上到下，由左到右，由小到大，由细到粗，由局部到整体。尽量避免重复用刀，不要的部位必须刻断，不能用手来撕，否则，剪纸会带毛边而影响美观。

（3）剪刻完毕后需要把剪纸揭开来，电光纸、绒面纸因纸面光滑，比较容易揭开；单宣纸和粉连纸因纸质轻薄，又经闷潮和上色，容易互相粘连，较难揭开，所以在揭离之前，必须先将刻好的纸板轻轻揉动，使纸张互相脱离，然后先将第一张纸角轻轻揭起，一边揭一边用嘴吹，帮助揭开。

（4）揭离完毕后，把成品粘贴起来保存即可。

孕妈妈剪纸能让宝宝提早感受艺术美。欣赏着自己剪出来的成品，会觉得很有成就感

第28周

胎宝宝 吸吮大拇指，做着香甜的美梦

到这一周，我的体重已经达1000克了，从头到脚约长35厘米。我的脂肪层在继续积累，为出生后的生活做准备。现在我可以自由睁眼、闭眼，并且形成了有规律的睡眠周期，我开始会做梦了。我醒着的时候，会踢踢腿、伸伸腰，还会吸吮自己的大拇指。有时我会做一些有节奏的运动，大多数情况是我在打嗝。从现在开始，我会经常打嗝。但每次通常只持续几分钟，我没有觉得不舒服，有趣吧？

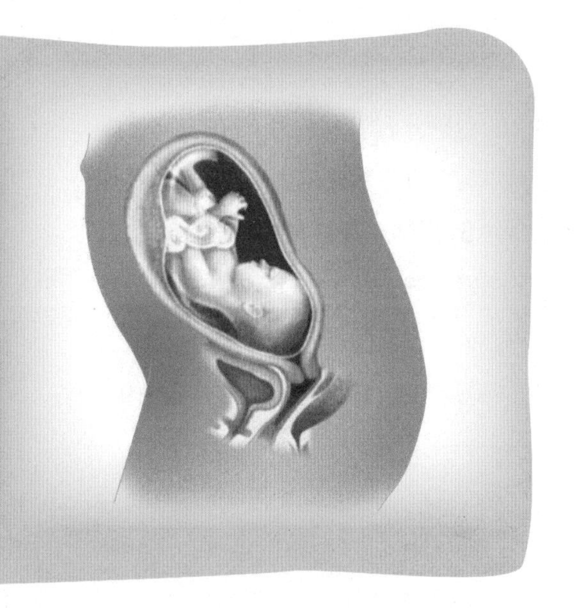

孕妈妈 各种不适齐上阵，更加难受了

在本周，孕妈妈的体重会增加约5千克。孕妈妈的腹部迅速增大，很容易感觉疲劳。一些孕妈妈在胳膊、腿部位，还可能会引发静脉曲张等各种不适，这使得孕妈妈感觉更加难受，不过孕妈妈也不要过于担心，这些症状在产后会很快消失。

腹部的红色妊娠纹变得十分鲜明，臀部和大腿更加丰满，乳房上的血管也显得突出了。

现在孕妈妈已经能很明显地感觉到胎动了。每次胎动，孕妈妈都会觉得肚子里翻天覆地，有时候胎宝宝还会来一个“鲤鱼打挺”。因此，孕妈妈会越来越感到活动不便，身体不适。但是想一想这个即将见面的小家伙这么活泼、可爱，孕妈妈是不是就会觉得好受了点？

生活保健

职场工间操，放松全身

● 腰部运动

作用：缓解腰肌劳损。

1. 站立，双脚分开一脚宽。背部舒展，双脚外展下沉，目视前方。

2. 吸气时双臂体侧平举，与肩同宽。跟随手动，将左手搭在右肩上，眼睛看向右手指尖的方向，顺畅呼吸保持5 秒钟。吸气将身体收回正中，左手臂打开。

次数：用同样的方法进行反方向的练习。左、右为一个回合，做两个回合。

● 髋部运动

作用：髋关节的转动，羊水会温和地刺激胎宝宝的皮肤，有利于胎宝宝大脑的发育。

1. 站立，双脚打开与胯同宽，脚板平行，双手叉腰。

2. 呼气时弯曲双膝，让膝关节放松。吸气时将髋关节由右向左转动，重心随之自然转换。

次数：进行6~10圈的转动。用同样的方法进行反方向的练习。

哪些情况需要使用托腹带

有些孕妈妈可能在考虑要不要使用托腹带。托腹带的作用主要是帮助孕妈妈托起腹部，为那些感觉肚子比较大，比较重，走路的时候都需要用手托着肚子的孕妈妈提供帮助，尤其是连接骨盆的各条韧带发生松弛性疼痛的孕妈妈，托腹带可以对背部起到支撑作用。以下情况可以考虑使用托腹带：

1. 腹壁很松，因而形成悬垂腹，腹部像个大西瓜一样垂在肚子下方，几乎压住了耻骨联合，这时候应该使用托腹带。

2. 腹壁被增大的子宫撑得很薄，腹壁静脉显露，皮肤发花，颜色发紫，孕妈妈感到腹壁发痒，发木，用手触摸都感觉不到是在摸自己的皮肤，可以用托腹带保护腹壁。

3. 胎儿过大。

4. 多胞胎。

5. 经产妇腹壁肌肉松弛。

6. 有严重的腰背痛。

7. 胎位不正。

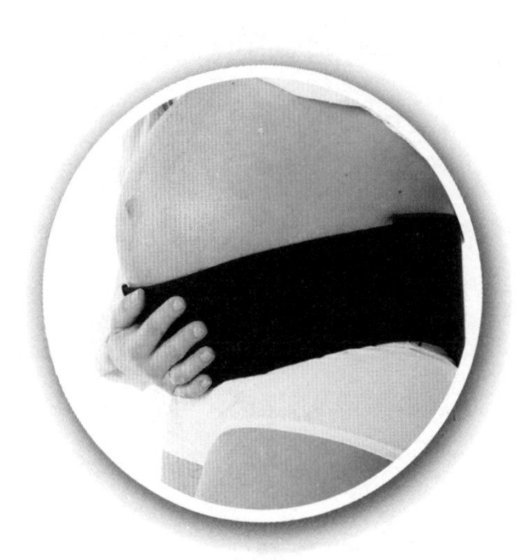

孕妈妈使用托腹带不可包得过紧，否则会影响胎宝宝发育，但晚上睡觉时应脱掉。

● 托腹带的选择

托腹带品牌很多，不过无论哪种品牌，选择时都需要考虑以下几个方面：

1. 面料要舒适透气，里料最好是纯棉质材料，这样不会引起皮肤过敏。

2. 长度可调节，能够随着腹部的增大而不断调整。

3. 要选用弹性好的，不能太硬也不能太软。太硬的托腹带如果绑得松，起不了作用，绑得紧又感觉不舒服。

4. 方便穿脱。可以采用粘扣式，使用方便。

● 托腹带的使用方法

孕妈妈在感觉到腹部坠得不舒服了，就可以使用；双胎、多胎妊娠的孕妈妈可以早期使用。使用时，从后腰到下腹部围一圈，让托腹带平整地紧贴皮肤即可，不能绑太紧，以免影响胎宝宝发育。

好孕温馨提醒

托腹带也不必时时穿着，在孕妈妈需要经常站立或走动时戴上，减轻腹部下坠感和腰部压力，让腹部放松。

营养课堂

孕妈妈吃鱼有讲究

鱼类含有丰富的氨基酸、卵磷脂、钾、钙、锌等微量元素，这些是胎宝宝发育必不可少的物质，更是促进胎宝宝大脑及神经系统发育的必需元素。很多孕妈妈进入孕中期后都会有意识地多吃一些鱼，特别是海产鱼，帮助胎宝宝成长的同时也能增强孕妈妈自身的记忆力。

但是，孕妈妈吃鱼也是有讲究的。建议孕妈妈适当多吃鲑鱼、鲭鱼、金枪鱼等深海鱼类，且烹调的时候尽量采用蒸或煮的方式。如果孕妈妈嫌蒸煮出来的鱼味道偏淡，不妨在鱼肉表面撒点芝麻，既可以提香，又可以多补充些营养。

吃些含硒的食物，维持孕妈妈心脏功能正常

硒是一种微量矿物质，能维持心脏的正常功能。硒可以降低孕妈妈的血压，消除水肿，清除血管中的有害物质，改善血管症状，预防妊娠期高血压疾病。孕妈妈的血硒含量会随着孕期的发展逐渐降低，分娩时降至最低点，有流产、早产等妊娠病史的孕妈妈血硒含量要明显低于无此病史者，可见，孕期补硒有着重要意义。

含硒量丰富的食物有动物肝脏、海产品（如海参、鲜贝、海带、鱿鱼、龙虾、海蜇皮、牡蛎、紫菜等）、猪肉、羊肉、蔬菜（如番茄、南瓜、大蒜、洋葱、大白菜、菠菜、芦笋、西蓝花等）、大米、牛奶和奶制品以及各种菌类。

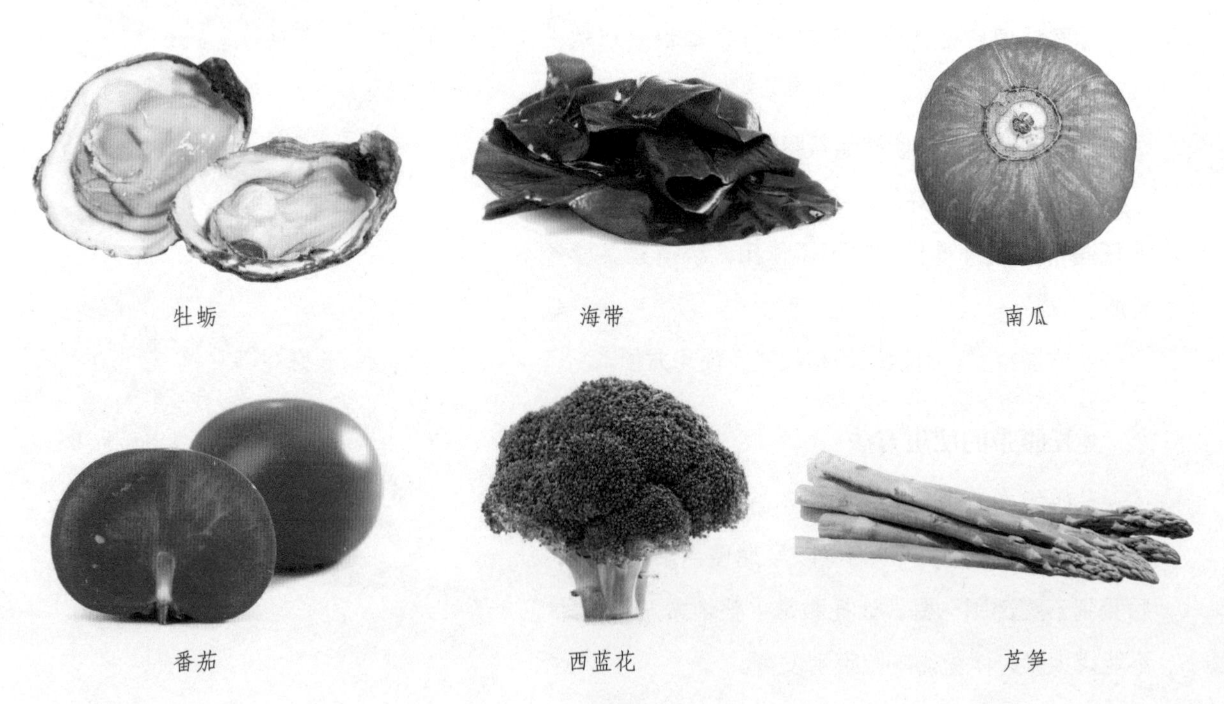

牡蛎　海带　南瓜

番茄　西蓝花　芦笋

本周食谱推荐

小米红豆粥　补血安神

材料：红豆、小米各50克，大米30克。

调料：白糖5克。

做法：

1. 红豆洗净，用清水泡4小时，再蒸1小时至红豆酥烂备用；小米、大米分别淘洗干净，大米用水浸泡30分钟。
2. 锅置火上，倒入适量清水大火烧开，加小米和大米煮沸，转小火熬煮25分钟成稠粥。
3. 将酥烂的红豆倒入稠粥中煮沸，加白糖搅拌均匀即可。

猪肝番茄豌豆羹　补肝养血

材料：鲜猪肝150克，番茄250克，鲜豌豆40克。

调料：酱油、盐各2克，香油、鸡精各2克，淀粉少许，姜片、料酒各5克，基础猪骨高汤适量。

做法：

1. 鲜猪肝洗净，切片，用料酒、淀粉、酱油腌渍；番茄剥去皮，切四瓣；鲜豌豆煮熟，过凉，沥干。
2. 锅内放基础猪骨高汤，大火烧沸后放番茄瓣、豌豆、姜片煮沸，转小火煲10分钟，放入猪肝片煮开，加入适量盐和鸡精，淋入香油即可。

胎教课堂

语言胎教：欣赏王维诗三首，感受“诗中有画，画中有诗”的意境

王维的诗造诣很高，被称为“诗中有画，画中有诗”。下面的两首就可以作为诗画合一的佳作多多欣赏。

山居秋暝

空山新雨后，天气晚来秋。
明月松间照，清泉石上流。
竹喧归浣女，莲动下渔舟。
随意春芳歇，王孙自可留。

竹里馆

独坐幽篁里，
弹琴复长啸。
深林人不知，
明月来相照。

鹿柴

空山不见人，
但闻人语响。
返影入深林，
复照青苔上。

在这三首诗中，描绘了新雨、空山、明月、清泉、竹喧、渔舟、青苔等，犹如一幅幅宁静、致远的山水画。

孕晚期

（29~40 周）

有条不紊，等待天使的诞生

怀孕进行到了尾声，孕期的种种不适在此时或许更严重，如子宫在怀孕末期会快速增大，进而造成各种压迫等，但只要稍微忍耐一下，便能享受初为人母的喜悦了！

孕晚期（29~40周）母婴体重增长规律

增长迅速的孕晚期

胎宝宝的情况

32 ~ 35 周是胎宝宝成长最快的时期，孕妈妈的体重也会随之增长。经过 10 个月的成长，胎宝宝的身长

已经约 50 厘米，体重也增 3 倍之多，约达 1000 克

孕妈妈的情况

这段时间，孕妈妈即使没吃什么东西也会体重上升很快，胸部及腹部急速增大，并出现水肿，直至生产前大约增加 5 ~ 6 千克。有些孕妈妈会出现胃灼痛、消化不良、腿部抽筋等情况，这些都属于正常情况，不需要太担心

如何控制体重

60% 的多余体重都是在孕晚期猛增的结果。此时，胎宝宝的身体基本长成，孕妈妈在饮食上要讲究“少而精”。称体重是每天必做的功课，最好在饭前称，这可以有效提醒孕妈妈好好控制体重。这一阶段，孕妈妈的体重增长应控制在每周 500 克左右

孕晚期产检早知道

孕晚期是胎宝宝快速增重时期，孕妈妈要全面均衡地摄取营养，有利于胎宝宝积累脂肪，为出生做足准备。

产检时间	重点产检项目	备注
29~32周：第五次正式产检	妊娠期高血压疾病筛查	排出妊娠期高血压的可能，血常规筛查贫血
33~34周：第六次正式产检	B超评估胎宝宝多大	超声波评估胎宝宝多大，检测胎宝宝状态
35~36周：第七次正式产检	阴拭子、内检、B超	决定胎宝宝分娩方式
37周：第八次正式产检	胎心监护、测胎心率、测量骨盆	检测胎宝宝状态
38~42周：第九次正式产检	临产检查，超声估计胎宝宝大小和羊水量	评估宫颈条件，随时准备生产；41周以后，考虑催产

孕晚期孕妈妈VS胎宝宝变化轨迹

29~32 周孕妈妈 VS 胎宝宝的变化

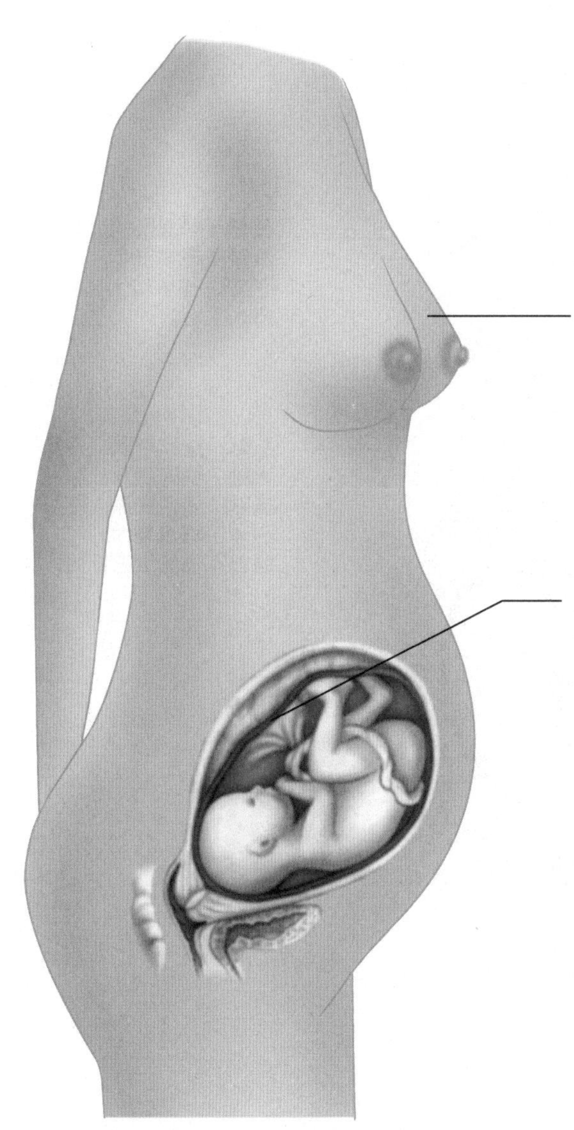

腹部会有紧绷感，用手触摸腹部会感觉发硬，这种现象几秒钟会消失。
子宫底的高度为21~24厘米，在脐部以上。
子宫肌肉对外界的刺激比较敏感，如用手刺激下，会出现薄弱的宫缩。

大脑：功能日趋完善，有记忆能力和思考能力了。
头发：约有0.5厘米长了。
眼睑：形成了上下眼睑。
胎毛：全身被细细的胎毛覆盖着。
指甲：出现了手指甲和脚趾甲。

孕7月末期，胎宝宝的身长约35厘米，体重约1000克，约为1个柚子的重量。

33~36 周孕妈妈 VS 胎宝宝的变化

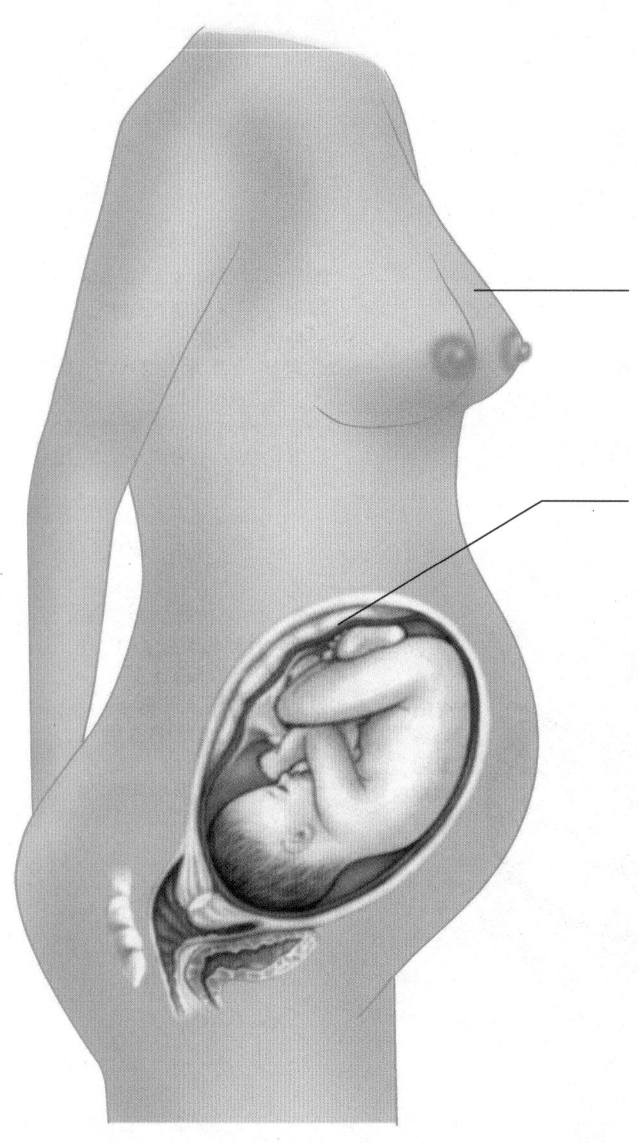

孕8月末期，胎宝宝的身长约40厘米，体重约1700克，约为8个橙子的重量。

37~40 周孕妈妈 VS 胎宝宝的变化

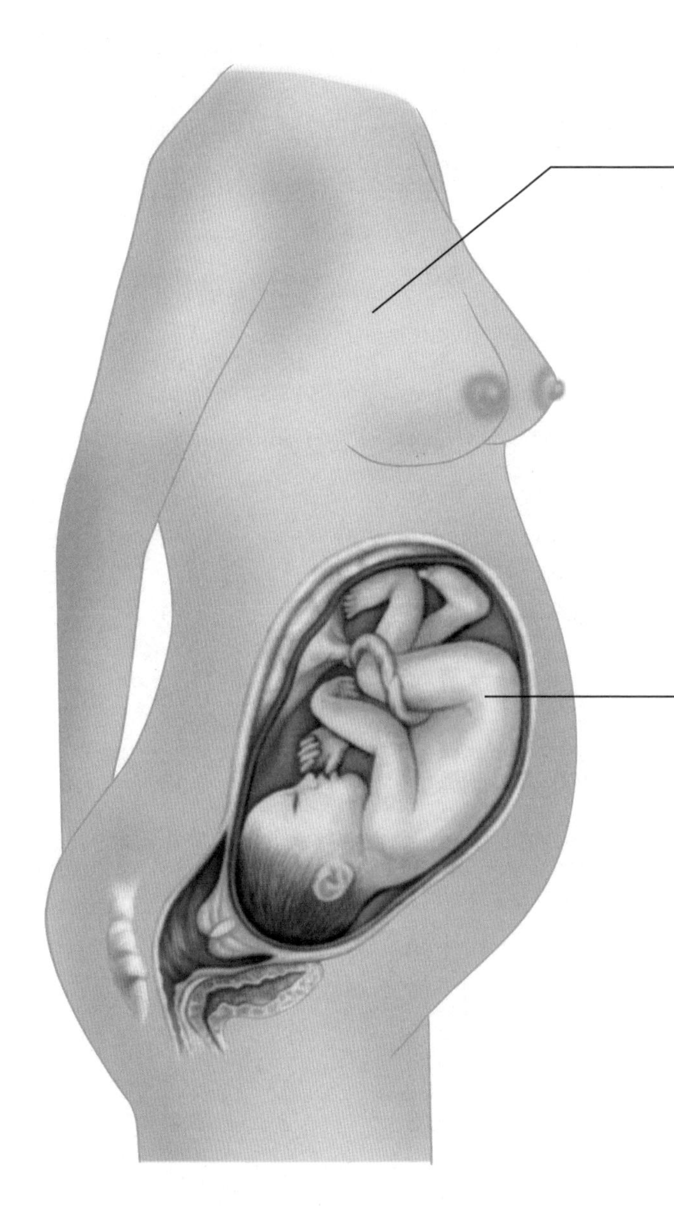

乳腺扩张明显，溢出更多的乳汁。
腹部紧绷、发硬。
子宫底的高度约在32~34厘米之间。
胎宝宝入盆，宫底下移。
羊水浑浊，呈乳白色。
子宫颈和阴道变软，和骨盆关节、韧带一起做好了分娩的准备。

眼睛：活动协调，视力增加。
头发：长2~3 厘米。
指甲：超过指尖。
脚：足底布满纹理。
大脑：发育完善。
皮肤：褶皱消失，肤色呈淡红色。
形体：皮下脂肪增多，身体胖胖的。
胎脂：布满全身。
胎头：开始或已经进入孕妈妈的骨盆入口或骨盆中。

孕9月末期，胎宝宝的身长约45厘米，体重约2500克，约为1个小西瓜的重量。

孕晚期每日饮食推荐

餐次	食物	原料	量（克）	能量（千卡）	蛋白质（克）	脂肪（克）	碳水化合物（克）
早餐	蛋羹	鸡蛋	60	72.036	6.786	4.698	1.044
	蔬菜汤面	小白菜	50	6.075	0.81	0	0.81
		小麦粉	50	172	5.5	1	36
上午加餐	饼干	饼干	25	108.25	2.25	3.25	17.75
	苹果	苹果	200	79.04	0	0	18.24
午餐	二米饭	小米	37	132.462	3.33	1.11	27.38
		大米	75	259.5	5.25	0.75	57.75
	红烧鱼	鲤鱼	100	58.86	9.72	2.16	0
		花生油	5	44.95	0	5	0
	木耳虾皮炒圆白菜	虾皮	10	15.3	3.1	0.2	0.2
		花生油	5	44.95	0	5	0
		木耳	10	20.5	1.2	0.2	3.6
		圆白菜	100	18.92	1.72	0	3.44
下午加餐	核桃2个	核桃	50	134.805	3.225	12.685	2.15

餐次	食物	原料	量（克）	能量（千卡）	蛋白质（克）	脂肪（克）	碳水化合物（克）
晚餐	鸡丁黄瓜口蘑	口蘑	25	60.5	9.75	0.75	3.5
		鸡胸脯肉	100	133	19	5	2
		花生油	5	44.95	0	5	0
		黄瓜	50	6.9	0.46	0	0.92
	番茄茄丝	番茄	100	19.43	0.97	0	3.88
		茄子	50	9.765	0.465	0	1.86
		花生油	5	44.95	0	5	0
	杂粮饭	大米	75	259.5	5.25	0.75	57.75
		高粱米	37	129.87	3.7	1.11	25.9
晚上加餐	牛奶燕麦粥	燕麦片	25	91.75	3.75	1.75	15.5
		牛奶	150	81	4.5	4.5	4.5
合计		.89		2074	93.751	60.7	285.982

（身高160~165厘米，孕前体重55~60千克的孕妈妈，孕晚期食谱举例）
（参考：协和医院营养餐单）

第29周

胎宝宝 我会眨眼了

这周我大概重1100克，从头到脚长38厘米。我的肌肉和肺正在继续成熟，我的大脑中正在生成着数十亿神经元细胞。为了容纳大脑的发育，我的头部也在增大，我的营养需求比以往增加了许多。所以，需要妈妈补充大量的蛋白质、维生素、叶酸、铁及钙，以获取全面的营养支持。我现在已经有睫毛了，说不定此刻我正在眨眼睛呢。

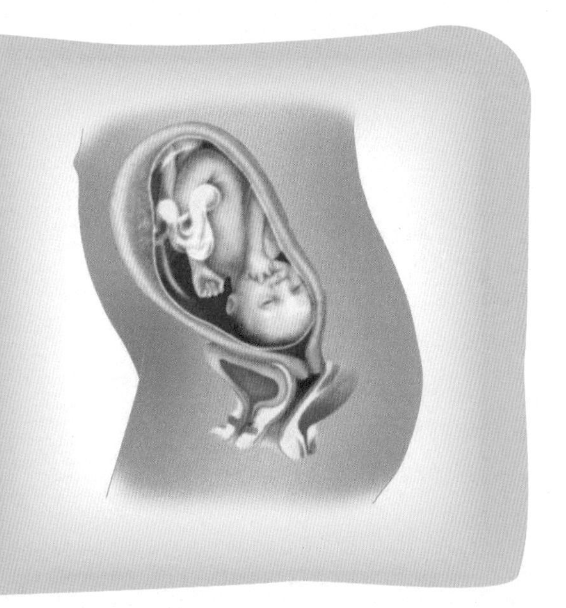

孕妈妈 出现不规则宫缩

从现在开始，孕妈妈正式进入孕晚期。这一阶段孕妈妈的体重将增加5千克左右，时常会觉得肚子一阵阵发硬、发紧，这是不规则宫缩，不必紧张。不过，孕妈妈不要走太远的路，站立的时间也不要过长。这时孕妈妈会感觉疲劳，行动不便，食欲也会因胃部不适而有所下降。不过孕妈妈还是要适当活动。

生活保健

孕晚期普拉提运动

很多孕妈妈在怀孕晚期都会感到呼吸不畅和十分疲惫，并且会经常出现手或脚腕水肿的现象。推荐大家做一些孕晚期的普拉提运动，能减轻水肿症状。

● 靠墙抬腿

用垫子垫住头部，尽量让自己的臀部贴近墙壁，保证背部处于舒适状态后，在尽可能的范围内让双腿自然伸至墙的上端，保持这一姿势 5 分钟。双腿向两侧分开，直至起到拉伸的效果为止，但注意不要太过吃力，保持这一姿势 5 分钟。

● 抬腿

靠墙而坐，两腿向前伸直，在右腿下垫两个枕头，左脚紧贴地面并屈起左膝，慢慢地完全伸直右腿，并继续尽力拉伸，保持脚趾向上并对脚后跟用力，在这之后让腿放松下来，并舒适地放在枕头上面，重复 10 次后换另一条腿。

胎膜早破要冷静处理

正常情况下，胎膜在临产后破裂，羊水流出，胎宝宝也在数小时内娩出。如果胎膜在临产之前（即有规律宫缩前）破裂，有部分羊水流出，这就叫胎膜早破。发生这种情况，要立即送孕妇去医院急诊，最好采用平卧并稍稍垫高臀部的姿势移动孕妇。

如果发生胎膜早破，孕妈妈不必惊慌，但是必须住院，卧床休息；如果胎儿头未入盆，要抬高臀部，以防脐带脱垂；要严密观察羊水性状，孕妈妈要认真感觉胎动情况，防止胎儿宫内缺氧的发生；破膜后，医生会酌情给予抗生素预防感染。还会根据具体情况，进行相应处理。孕妈妈要很好地和医生配合，争取顺利分娩。

腹部瘙痒，也不用太急

孕期腹部瘙痒的原因有很多，如果孕妈妈妊娠纹明显，那说明是皮肤表面张力比较大，部分肌纤维断裂，局部血液运行欠佳，才造成的瘙痒感，这时应该涂沫防治妊娠纹的药膏，同时要少站立，减少皮肤的张力，增加血液运行。

身体笨拙了，做不到的事儿不要勉强

孕妈妈到七八个月时，日渐隆起的肚子让孕妈妈行动更加笨拙，做事儿也会变得吃力，这时，孕妈妈千万不要勉强自己，可以向丈夫或家人需求帮助，千万不要因为事事亲力亲为而伤害胎宝宝的健康。

孕妈妈为了胎宝宝的健康，不要勉强自己做些做不到的事儿。

营养课堂

孕晚期饮食宜忌

宜

1 少食多餐。孕晚期除正餐外，孕妈妈要添加零食和夜宵，如牛奶、饼干、核桃仁、水果等，夜宵应选择易消化食物。此时孕妈妈要少量多餐，每天进食4~6次。

2 适当吃猪血。猪血味咸性平，具有理血祛瘀、解毒清肠等功效。猪血含有蛋白质、脂肪、碳水化合物、维生素、钾、钙、磷、铁、锌、钴等，特别是含铁丰富，而且以血红素铁的形式存在。铁是造血所必需的重要物质，孕妈妈膳食中要常有猪血，既防治缺铁性贫血，又增强营养，对身体大有裨益，但每次吃60克就够了。

烹调猪血时最好加入葱、姜等佐料，可以去除腥味。此外，猪血不宜单独烹调。

忌

1 多吃果脯。果脯蜜饯中含有大量糖分，常吃或者吃太多不仅容易影响钙、锌等营养素的吸收，还会引发血糖升高。

2 进食速度过快。孕妈妈进食时要细嚼慢咽，这样可使消化液分泌增多，促进消化，如果吃得过快，食物咀嚼不精细，会影响食物的消化与吸收，并且还会增加胃的负担或损伤胃黏膜，易引发肠胃病。

3 滥用高级滋补品。剖宫产术前孕妈妈不宜滥用高级滋补品，如人参、西洋参等，人参、西洋参具有强心、兴奋作用，此时食用对分娩不利。

4 吃过咸、过甜或油腻食物。过咸的食物可以引起或加重水肿；过甜或过于油腻的食物可以导致肥胖。孕妈妈食用的菜和汤中一定要少放盐，并注意限制摄入含盐分较多的食物，如火腿肠、咸菜、腐乳、腊肉、榨菜等。

5 吃刺激性食物。刺激性食物容易使大便干燥，导致便秘、痔疮或使痔疮加重，所以孕妈妈应该远离浓茶、酒及辛辣调味品等刺激性食物。

孕晚期关键营养素

孕晚期，胎宝宝逐渐长大，大脑发育加快，同时孕妈妈代谢增加，胎盘、子宫、乳房等组织增大，需要补充大量营养素来补充身体所需。

营养素	功效	日摄取量	食补来源
碳水化合物	促进胎宝宝在肝脏和皮下储存糖原及脂肪	250~300克	小米、玉米、燕麦片等
脂肪	所含的亚油酸可满足胎宝宝大脑发育所需	50~60克	奶油、豆油、花生油、香油等
膳食纤维	孕晚期，孕妈妈容易便秘，补充膳食纤维可以预防便秘	20~30克	玉米、高粱、胡萝卜、红薯、大豆、绿豆等
维生素K	如果孕妈妈缺乏维生素K，将会造成新生儿出生时或满月前后出现颅内出血	180微克	菠菜、莴笋、菜花、牛肉、鱼肉、鱼子、蛋黄
维生素B_1	如果孕妈妈维生素B_1补充不足，容易出现倦怠、体乏等现象，还有可能影响分娩时的子宫收缩，使产程延长，分娩困难	1.5毫克	粗粮、鸡蛋、坚果、干酵母、动物内脏等
锌	能增强子宫有关酶的活性，促进子宫肌肉收缩，使胎宝宝顺利娩出	16.5毫克	瘦肉、海鱼、紫菜、牡蛎、蛤蜊、黄豆、绿豆、核桃、花生等
铁	胎宝宝肝脏以每天5毫克的速度储存铁，直到存储量达到540毫克。如果此时孕妈妈铁摄入量不足，会影响胎宝宝体内铁的储存量，出生后易患缺铁性贫血	25~30毫克	动物肝脏、牛肉、猪瘦肉、蛋黄、动物血、大豆、黑木耳、芝麻酱

本周食谱推荐

小米黄豆粥 缓解孕晚期便秘

材料：小米100克，黄豆50克。

做法：

1. 小米淘洗干净；黄豆淘洗干净，用水浸泡4小时。
2. 锅置火上，倒入适量清水烧沸，放入黄豆用大火煮沸后，改用小火煮至黄豆将酥烂，再下入小米，用小火慢慢熬煮，至粥稠即可。

功效：这款粥中的小米和黄豆都富含膳食纤维含量，能够帮助孕妈妈促进肠道蠕动，加快肠道内粪便的排出，预防孕晚期便秘。

葱香花卷 提供充足热量

材料：面粉300克，酵母粉4克，大葱30克。

调料：盐3克，植物油适量。

做法：

1. 大葱洗净，切段，拭干水分；酵母粉加适量温水化开。锅内倒油烧热，放入葱段，葱段变黄后，捞出葱渣，沥出葱油。
2. 将面粉、酵母水和成面团，醒发至原体积2倍大。
3. 将发酵面团揉匀，擀成薄片，刷上葱油，撒上盐，抹匀，将薄片卷起来，切段两手捏住两端拉长，向相反方向拧一圈后，捏合，即为花卷生坯，上锅蒸熟即可。

胎教课堂

情绪胎教：脑筋急转弯，让孕期多点快乐

脑筋急转弯有助于激活脑细胞，提高想象力，拓展知识面。孕妈妈和胎宝宝赶快一起来动动脑，猜猜看吧。

● 题目

（1）把 24 个人按一行 5 人排列，排成 6 行，该怎样排？

（2）世界上什么东西以近 2000 千米 / 小时的速度载着人奔驰，而不必加油或加其他燃料？

（3）用 1、2、3 这 3 个数字组合表示的最大数字是多少？

（4）什么话可以世界通用？

（5）为什么自由女神像老站在纽约港？

（6）一天慢 24 小时的表是什么表？

（7）为什么阿郎穿着全新没破洞的雨衣，却依然弄得全身湿透？

（8）一头公牛加一头母牛，猜三个字。

（9）放一支铅笔在地上，要使任何人都无法跨过，怎么做？

（10）用什么擦地最干净？

（11）为什么现代人越来越言而无信？

（12）小赵买一张奖票，中了一等奖，去领奖却不给，为什么？

（13）在船上见得最多的是什么？

（14）用什么方法可以立刻找到遗失的图钉？

（15）什么样的强者千万别当？

● 答案：

（1）排成六边形即可（2）地球（3）"3"的"21"次方（4）电话（5）她不能坐（6）停着不走的表（7）因为他在炎热的太阳底下穿着雨衣（8）两头牛（9）放在墙边（10）用力（11）因为打电话比写信方便（12）没到领奖的日期（13）水（14）光着脚走（15）强盗

第30周

胎宝宝 我开始告别皱巴巴的外形

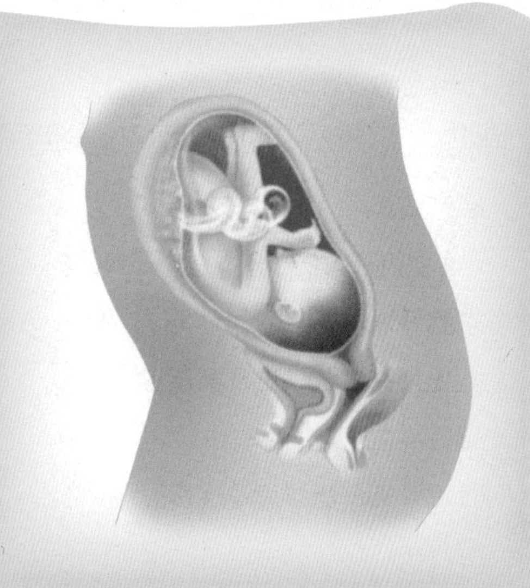

我现在约长36厘米，重1300克。我被0.85升羊水包围着，随着我不断长大，妈妈子宫中的“富余”空间越来越少，所以羊水也会减少。我的皮下脂肪继续增长，我的皮肤也变得光滑、细嫩，再也不是皱巴巴的了，如果我发育正常的话，我应该已经对声音会有所反应。现在已能够分辨出光亮和黑暗了，我甚至能够来回地追随光源，和光线“捉迷藏”了。我在这个时候的胎动会逐渐减少。

如果是男宝宝，睾丸此刻正在向阴囊下降；如果是女宝宝，阴蒂已经很明显了。我的骨骼、肌肉和肺部发育日趋成熟。我大脑的发育也非常迅速，已经有了思考、感受、记忆事物的可能性了。

孕妈妈 身子更沉了，呼吸更困难了

30周的孕妈妈会感到身子越发沉重，呼吸困难，力度不大的一个动作都可能会让孕妈妈喘不上气来，吃饭后更觉胃部不适。这是因为此时孕妈妈的子宫底约在脐上三指，子宫的顶部已经上升到横膈膜，而胎儿、胎盘和子宫还将继续增大。孕妈妈的行动越来越吃力，所以行动时要更加小心。孕妈妈要注意休息，条件允许的话，最好能睡个午觉，这对缓解以上症状是最有效的。

生活保健

什么是妊娠期高血压疾病

妊娠期高血压疾病多出现在孕 20 周以后，大约 9% 的孕妈妈会患上妊高征，其症状为高血压、蛋白尿、水肿等。病情严重的话还会出现头痛、视物模糊、上腹痛等症状，如果得不到适当治疗，有可能会出现抽搐、昏迷、脑出血、胎盘早剥等。

哪些人容易得妊娠期高血压疾病

1. 初产妇。
2. 孕妈妈年龄小于 18 岁或大于 40 岁。
3. 多胎妊娠。
4. 妊娠期高血压病史及家族史。
5. 慢性高血压。
6. 慢性肾炎、糖尿病等疾病。
7. 营养不良及低社会经济状况。

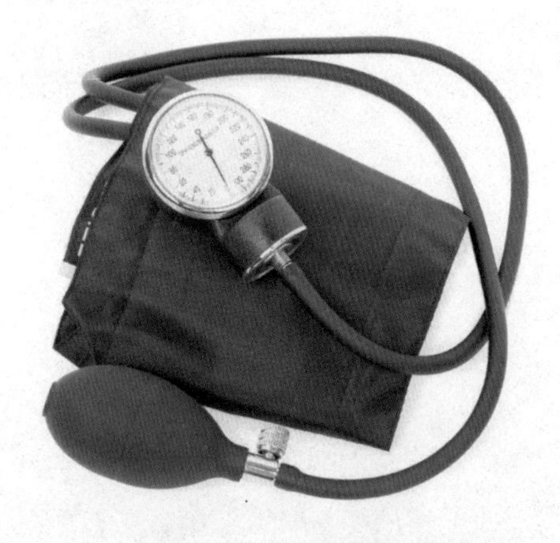

妊娠期高血压的孕妈妈要定期检测血压，有利于母子健康。

高血压孕妈妈的应对策略

注意休息

规律的作息、足够的睡眠、保持心情愉快，这对预防妊娠期高血压有着重要作用。

注意血压和体重变化

平时注意血压和体重的变化。可每日测量血压并做记录，如有不正常情况，应及时就医。

生活环境宜清静且欢乐

清静的生活环境，主要是指没有噪音污染，并不是说环境越安静越好。如果人长期处于特别寂静的环境中（小于 10 分贝），能使人脑神经迟钝，产生孤独感，在心理上引起不良反应，对高血压的孕妈妈也不利。因此，在非常寂静的环境中，应放放轻音乐，创造一个适当清静且快乐的环境，才有利于高血压孕妈妈平稳血压。

坚持体育锻炼

散步、太极拳、孕妇瑜伽等运动可使全身肌肉放松，促进血压下降。

预防早产

早产是指怀孕满 28 周，但未满 37 周就把宝宝生下来了。早产的宝宝各器官还发育得不够成熟，独立生存的能力较差，称为早产儿。

● 早产的危害

1. 早产儿，各器官发育不成熟，功能不全，如宝宝的肺不成熟，肺泡表面缺乏一种脂类物质，不能使肺泡很好地保持膨胀状态，导致宝宝呼吸困难、缺氧。

2. 宝宝的吸吮能力差，吞咽反射弱，胃容量小，而且还容易吐奶和呛奶。吃奶少，加上肝脏功能也不全，容易出现低血糖。

3. 体温调节功能也弱，不能很好地随外界的温度变化而保持正常的体温，多见的是体温低等。

● 哪些孕妈妈需要警惕早产

1. 以往有晚期流产史、早产史或因为以前刮宫或生宝宝时子宫颈有裂伤历史的孕妈妈。

2. 诱发早产的常见原因是炎症，占早产的30%~40%。怀孕时，因为激素的影响，生殖道出血，分泌物常常增多，加上怀孕时抵抗力降低，很容易被病原菌侵袭，引起炎症。

3. 如果子宫过度膨胀，如羊水过多、双胎等，子宫被撑得过大，也容易发生早产。

4. 子宫先天发育畸形，如单角子宫、纵隔子宫等；有子宫肌瘤时，特别是肌瘤比较大的都容易诱发早产。

5. 宫颈机能不全，胎宝宝长大了，“气球”胀大了，而“气球口”的宫颈松了，就会漏气，导致晚期流产和早产。

6. 严重的缺乏维生素C、锌及铜等，可以使胎膜的弹性降低，容易引起胎膜早破，导致早产。

● 预防早产的生活习惯

1. 保证充足的休息和睡眠，放松心情，减少压力。

2. 进行适当的运动，但不要进行剧烈的运动。孕期从事剧烈的运动会造成子宫收缩，身体状态不佳时，要适当地休息。

3. 均匀摄入营养丰富的食物，不吃过咸的食物，以免导致妊娠期高血压疾病。

4. 不要从事会挤压到腹部的劳动，不要提重物。

5. 经常清洁外阴，防止阴道感染。怀孕后期绝对禁止性生活。

6. 一旦出现早产迹象，应马上卧床休息，并且取左侧位，以增加子宫胎盘的供血量。

7. 睡前吃些点心，防止半夜饿醒，同时最好喝一杯牛奶，牛奶有利于睡眠。

8. 适量的运动可以缓解一些失眠症状，但是最好在睡前3小时结束运动。

9. 睡前听一些轻柔的音乐，可以放松心情，帮助睡眠。

孕妈妈听音乐时，要选择轻柔、欢快的音乐，这样可以愉悦孕妈妈的心情。

营养课堂

调整饮食，预防和缓解妊娠期高血压疾病

孕妈妈合理安排饮食，对于预防和控制妊娠期高血压疾病非常关键。

● 控制体重增长

孕期孕妈妈体重增加超过15千克者的妊高征发生率较高。所以孕妈妈要注意控制体重增长，热量的摄入要适中。

● 蛋白质摄取要充分

蛋白质摄入严重不足也是导致妊高征发生的危险因素，所以孕妈妈每天都应摄入充足的蛋白质，并注意优质蛋白的比例应达到总蛋白摄入量的一半。可通过瘦肉、蛋类、豆类及豆制品等食物补充。

● 控制脂肪总摄入量与饱和脂肪量

孕妈妈脂肪热比应小于25%，饱和脂肪热比应小于10%。故在脂类的摄入上，应以植物油为主。另外，鱼油也有改善血管壁脂质沉积的作用。

● 多吃鱼

鲫鱼、鳝鱼等淡水鱼所含的EPA对改善孕妈妈人体代谢，改善微血管循环和抑制血小板聚集都有所帮助。

● 多吃谷类和新鲜蔬菜

谷类及新鲜蔬菜不仅可增加膳食纤维的摄入量，还可补充多种维生素和无机盐，有利于防止妊高征。

孕妈妈均衡摄入食物，有利于控制体重，平稳血压。

● **保证铁质摄入量充足**

孕妈妈怀孕中期患妊娠贫血，会引起孕晚期妊娠贫血，导致胎盘缺血缺氧而发生妊娠期高血压综合征。故适量补铁可降低妊娠期高血压的发病率。

● **增加钙质的补充**

孕妈妈应增加乳制品、鱼类及海产品的摄入量，以避免因摄入钙元素不足而致低血钙及妊高征。

● **减轻肾脏的负担**

要限制摄入刺激肾脏实质细胞的食物，如含有酒精的各种饮料、过咸的食物、辛辣的调味品。

过浓的鸡汤、肉汤、鱼汤，经代谢后会产生过多的尿酸，加重肾脏的负担。如果患者在怀孕前就有高血压史，菜单中还应避免食用高胆固醇食物，如蛋黄、鱼子、鱿鱼、脑髓、肥肉和动物内脏等。

绿叶蔬菜和水果中含有较多的维生素C，尤其是番茄、橘子、鲜枣等，具有利尿作用的食物也可多吃，如冬瓜、西瓜、葫芦、茄子、茭白、玉米、赤小豆、绿豆和鲫鱼等。

食物品种多样化

孕晚期的饮食应该以量少、丰富多样为主。饮食的安排应采取少吃多餐的方式，多食富含优质蛋白质、矿物质和维生素的食物，但热量增加不宜过多，以免体重增长过快。

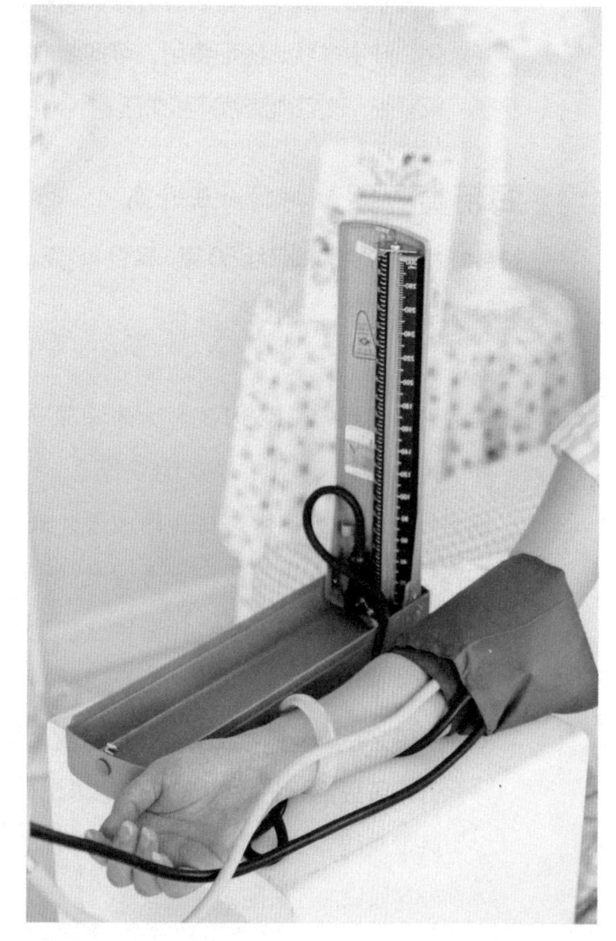

孕妈妈要定期检测血压。

本周食谱推荐

洋葱炒鸡蛋 降低血管外周压力

材料： 洋葱1个，鸡蛋2个。

调料： 盐3克，白糖5克，植物油适量。

做法：

1. 洋葱去老皮和蒂，洗净，切丝；鸡蛋磕开，打散，搅匀。
2. 锅内倒油烧热，倒入鸡蛋液炒成块，盛出。
3. 锅底留油，烧热，放入洋葱丝炒熟，倒入鸡蛋翻匀，调入盐、白糖即可。

功效： 洋葱含前列腺素A，能通畅血管；鸡蛋做熟后，其中的蛋白质可以被酶催化，产生多肽。搭配食用，可抑制血管紧张，改善血液循环和血压。

海带黄豆粥 抑制血压升高

材料： 大米80克，海带丝50克，黄豆40克。

调料： 葱末5克，盐1克。

做法：

1. 黄豆洗净，用水浸泡6小时；大米淘洗干净，用水浸泡30分钟；海带丝洗净。
2. 锅置火上，加入清水烧开，再放入大米和黄豆，大火煮沸后改小火慢慢熬煮至七成熟，放入海带丝煮约10分钟，加盐调味，最后撒入葱末即可。

功效： 海带含岩藻多糖可预防血栓和血压上升；黄豆富含的钾能促进钠的排出，降低血压。二者搭配食用，能有效抑制孕妈妈血压升高。

胎教课堂

美育胎教：孕妈妈学插花，装扮温馨居室

插花艺术在孕妈妈中是很流行的，我们的孕妈妈也可以选择相关的课程学习一下。如果没有时间去上专门的课程，为了陶冶性情，也可以在家里尝试一下。

● 实施方法

孕妈妈可以在一间灯光柔和的房间里，尽量地放松自己，使自己的身体和精神都达到稳定的状态。选好自己喜欢的花朵和容器，根据自己的兴趣插出理想的效果，也可以参考一些专门的插花类书籍。

● 花儿与容器色彩搭配小妙招

就花材与容器的色彩配合来看，素色的细花瓶与淡雅的菊花有协调感；浓烈且具装饰性的大丽花，配釉色乌亮的粗陶罐，可展示其粗犷的风姿；浅蓝色水盂宜插低矮密集的粉红色雏菊或小菊；晶莹剔透的玻璃细颈瓶宜插非洲菊加饰文竹，并使其枝茎缠绕于瓶身。

插花除了可以美化居室环境，而且可以让孕妈妈保持愉悦的心情，是孕妈妈的聪明选择。

产检课堂

孕 29~30 周，需要做妊娠期高血压疾病筛查

在怀孕 20 周以后，尤其是怀孕 29 周以后是妊高征的多发期。妊高征即以往所说的妊娠中毒症，发生率约占所有孕妈妈的 5%，其表现为高血压、蛋白尿、水肿等，称之为妊娠期高血压疾病。

● 先兆子痫危及母婴健康

先兆子痫是以高血压和蛋白尿为主要临床表现的一种严重妊娠期高血压并发症，对孕妈妈的影响包括出血、血栓栓塞（DIC 等）、抽搐、肝功能衰竭、肺水肿，远期的心脑血管疾病，死亡。对胎宝宝的影响包括早产、出生体重偏低（低体重儿）、生长迟缓、肾脏损伤、肾衰竭、胎死宫内，所以，孕妈妈出现先兆子痫的征兆时，应及时住院。

● 现在已可预测先兆子痫

先兆子痫的发生与 sFlt-1（可溶性 fms 样酪氨酸激酶 -1）异常升高，和 PIGF（胎盘生长因子）异常降低有关。通过 sFlt-1/PIGF 比值，可以预测先兆子痫高危人群（早发型或晚发型），明确诊断先兆子痫，预测孕妈妈会发生的不良妊娠结果。

Flt-1/PIGF 短期预测，诊断先兆子痫的参考值如下表所示。

sFlt-1/PIGF 比值	临床意义	性能参数
≥85	诊断孕妇为先兆子痫	特异性：99.5% 敏感性：88.0%
≥38且<85	孕妇在检测后的4周内会发生先兆子痫	特异性：83.1%
<38	孕妇在检测后的1周内不会发生先兆子痫	NPV：99.1%

晚发型先兆子痫（孕周：34周~分娩）

sFlt-1/PIGF 比值	临床意义	性能参数
≥110	诊断孕妇为先兆子痫	特异性：99.5% 敏感性：58.2%
≥38且<110	孕妇在检测后的4周内会发生先兆子痫	特异性：83.1%
<38	孕妇在检测后的1周内不会发生先兆子痫	NPV：99.1%

NPV：阴性预测值（Negative predictive value）

第31周

胎宝宝 我的胳膊和腿变得丰满了

我大概有39厘米长，重约1600千克，我即将经历一个发育的高峰。我能够把头从一侧转向另一侧了。我的皮下脂肪明显增多，在一周的时间里体重能够增加200克以上。我在最近几周积蓄的脂肪层还会让我的小胳膊和小腿都变得丰满起来。

此时我的眼睛时开时闭，能够区分光明和黑暗，甚至能较长时间地跟踪光源了，我的眉毛和睫毛也变得更加完整。

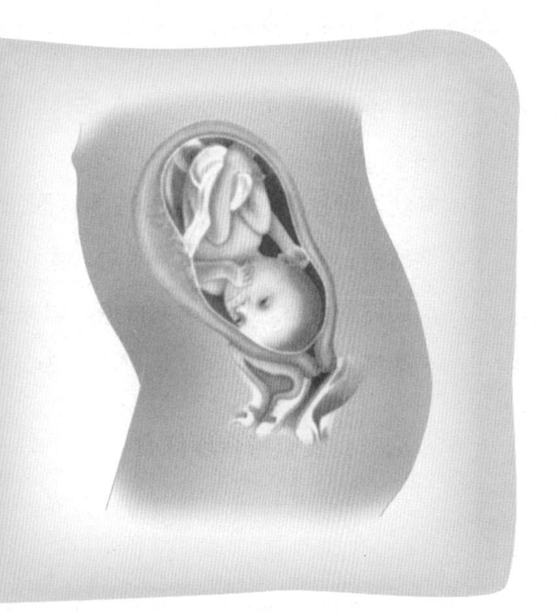

孕妈妈 孕期不适又来了

本周胎动会有所减少。

由于子宫扩大挤压内脏，十分辛苦，不过不用担心，这种情况很快便会得到缓解。此外，这周孕妈妈还会出现腰酸背痛、肚皮紧绷、脚部水肿及小腿抽筋等孕期不适症状，但这都是正常现象，孕妈妈需要做的唯有多休息，定期产检。

另外，由于孕激素分泌的原因，孕妈妈的乳头周围、下腹部及外阴的颜色越来越深，身上的妊娠纹和脸上的妊娠斑也更为明显了。

生活保健

什么是孕期痔疮

痔疮其实是静脉曲张的一种，孕妈妈由于子宫压迫等原因，会使得直肠下段和肛门周围的静脉充血膨大而形成痔疮。另外，孕期肠胃蠕动减慢而容易出现便秘，排便困难、腹内压力增高，也是促发痔疮的重要原因。

缓解孕期痔疮，过来人有哪些小方法

要知道，孕期痔疮多是暂时性的，因此，得了孕期痔疮，孕妈妈不要过于着急，绝大多数会在产后得到缓解。对于孕期痔疮，过来人给出了一些缓解的小方法。

● 方法一：要坚持合理饮食

要多吃富含膳食纤维的蔬菜，如芹菜、韭菜等，饮食结构要平衡，注意粗细搭配，养成定时排便的好习惯。要预防便秘，否则用力排便会对血管施加压力，造成痔疮出血，使得痔疮加重。

● 方法二：温水坐浴

由于痔疮会引起疼痛，每日可局部热敷2～3次，并轻按摩，这样有助于解除肌肉痉挛，从而减轻疼痛感。

● 方法三：用软膏栓剂治疗

使用软膏栓剂时，必须注意用药安全，向医生咨询清楚。一些含有类固醇和麝香的药物要避免使用。

● 方法四：每天锻炼，保持规律的作息

进行规律的盆底肌锻炼，如凯格尔运动，有利于改善盆底血液循环。

● 方法五：用特定的垫子缓解局部疼痛

买个痔疮缓和型坐垫，坐下前垫到椅子上，能有效缓解局部疼痛。

● 方法六：按长强穴，促使痔静脉丛血流畅顺

长强穴位于尾骨端与肛门连线的中点处，孕妈妈可以让家人用食指和中指指腹用力按揉此穴，以有酸胀感为度，从而达到促进直肠的收缩，使大便畅通；减轻盆腔压力，使痔静脉丛血流畅顺的作用。

● 方法七：定时排便

孕妈妈有便意就要及时大便，不要忍大便，且每次大便不要超过10分钟，这样有利于缓解孕妈妈的痔疮。

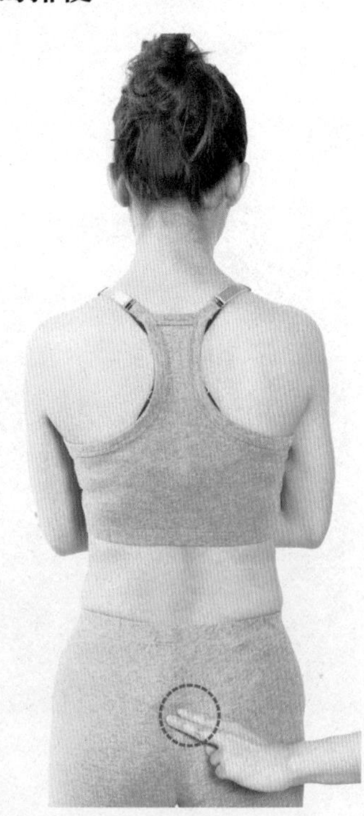

战胜分娩的恐惧感

到了孕晚期，很多孕妈妈对分娩的恐惧感与日俱增，下面介绍几种战胜分娩恐惧感的方法。

● 方法一：直面恐惧

对于分娩，你最害怕什么？是怕疼呢，还是因为以前有过不好的体验？是担心剖宫产，还是会阴侧切术？是担心生到一半受不了，还是怕宝宝会有什么问题？最好把所有担心的事情都写在一张纸上，并在旁边注明避免这种恐惧的方法。如果有些事你无力改变，那就想办法让自己不要担心，因为再多的担心也于事无补。

● 方法二：多了解分娩信息

你知道得越多，就越不感到害怕。尽管每一位妈妈分娩的具体情况都不尽相同，分娩的经验也因人而异，但是大致上还是有一个共同的过程。倘若你提前了解分娩的过程、你会有的感觉，以及为什么会有这些感觉，到时候你就比较有自信，自然不会被轻易吓着了。

● 方法三：选择导乐

分娩时如果能有一位专业的导乐师陪护在身边，相信你的担心会减少很多。她可以在分娩过程中为你解释各种感觉，提供一些处理阵痛的建议，同时在需要作决定时，还可以协助你了解情况以及参与决策过程，她会帮助你进行心理上的一系列调适。

● 方法四：多跟不怕分娩的亲友相处

不良情绪是会传染的，恐惧自然也不例外。千万别让那些被吓破胆的亲友进产房陪你，应该让那些坦然面对分娩的亲友进产房鼓励你。

● 方法五：避免回想后怕的经验

记住，别把过去可怕的经验带进产房。分娩会引起先前难产经验等不愉快回忆，这可能会让你不由自主地全身紧张起来。因此，在分娩之前，你一定要妥善处理好过去重大创伤所引起的附加后果，必要时可以求助于医生或导乐。

孕妈妈可以通过分散注意力，来缓解对分娩的恐惧感，且做好充分的准备就能顺利分娩。

营养课堂

吃些缓解痔疮的食物

孕期孕妈妈容易因自身和生活饮食习惯等原因，导致痔疮的出现。以下是几种缓解痔疮的食物。

黑芝麻　含富含维生素E和铁，可以促进血液循环，防止因为淤血所造成的痔疮。

无花果　《本草纲目》记载：无花果有辅助调养各种痔疮的功效。无花果富含膳食纤维和蛋白质分解酶，能够刺激肠道，使排便顺畅，避免便秘加重痔疮。

紫菜　含有丰富的胡萝卜素、维生素、钙、钾、铁，能促进肠胃运动。

槐花　新鲜槐花可以做凉菜、包饺子，具有凉血、止血、消痔的功效，亦可代茶饮。

可适量喝点淡绿茶

很多人都知道，孕妈妈最好不要喝太多、太浓的茶，不过，如果孕妈妈很喜欢喝茶，在这一时期还是可以适量喝点淡绿茶的。

绿茶中的茶多酚、蛋白质、维生素、矿物质等营养丰富，尤其是锌含量丰富。建议孕妈妈每天喝3~5克淡绿茶，能加强脏器的功能，促进血液循环，加速消化，防治孕晚期水肿，也有利于胎宝宝的正常发育。

需要提醒各位孕妈妈的是，绿茶中含有的鞣酸能与孕妈妈吸收的铁结合成一种复合物，影响铁的吸收，如果孕妈妈喝过多的绿茶，很容易引起妊娠期贫血和宝宝出生后贫血。所以孕妈妈可以在服用铁剂1小时后饮用淡绿茶或者饭后饮用淡绿茶，这样可促进铁充分的吸收。

本周食谱推荐

花生南瓜汤 有利于顺产

材料：花生仁50克，南瓜150克。

调料：白糖10克，水淀粉少许，植物油适量。

做法：

1. 花生仁挑净杂质，洗净，沥干水分；南瓜去皮和瓤，洗净，蒸熟，碾成泥。
2. 锅内倒油烧热，放入花生仁炒熟，盛出，晾凉，擀碎。
3. 汤锅置火上，倒入南瓜泥和适量清水烧开，下入花生碎煮至锅中的汤汁再次沸腾，加白糖调味，用水淀粉勾薄芡即可。

家常茄子 预防早产

材料：茄子350克，韭菜20克。

调料：酱油、白糖各6克，蒜末5克，水淀粉15克，盐2克，植物油适量。

做法：

1. 茄子去柄，去皮，切成小块，放入水中浸泡一会儿，捞出沥干；韭菜择洗干净，切成段。
2. 锅内倒油烧热，放入茄子块翻炒，大约10分钟后，放入盐、酱油、白糖调味，放韭菜段翻炒至熟，用水淀粉勾芡，出锅前放入蒜末即可。

胎教课堂

音乐胎教：听《梦幻曲》，忆童年

就让这充满感染力的音乐轻轻拂去你所有的劳累和不快，带你进入一个如梦似幻的世界吧，那或许是你做过的一个美丽的梦，又或许就是你回忆中快乐的童年时光。

● 什么时间听

晚上睡觉前，开启这首《梦幻曲》，短短四小节的旋律能够让疲惫了一整天的你心情舒缓、精神放松，安然入梦。

● 怎么听

《梦幻曲》描述的是一个关于天国、天使的童话般的梦，一个如诗如画的幻想，据说作者是在写热恋中的恋人时的情景，但这又何尝不是作者自己的梦幻世界呢？娴熟的浪漫主义手法，把我们带进了如此温柔优美的梦幻境界。只有感情充沛，想象力极强的人才能创作出这样的曲子。这首曲子主题简洁，具有动人的抒情风格和绚丽的幻想色彩，旋律几经跌宕起伏，婉转流连，使人不觉中被引入轻盈缥缈的梦幻世界。

● 关于这首曲子

这首曲子的作者是德国一位具有浪漫气质的天才作曲家——罗伯特·舒曼。他很早就显露出音乐、诗歌、戏剧等多方面的才华。舒曼生平创作了很多浪漫的音乐作品，创作灵感大多来自他和妻子克拉拉的情感经历。舒缓悠扬的旋律常常令人心醉神迷。《梦幻曲》是舒曼著名的组曲《童年情景》中的一首，按组曲内容来说是描写儿童生活的，但这部作品不只是为儿童所写，也是为成人所作，表现成年人对童年时光的回忆。

第32周

胎宝宝 我看起来更像一个婴儿了

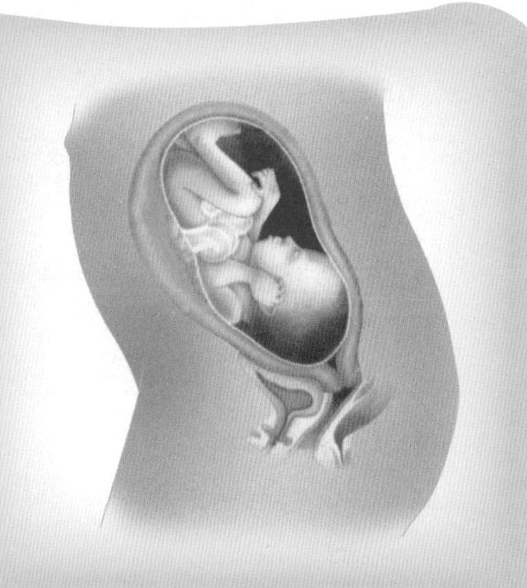

本周我大概重1700克，长约40厘米。我的手指甲和脚趾甲已经完全长出来了。我全身的皮下脂肪更加丰富，皮肤也不再又红又皱了，身体开始变得圆润，看起来更像一个婴儿了。

现在我的头骨很软，还没有闭合，这是为了在出生时能够顺利通过产道，但我身体其他部位的骨骼已经很结实了。

我身体的各个器官继续发育完善，呼吸系统和消化系统发育已经接近成熟。

我的身体长大许多，现在已经占据了妈妈子宫里很大的地方，狭窄的空间使我的活动水平大打折扣，我已经不能够再像以前那样在妈妈的肚子里施展手脚了，我胎动的次数会比原来少，动作也有所减弱。

孕妈妈 疲劳、行动不便、胃部不适……

此时期胎宝宝的生长发育速度非常快，他正在为出生做最后的冲刺。孕妈妈的体重也在继续增加。这时会感到疲劳，行动更加不便，食欲因胃部不适也有所下降。但是为了在生产时更加轻松些，孕妈妈还是要适当地活动。

阴道分泌物和排尿次数都增多了，因此孕妈妈要注意外阴清洁。

生活保健

什么是孕期胃灼热

孕晚期，孕妈妈每次吃完饭之后，总觉得胃部有烧灼感，有时烧灼感逐渐加重而成为烧灼痛，晚上症状还会加重，甚至影响睡眠。这种胃灼热通常在妊娠晚期出现，分娩后消失。这主要原因是内分泌发生变化，胃酸反流，刺激食管下端的痛觉感受器，从而引起灼热感。此外，增大的子宫对胃有较大的压力，胃排空速度减慢，胃液在胃内滞留时间较长，也容易使胃酸返流到食管下端。

预防和缓解胃灼热，过来人有哪些建议

很多孕妈妈都有胃灼热的症状，这就让孕期生活十分不舒服，下面看看过来人有哪些建议可以预防和缓解胃灼热。

1. 建议孕妈妈在日常饮食中一定要少食多餐，平时随身带些有营养好消化的小零食，饿了就吃一些，不求吃饱，不饿就行。

2. 避免饱食，少食用高脂肪食物和油腻的食物，吃东西的时候要细嚼慢咽，否则会加重胃的负担；临睡前喝一杯热牛奶。

3. 多喝水，补充水分的同时还可以稀释胃液。摄入碱性食物，如馒头干、烤馍、苏打饼干等，可以中和胃酸，缓解症状。

身体允许，此时职场孕妈还可坚持上班的

到这个月，孕妈妈的肚子已经很大了，行动越来越不方便，但对于职场孕妈妈来说，如果身体状况和胎宝宝的状况良好，没有异常情况，且工作和生活节奏控制良好，是可以坚持上班的，这样还可以充实一下自己的生活，缓解分娩的恐惧感。

孕妈妈工作时要注意休息，大约1个小时活动一下，这样可以缓解疲劳，保持充足的精力。

臀位胎儿如何纠正

妊娠 30 周前，臀先露多能自行转为头先露。但若妊娠 30 周后仍为臀先露就要矫正了。常用的矫正方法：

1. 胸膝卧位：让孕妈妈排空膀胱，松解裤带，保持胸膝卧位的姿势，每日 2~3 次，每次 15~20 分钟，连做一周。这种姿势可使胎臀退出骨盆，借助胎宝宝重心改变自然完成头先露的转位，成功率 70% 以上。

2. 激光照射或艾灸至阴穴：用激光照射两侧至阴穴（足小趾外侧，距趾甲角 0.1 寸），也可用艾灸条，每日 1 次，每次 15~20 分钟，5 次为一疗程。

如何应对仰卧位综合征

孕妈妈无论夜晚睡眠还是白天躺卧，都应采取最能减少心脏负荷的左侧卧位。如出现头晕、心慌等，不要立即起床（低血压可造成摔倒），应迅速改为左侧卧位或半卧位，症状一般能马上缓解。

早产征兆和假宫缩的区别

征兆	早产征兆	假宫缩
子宫收缩	在怀孕29周至36周时，如果出现有规律的子宫收缩，约5分钟一次，并逐渐增强	出现不规则的子宫收缩，第3分钟、5分钟或10分钟一次，不会增强
下腹变硬	孕晚期出现不规则的宫缩，在夜间频繁出现，白天很少出现，并不会伴随阵痛	当子宫收缩出现腹痛时，可感到下腹部很硬。实际上，如果孕妇较长时间的用同一个姿势站或坐，会感到腹部一阵阵的变硬
阴道流血	孕晚期(29~36周时)，孕妈妈出现子宫有规律收缩，并伴随有阴道流血，这时出血量较多，很可能是早产的征兆，应立即去医院检查	无阴道流血现象
羊水流出	孕妈妈在怀孕29~36周期间，如果阴道中有一股温水样的液体如小便样，无法控制地慢慢流出，是早产的征兆	无羊水流出
持续阵痛	在怀孕29~36周时，子宫收缩频率每10分钟2次以上，孕妈妈会开始感觉到酸痛，有点类似月经来临般的腹痛，不止下腹部不舒服，还会痛到腹股沟甚至有持续性下背酸痛；严重的还会伴随阴道分泌物增加及阴道出血	阵痛时间短，而且不连续

营养课堂

补充亚油酸，促进胎宝宝大脑的发育

亚油酸是油脂成分中的一种，它是一种不饱和脂肪酸。不饱和脂肪酸是人体新陈代谢不可缺少的成分，而作为这种成分的代表亚油酸，是公认的必需脂肪酸，是构成人体细胞膜和皮肤的重要组成成分之一。亚油酸还是大脑和神经发育的必须营养素，对胎儿的大脑发育极为重要。

这段时间是胎宝宝大脑增殖的高峰期，大脑皮层增殖迅速，因此需要丰富的亚油酸才能满足大脑发育所需。如果缺少亚油酸，胎宝宝的大脑发育会受影响。所以建议孕妈妈每天摄入 3 克左右为宜。

富含亚油酸的食物来源有芝麻、黄豆、花生、葵花子、玉米、核桃等。

芝麻　黄豆　花生

玉米　核桃

补充铜元素能预防早产

铜元素是无法在人体内储存的，所以必须每天摄取。如果摄入不足，就会影响胎宝宝的正常发育，有可能造成胎宝宝畸形或先天性发育不足，并导致新生儿体重减轻、智力低下及缺铜性贫血。

在孕晚期如果缺铜，则会使胎膜的韧性和弹性降低，容易造成胎膜早破而早产。所以从孕 8 月开始，胎宝宝对铜的需求量急剧增加，大约要比之前增加 4 倍，所以如果孕妈妈疏忽了补铜，容易造成母子双双缺铜。

补充铜质的最好办法是食补，多吃含铜食物，如动物肝脏、水果、海产品、紫菜等，另外，粗粮、坚果和豆类也是很好的铜来源，可以经常食用。

本周食谱推荐

清炖鲫鱼　预防早产

材料： 鲫鱼 500 克，香菇 25 克。

调料： 盐 2 克，葱丝、姜丝、香菜末各 5 克，植物油适量。

做法：

1. 将鲫鱼去鳞、内脏，洗净；香菇用水泡发，去蒂，洗净切丝。
2. 锅内倒油烧热，下葱丝、姜丝略炒，放入鲫鱼略煎，倒入香菇和适量清水，大火煮开转小火炖至汤白，加盐、香菜末即可。

功效： 鲫鱼是一种常见的海产品，富含丰富铜，孕妈妈常食，可以预防早产。

滑炒豆腐　清洁肠胃

材料： 豆腐 300 克，冬笋、胡萝卜各 100 克，鸡蛋清 1 个。

调料： 葱末 10 克，盐 2 克，植物油、鸡汤、水淀粉各适量。

做法：

1. 豆腐洗净，切小块，加少许盐腌渍入味，加鸡蛋清、水淀粉拌匀；胡萝卜洗净，切片；冬笋洗净，切片。
2. 锅内倒油烧热，爆香葱末，放入豆腐块、冬笋片、胡萝卜片，滑炒至断生，倒入鸡汤炖煮片刻，然后加入盐调味，最后用水淀粉勾芡即可。

胎教课堂

音乐胎教：听《蓝色多瑙河》，体会风景如画

孕妈妈今天来欣赏优美动听的《蓝色多瑙河》吧，这是由“圆舞曲之王”约翰·施特劳斯所创作的经典曲目。

● 这样听

在心情平静的时候带着胎宝宝来听这首曲子吧，还可以在头脑中勾勒出多瑙河湛蓝的河水、如画的风光，并将这种美的感受传递给胎宝宝。

● 约翰·施特劳斯和他的《蓝色多瑙河》

多瑙河是流经中欧的一条主要河流。这条河流对作曲家来讲，如同母亲一样的亲切、熟悉。约翰·施特劳斯不知多少次泛舟多瑙河上，漫步在它的两岸。那湛蓝的河水、如画的风光、村民朴实的舞蹈、美丽动人的传说，使作曲家感到犹如身在母亲温暖的怀抱之中，经常流连忘返，不愿离去。在阅读好友格涅尔的诗篇《美丽的蓝色多瑙河》时，乐思如同奔腾的河水，激荡在他的心头，由此创作出了这首传世名曲。

● 关于这首曲子

《蓝色多瑙河》圆舞曲写于1867年，是约翰·施特劳斯创作的四百多首圆舞曲中最著名的一首，由五首小圆舞曲组成。

序奏里，在小提琴描写水波荡漾的轻微震音的背景上，先由圆号演奏多瑙河的音乐主题。第二圆舞曲主题性格活泼，副题比较悠扬。第三圆舞曲主题跳跃性比较强，副题带有流动性的特点。第四圆舞曲主题充满幸福感，并富于歌唱性，副题旋转性比较强，情绪也比较热烈。第五圆舞曲有着欢快和热烈的气氛，然后是结束部分，这里再现了前面几个小圆舞曲的部分旋律，好似一种回顾，最后再把欢乐的情绪推到高潮时结束。

第33周

胎宝宝 我的外生殖器发育完成

本周我大约重1800克，从头到脚约长41厘米。如果正常的话，我已长出了一头胎发，即使我出生后头发稀少，也没关系，因为这与我将来头发的多少并无关系，所以爸爸妈妈不必太在意。

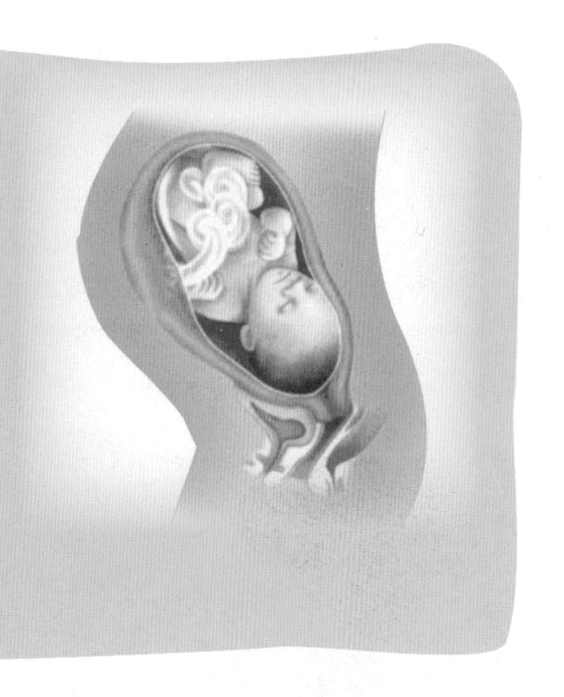

此外，到这个月月末，如果我是女孩，大阴唇已明显隆起，左右紧贴并覆盖生殖器，这标志着外生殖器发育彻底完成；如果我是个男孩，我的睾丸很可能已经从腹腔下降到阴囊，但是也有个别的一个或两个睾丸在出生后当天才降入阴囊。妈妈不必为此而担心，因为绝大多数男孩都会是正常的。

孕妈妈 尿频、腰背痛等不适再度加重

孕妈妈现在会感到尿意频繁，这是因胎头下降压迫膀胱所致，还会感到骨盆和耻骨联合处酸疼不适，以及手指和脚趾的关节胀痛和腰背痛加重等。这些现象标志着胎宝宝在逐渐下降，全身的关节和韧带逐渐松弛，是在为分娩做身体上的准备。

有上述症状出现的孕妈妈平时要注重日常保健，并加强监护。例如，腰背疼的孕妈妈要适度锻炼，以增强腰背部的柔韧性。此外，还要注意保暖，睡硬板床或在过软的床垫下垫一块木板，穿轻便的低跟软鞋走路。

生活保健

为什么会出现尿频、漏尿

孕期尿频是很多孕妈妈都会遇到的情况，这是一个生理现象。主要有两个原因：

1. 孕妈妈体内代谢物增加，同时胎宝宝代谢物也需要孕妈妈排出体外，这样就会增加孕妈妈肾脏工作量加大，进而导致尿量增加。

2. 孕妈妈的子宫逐渐增大和胎宝宝下移压迫到膀胱，导致膀胱容量减小，增加了小便的次数。

孕期漏尿在孕晚期也会经常发生的现象，有时候大笑、咳嗽、打喷嚏、弯腰时都会有少量的尿液渗出，甚至有时候刚上完厕所就发生了漏尿。这是因为孕妈妈骨盆底肌肉、括约肌都变得松弛，而子宫对膀胱的挤压更严重导致的。

尿频、漏尿的应对策略

1. 孕妈妈可以预防性地在内裤里垫些消毒卫生纸，不建议用护垫，因为护垫的吸水量小，起不了多大的作用，而且透气性比较差，舒适性不强。

2. 孕妈妈可以继续做憋气提肛的练习，这可以锻炼括约肌和骨盆肌肉，有助于增强其弹性，减少漏尿。具体做法：孕妈妈可以全身放松，夹紧臀部和大腿，做深呼吸，吸气提收肛门，呼气时放松，一提一松为一次，可做 20 ~ 30 次，每日做 3 ~ 5 次。

3. 孕妈妈应及时调整饮水时间，白天适当多饮水，晚上少喝水，临睡前 1~2 小时内不要喝水。

4. 平时孕妈妈有利于尿意应及时排尿，不可憋尿，否则会影响膀胱的功能，不利于尿液的控制。

孕妈妈进行提肛练习，要长期坚持，可以收到良好的效果。

是时候准备一下待产包了

待产包是孕妈妈为生产住院而准备的各类物品的总称，包括妈妈用品、宝宝用品、入院一些重要物品。准备待产包并非多多益善，而是要合理规划，可以避免浪费。为此，北京协和医院专家给我们推荐了完美待产包，让我们轻松度过分娩期。

入院时需要携带的物品有：医疗证、身份证、《母子健康手册》、洗漱用具、拖鞋、换洗衣物、睡衣或开襟式睡袍、开襟毛衣、毛巾4条、腰巾1条、腹带1条、产用垫巾1包、薄绵纸1盒、纱布、手帕、药棉2包、筷子、饭盒、哺乳期专用胸罩、零用钱和移动电话。

待产时应准备的物品有：孕妇的病历及有关产前检查的资料，前开襟的内、外衣各2套；棉质内裤4条，棉拖鞋1双；厚棉袜2双；棉质毛巾1条，面巾2条；卫生纸及卫生巾若干；帽子或头巾任选一种；盥洗用具1套及梳子、浴帽；有关餐具；尿布若干；胸垫，把它塞进文胸内以吸收渗漏出的乳汁；已消过毒的药棉球或纱布若干，用于分娩后阴道渗出物的吸擦；矿泉水（带吸管）、柔软食品、有关生产的书籍；书刊、杂志等以缓解分娩时的紧张情绪。

准爸爸，随时在家待命吧

这时候，孕妈妈随时都有可能生产，所以准爸爸要抽出时间来，一旦发生紧急情况，能马上将孕妈妈送到医院。

同时，准爸爸也要忙碌起来，做好孕妈妈产前的各项准备，迎接胎宝宝的诞生。

清扫布置房间

在孕妈妈产前应将房子清扫布置好，要保证房间的采光和通风情况良好，让母子在清洁、安全、舒适的环境中生活。

拆洗被褥和衣服

孕晚期，孕妈妈行动不方便，准爸爸要将家中的衣物、被褥、床单、枕巾、枕头拆洗干净，在太阳底下曝晒消毒。

购买食物

购置挂面、小米、大米、红枣、面粉、红糖、鸡蛋、食用油、虾皮、黄花菜、木耳、花生米、芝麻、黑米、海带、核桃等食物，为孕妈妈产后回家补充营养做物质准备。

购买婴儿专用洗护用品

如婴儿沐浴液、婴儿爽身粉等。为宝宝洗澡做准备。

家里水电煤气

事先准备充足家里的水电煤气，避免妈妈和宝宝回来后，家里断电，无法正常照明；断水，无法为宝宝清洗尿布、衣物等；断煤气，无法为妈妈做饭等情况的发生。

卡和密码妥善保管

孕妈妈自己的银行卡和密码事先要放在安全处，防止生完孩子后太操劳且长时间无暇顾及这些事情而忘了卡放哪里和不记得密码情况的发生。

营养课堂

牛奶是补充钙质的最佳来源

牛奶中的钙含量高，是人体最佳的钙质来源，而且钙和磷的比例非常适当，利于钙的吸收。孕妈妈每天喝牛奶，可以预防孕妈妈缺钙，促进胎宝宝骨骼和牙齿的发育。

孕妈妈每天要喝 200 ~ 400 毫升牛奶。一般情况下，热牛奶的水温应该控制在 60℃左右，温度过高会破坏牛奶中的奶蛋白等营养素。

孕妈妈喝牛奶时，可以配些坚果，这样营养更丰富，补钙效果更好。

好孕温馨提醒

1.牛奶忌与含植酸的食物（如菠菜）同食，以免影响人体对钙质的吸收。

2.牛奶不宜生饮，也不宜煮沸饮用，加热到60℃即可。

3.不是所有的人都适合饮用牛奶，有些人对牛奶会有不良反应，可以用酸奶或豆浆来代替。

不爱喝牛奶的孕妈妈怎么办

如果孕妈妈不爱喝牛奶，可能会缺钙。牛奶含钙丰富，且容易被身体吸收，是孕妈妈补充钙质的最佳来源。

孕妈妈可以选择酸奶、配方奶粉及钙剂。酸奶是由鲜牛奶加工而成的，口味上没有了鲜牛奶的腥味，且含有乳酸菌，能预防孕期便秘。孕妈妈也可以喝些孕妇奶粉，能补充钙质。对所有奶制品都不喜欢的孕妈妈，可以在医生的指导下服用一些钙剂。

本周食谱推荐

南瓜牛奶大米粥 补充钙质

材料： 大米、南瓜各100克，牛奶50克。

调料： 白糖10克。

做法：

1. 南瓜去皮，洗净切块，放蒸笼上蒸软；大米淘洗干净，用水浸泡30分钟。
2. 锅置火上，倒入适量清水烧开，放入大米大火煮沸后转小火熬煮成粥，加入蒸软的南瓜块，拌匀，加入牛奶拌匀，加白糖调味即可。

功效： 牛奶补充钙质，且含有维生素D，孕妈妈常食，可以促进钙质吸收，保证胎宝宝骨骼和牙齿的正常发育。

金针肥牛 补充优质蛋白质

材料： 肥牛肉400克，金针菇150克，红尖椒碎15克。

调料： 高汤50克，水淀粉20克，淀粉8克，盐5克，植物油适量。

做法：

1. 肥牛肉洗净，切薄片，用淀粉、盐拌匀；金针菇去根，洗净。
2. 锅内倒油烧热，爆香红尖椒碎，加入高汤、肥牛肉片和金针菇，炒至将熟，调入盐，再用水淀粉勾芡即可。

功效： 肥牛中的动物蛋白和金针菇中的植物蛋白搭配，可以给孕妈妈补充更加完整的蛋白质，保证母婴健康。

胎教课堂

情绪胎教：欣赏诗歌《吉檀迦利》(节选)，感受自然的美好

当我送你彩色玩具的时候，我的孩子，

我了解为什么云中水上会幻弄出这许多颜色，

为什么花朵都用颜色染起——当我送你彩色玩具的时候，我的孩子。

当我唱歌使你跳舞的时候，

我彻底地知道为什么树叶上响出音乐，

为什么波浪把它们的合唱送进静听的大地的心头——当我唱歌使你跳舞的时候。

当我把糖果递到你贪婪的手中的时候，

我懂得为什么花心里有蜜，

为什么水果里隐藏着甜汁——当我把糖果递到你贪婪的手中的时候。

当我吻你的脸使你微笑的时候，

我的宝贝，我的确了解晨光从天空流下时，是怎样的高兴，

暑天的凉风吹到我身上是怎样的愉快——当我吻你的脸使你微笑的时候。

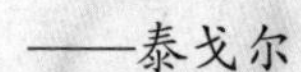

——泰戈尔

产检课堂

孕 33~34 周，通过 B 超评估胎宝宝多大

在孕 33~34 周，医生会再给孕妈妈做一次 B 超检查。这次的 B 超检查结果主要用于评估胎儿多大，观察羊水多少和胎盘功能以及胎宝宝有没有出现脐带绕颈。如果有羊水过少、胎儿脐带绕颈现象，须结合临床再考虑是否继续妊娠。此外，胎宝宝的胎位也是能否顺利分娩的重要指标。9 个月的大多数胎儿都是头部朝下、脸部朝向孕妈妈的脊柱、背部朝外。

● **常见的胎位类型如下**

顶先露的六种胎位	左枕前（LOA）、左枕横（LOT）左枕后（LOP）、右枕前（ROA）右枕横（ROT）、右枕后（ROP）
臀先露的六种胎位	左骶前（LSA）、左骶横（LST）左骶后（LSP）、右骶前（RSA）右骶横（RST）、右骶后（RSP）
面先露的六种胎位	左颏前（LMA）、左颏横（LMT）左颏后（LMP）、右颏前（RMA）右颏横（RMT）、右颏后（RMP）
肩先露的四种胎位	左肩前（LScA）、左肩后（LScP） 右肩前（RScA）、右肩后（RScP）

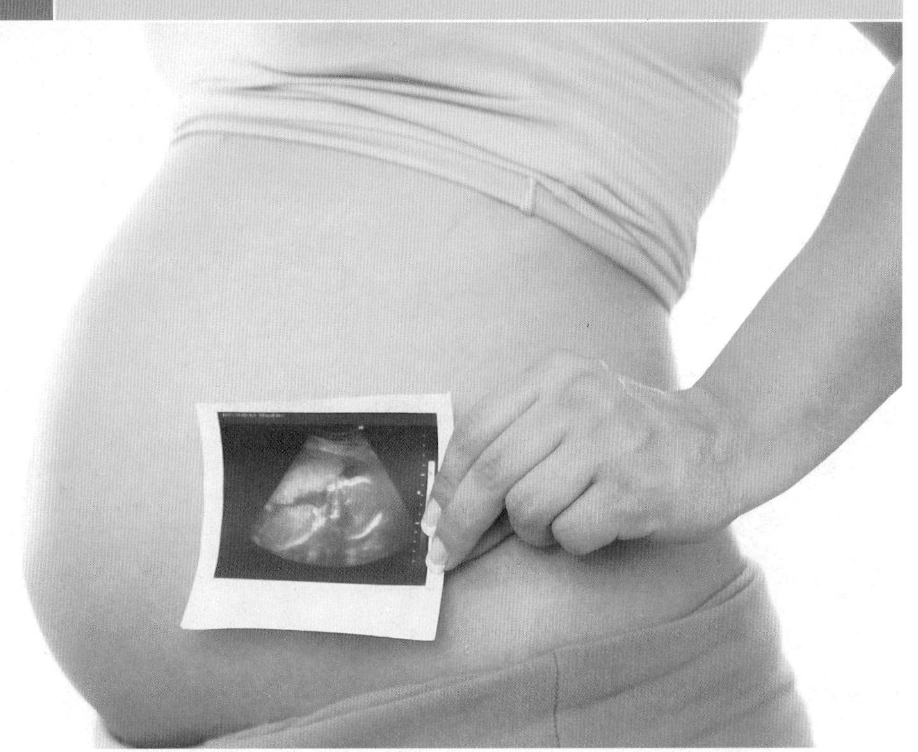

第34周

胎宝宝 我在快速“发福”着

这个月一开始，我就把主要精力都用在快速增重上，直到出生，我在这期间增加的体重占出生体重的一半还多。我越发圆润了，我的皮下脂肪将会在我出生后调节体温，以快速适应子宫外的生活。

本周我的头转向下方，头部进入骨盆，这是为见爸爸妈妈做好准备了。但这个姿势并没有完全固定，还有可能发生变化，需要密切关注。我的头骨现在还很柔软，而且骨头之间还留有空隙，这种可松动结构可以使我的头在经过相对狭窄的产道时有伸缩性，有利于分娩的顺利进行。

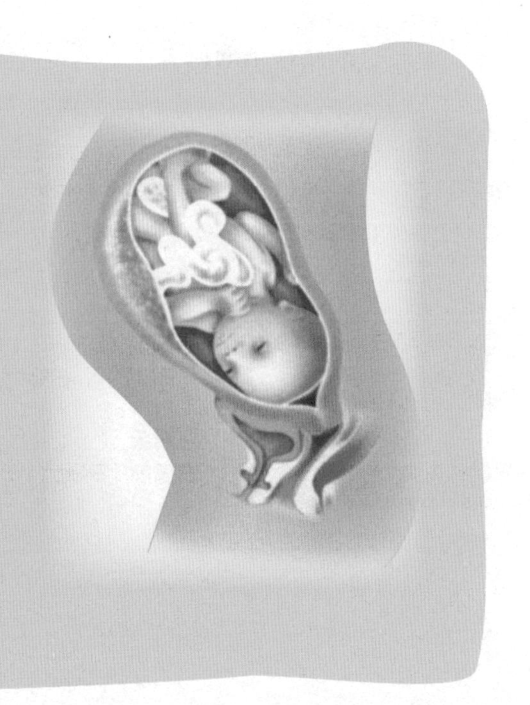

孕妈妈 水肿更厉害了

由于下肢静脉回流受阻，本周孕妈妈可能会发现手、脚、脸肿得比以前更明显了，脚踝部更是肿得很高，特别是在温暖的季节或每天的傍晚，肿胀程度会有所加重。此时不要限制水分的摄入量，因为孕妈妈自身和胎宝宝都需要大量的水分。反之，摄入的水分越多，越能帮助孕妈妈排出体内的水分。

有水肿加重情况的孕妈妈要注意多休息，控制盐分的摄入。

生活保健

会阴侧切没那么可怕

会阴侧切是一种助产手段，但不是所有的阴道分娩都必须做会阴侧切。如果孕妈妈会阴肌肉韧性强，能够让胎宝宝顺利通过，就没必要做会阴侧切。

孕妈妈如果不想做侧切，可以先跟医生商量好，让医生在情况允许的时候尽量避免侧切。

不过如果是以下情况，最好做会阴侧切，以免发生危险。

1. 会阴韧性差、阴道口狭小或会阴部有炎症、水肿的，胎宝宝娩出时可能会发生会阴部严重撕裂的，最好做侧切。

2. 胎宝宝较大、胎头位置不正、产力不强、胎头被阻于会阴的，必须做侧切。

3. 35 岁以上的高龄孕妈妈，或者有心脏病。妊娠期高血压疾病等高危妊娠时，必须做侧切。

4. 子宫口已开，胎头较低，但是胎宝宝心率发生异常变化，或节律不齐，并且羊水浑浊或混有胎便，就必须做侧切。

做一做分娩热身操，有助于顺产

经过了十个月的期盼和等待，妈妈和宝宝很快就能够见面了，然而在和宝宝亲密接触之前，妈妈要经历一段未知的分娩旅程。很多的孕妈妈对于分娩既充满了期待又有很多的顾虑，期待看到宝宝，又害怕分娩过程中的疼痛。现在，孕妈妈来学习一下分娩操，缓解一下紧张的身心，帮助孕妈妈顺利分娩。

● 分娩前热身

A 转球蹲功

做法

1. 坐在球上，小腿垂直地面，大腿与地面平行。

2. 将骨盆内侧打开，尾骨内收，轻轻浮坐在球上。

3. 深吸气，吐气时以顺时针方向转动骨盆，自然呼吸，转动 5 ~ 10 次以后换成逆时针旋转。做五组。

B 推球大步走

做法

1. 吸气，弓步，双手举球，向上伸展。

2. 吐气，挺胸，双手放球下落在大腿上。连续做 5 次，一共做 3 组，可以打开骨盆腔空间，减少盆底肌下坠感。

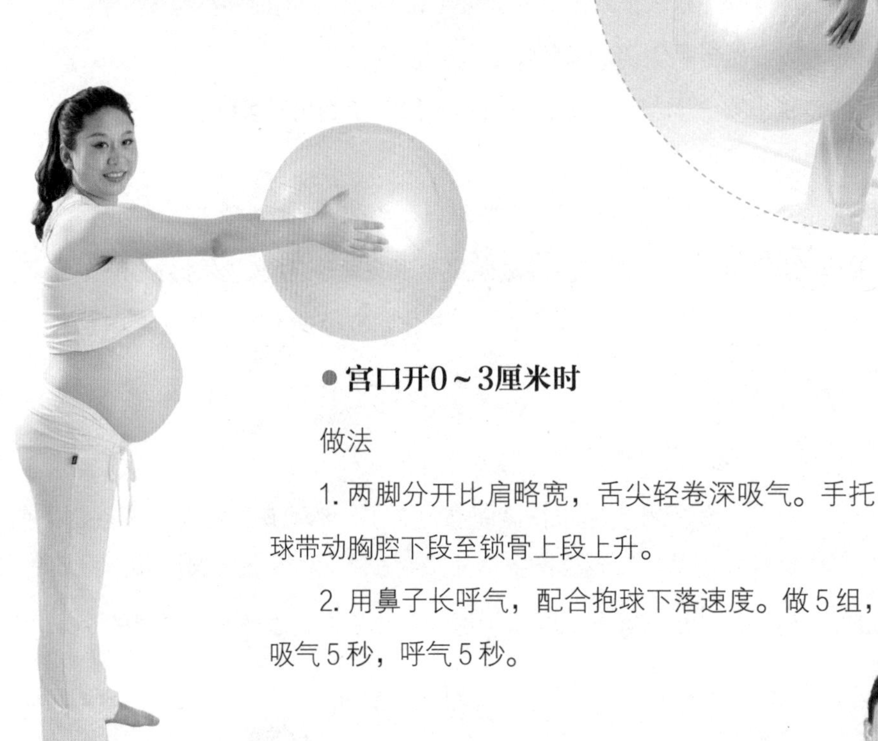

● 宫口开0～3厘米时

做法

1. 两脚分开比肩略宽，舌尖轻卷深吸气。手托球带动胸腔下段至锁骨上段上升。

2. 用鼻子长呼气，配合抱球下落速度。做 5 组，吸气 5 秒，呼气 5 秒。

● 宫口开4～8厘米时

A “0 ～ 5 秒” 呼吸节奏

做法

1. 微蹲，经常练习的妈妈，可以下蹲多些。

2. 吸气，向上举起球，张开嘴 “ha” 气，同时，向一侧伸展，向下划弧形，延长 “ha” 气 5 秒，继续向下。

3. 用鼻子深吸气 5 秒，身体在对侧抱球举起向上伸展，为一圈。

4. 以顺 / 逆时针分别做 5 圈。

● B “0～4秒”呼吸节奏

做法

1. 浮坐在球上。吸气4秒，双手合十在胸前，哈气4秒手掌推开。

2. 哈气时气量增大，在4秒内将气吐完，做5次。

● C “0～3秒”呼吸节奏

做法

1. 沉坐在球上，臀部收紧。

2. 准备一根带子，手握带子，屈肘向后。吸气3秒，向上伸展带子。

3. 用嘴哈气3秒，稍微用力拉回带子。做5次。

好孕温馨提醒

孕妈妈做分娩热身操要根据自己的身体情况来进行，如果有妊高征、糖尿病等并发症，要先征求医生的建议，再决定是否进行分娩操练习。

营养课堂

补充维生素K，预防产后大出血

维生素K是一种凝固血液的脂溶性维生素，因其在人体中起抗凝剂作用，能促使肝脏制造凝血酶原，所以又叫"凝血维生素"或"抗出血维生素"，孕妈妈在孕期补充适量的维生素K，可以预防产后大出血和新生儿出血症。

好孕温馨提醒

怀孕期间若大量服用维生素K，会使新生儿发生生理性黄疸，还会降低口服抗凝血药的药效，所以孕妈妈不适宜大量服用维生素K。

● 维生素K缺乏的症状

如果孕妈妈缺乏维生素K，会增加流产的风险和增加出现产后大出血的概率。即使胎宝宝侥幸活下来，会因体内凝血酶低下，导致颅内、消化道出血等，不利于健康正常。此外，维生素K还与一些和骨质形成的蛋白质关系密切，如果缺乏维生素K，还可能导致孕妈妈骨质疏松等。

人体对维生素K的需求量较少，建议孕妈妈每天摄入120微克即可。

● 维生素K的食物来源

维生素K的来源主要有两方面，首先是肠道内细菌的合成，其次是从食物中摄取。

维生素K广泛存在于各种食物中，其中富含维生素K的粮食作物和蔬菜的品种较多，富含维生素K的植物性食物主要有：菜花、绿茶、南瓜、西蓝花、水芹、香菜、莴苣、小麦、玉米、燕麦、土豆、青豆、豇豆等。

补充维生素K的最佳途径就是食用菜花，调查显示，每周食用几次菜花可使毛细血管壁加厚、韧性增强，从而不容易破裂。水果中以苹果、葡萄中维生素K含量较高。富含维生素K的动物性食物则较少，主要有动物肝脏、蛋黄等。

吃牛肉补益强身

牛肉含有丰富的蛋白质，也是补铁的佳品，营养价值很高，但脂肪含量低，味道鲜美，深受孕妈妈的喜爱。孕妈妈常吃牛肉，可以增强抗病能力，滋养脾胃，增加食欲，预防下肢水肿，促进胎宝宝的生长发育。另外，牛肉还含有丰富的维生素D，能够帮助人体钙的吸收，促进胎宝宝骨骼和牙齿的发育。

菜花既可以补充维生素K，还能增强身体的免疫力。

本周食谱推荐

小米粥 养血、安神

材料：小米 50 克，黑芝麻 10 克。

调料：白糖 5 克。

做法：

1. 小米洗净；黑芝麻洗净，晾干，研成粉。
2. 锅置火上，加入适量清水，放入小米，大火烧沸，转小火熬煮，待小米熟烂后，加白糖调味，慢慢放入芝麻粉，搅拌均匀即可。

功效：黑芝麻具有补血功效；小米可以调理神经衰弱，安神助眠，二者搭配食用，可以养血、安神。

蒜蓉空心菜 调整肠胃功能

材料：空心菜 300 克，大蒜 20 克。

调料：盐 2 克，鸡精少许，植物油适量。

做法：

1. 空心菜择洗干净，切成段；大蒜去皮，洗净，剁成末。
2. 锅内倒油烧热，放入蒜末和空心菜煸炒，至变色后，加盐和鸡精调味即可。

功效：空心菜富含丰富的膳食纤维，可以调节肠道菌群，改善肠道环境，孕妈妈常食可以促进肠道内毒素的排出，预防孕期便秘。

胎教课堂

情绪胎教：欣赏散文《雨》，享受和宝宝的亲密接触

孕妈妈在朗读这篇散文时，可以想象你的宝宝在临睡前抱着你的手臂，跟你说了一长串的话，然后睡着了。你可以轻轻地朗读，让自己的耳朵根舒服地享受自己的声音吧。

妈，我今天要睡了——要靠着我的妈早些睡了。听，后面草地上，更没有半点声音；是我的小朋友们，都靠着他们的妈早些睡了。

听，后面草地上，更没有半点声音；只是墨也似的黑！怕啊！野猫野狗在远远的叫，可不要来啊！只是叮叮咚咚的雨为什么还在那里叮叮咚咚地响？

妈，我要睡了。那不怕野猫野狗的雨，还在墨黑的草地上，叮叮咚咚地响。它为什么不回去呢？它为什么不靠着它的妈，早些睡呢？

妈，你为什么笑？你说它没有家么？——昨天不下雨的时候，草地上却是月光，它到哪里去了呢？你说它没有妈么？——不是你前天说，天上的黑云，便是它的妈么？

妈，我要睡了。你就关上了窗，不要让雨来打湿我们的床。你就把我的小雨衣借给雨，不要让雨打湿了雨的衣裳。

——刘半农

第35周

胎宝宝 我的肺部基本发育完成

这周我重约2300克，长约44厘米。我越长越胖，变得圆滚滚的，几乎占据了妈妈子宫的绝大部分空间，所以我已经不是在羊水里漂浮着，也不太可能再翻跟斗了，但是我仍然在不停地活动着。

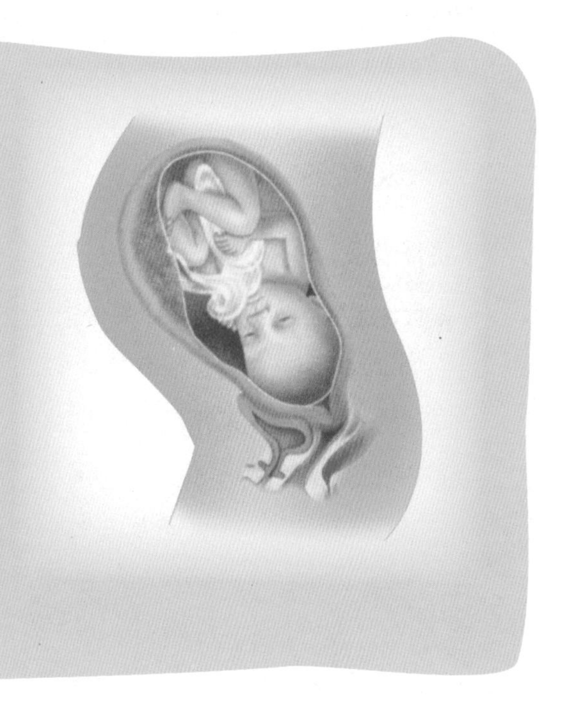

此时我的听力已经充分发育，两个肾脏也已经发育完全，肝脏也能够自行代谢一些废物了。尽管我的中枢神经系统尚未完全发育成熟，但是现在我的肺部已基本发育完成，如果在此时出生，我存活的可能性为90％。除此之外，我的指甲长长。

孕妈妈 腹坠腰酸，行动更为艰难

胎宝宝在不断长大，逐渐下降入骨盆，此时孕妈妈可能会觉得腹坠腰酸，骨盆后部附近的肌肉和韧带变得麻木，甚至有一种牵拉式的疼痛，使行动变得更为艰难。在有的孕妈妈身上，这种现象可能逐渐加重，并将持续到分娩以后，如果实在难以忍受，可以向医生寻求帮助。

生活保健

了解待产中的意外情况，为分娩多一份保险

待产时，孕妈妈往往会遇到一些我们意想不到的情况，从而给正常分娩造成困难，更重要的是给孕妈妈和胎宝宝都造成危险。下面我们提前了解一下待产时可能会遇到的突发状况及应对策略，让孕妈妈心里有数。

●胎盘早期剥离

待产过程中，如果孕妈妈突然由阵痛转为持续性疼痛，且伴有大量阴道出血不止，即出现了胎盘提前剥离子宫的情况。目前原因仍不明确，且发生前没有任何征兆，必须立即急救，以免给母婴造成巨大的危险。

●脐带脱垂

大多数发生在胎位不正或羊水早破的情况下。如果是臀位的话，胎宝宝的脚先露出，脐带会顺着流出的羊水也滑落出来，很有可能卡在胎宝宝和产道之间，造成血液循环障碍，这样胎宝宝失去了获取营养和氧气的来源，很容易造成胎宝宝严重缺氧，甚至死亡。

如果出现这种情况，一般医生建议孕妈妈“头低脚高”的躺着，尽量让胎宝宝或胎头不被压迫，再将手伸进产道内，把先露往上面推，使胎宝宝尽量不压迫脐带，然后紧急实施剖宫产手术。

●羊水栓塞

待产过程中，羊膜细胞、胎膜、胎发穿透子宫内壁血管，沿着血液循环到达肺部，破坏凝血机能，造成新妈妈突然大出血，血液无法凝固，甚至造成新妈妈死亡。对于原因医学界尚未查出，且抢救胎儿非常困难，但这种情况很罕见。

●胎儿窘迫

胎儿心跳频率急剧下降，可能是因为胎儿脐带绕颈、解胎便、早期破水或者脐带下垂受到胎头压迫等。这时医护人员会给孕妈妈吸氧、打点滴，让孕妈妈左侧躺，如果胎儿心跳还是无法恢复正常的话，就必须进行剖宫产手术。

自然分娩还是剖宫产，已经可以确定了

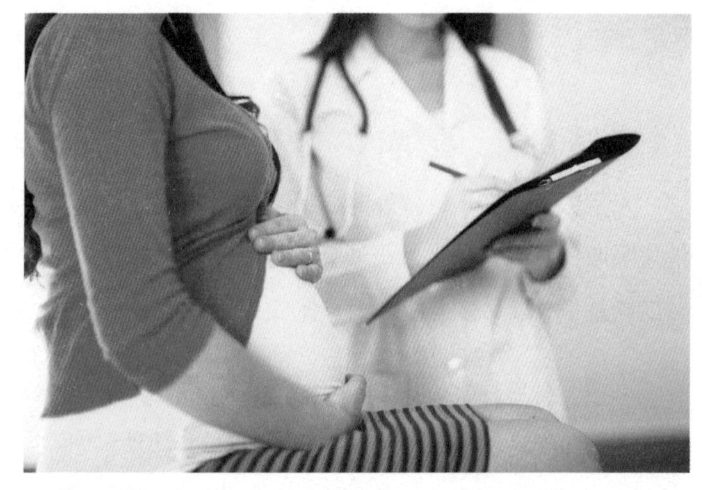

这周孕妈妈通过产检，已经能确定自己的分娩方式了。

顺产不管是对胎宝宝还是孕妈妈，都是最好的一种生产方式。顺产的孕妈妈，恢复快的话，生完当天就可以下床走动了，一般3~5天就可以出院，生产完就能进行母乳喂养，也不会有剖宫产那条疤痕。而胎宝宝在经过产道的挤压，肺功能得到很好的锻炼，皮肤神经末梢经刺激得到按摩，其神经、感官系统发育较好，整个身体协调功能的发展都会比较好。所以如果孕妈妈身体健康，没有其他不良症状，就应该进行顺产。

剖宫产是一种成熟的手术，是对那些不能顺产的孕妈妈进行人工分娩的一种安全的生产方式。当然，也有一些孕妈妈因为害怕顺产的疼痛而选择剖宫产，而且现在剖宫产的生产率很高。

剖宫产生产时虽然不痛，可是生产后止疼药作用过后，还是要忍受长时间的疼痛的。而且剖宫产的恢复时间也比顺产长，出血多，住院费用也高，对哺乳也有一定的影响。所以，如果没有必要，最好不要采用剖宫产。

需要做剖宫产手术的情况有：难产、胎位异常、胎儿宫内窘迫、巨大儿、前置胎盘、重度妊娠期高血压综合征等。

综上所述，在本周医生会给孕妈妈具体的分娩方案。医生的建议可能违背了孕妈妈最初的分娩意愿，这时为了母婴健康，孕妈妈应该尊重医生的建议。

提前安排好坐月子时的看护工作

可爱的宝宝即将降生了，他将给全家带来欢乐。但是，宝宝的护理工作、宝宝夜间的哭闹、完全被打乱的生活也会引发家庭矛盾。所以，宝宝出生前最好开个家庭会议，把宝宝出生后照顾的工作分配一下，让所有家庭成员都明确自己的分工和责任，尽量为新生宝宝创造一个和谐的家庭环境。有很多问题是需要解决的，如月子在哪里做，自己家、公婆家还是父母家？宝宝晚上跟谁睡？月子中的三餐谁来做？宝宝的尿布谁来洗？是请老人来帮忙还是请一个专职的保姆？这一切最好事先商量好，不要等到出问题了才想着去解决。

营养课堂

吃些清淡、易消化的食物

大多数产妇在临近分娩时心情都会比较紧张，胃口不好，这个时候可以吃点口味清淡、容易消化吸收的食物，不宜过于油腻，可以吃点面条、牛奶、酸奶等，要吃好、吃饱，为分娩做好充分的能量储备，否则可能会因身体疲劳而引起宫缩乏力、难产、产后出血等危险情况。

补充维生素 C，可降低分娩危险

羊膜过早破裂而早产会为孕妈妈和胎宝宝带来危险，根据科学家的最新研究发现，孕妈妈若能在怀孕期间摄取充足的维生素 C，可促进胶原蛋白合成进而强固羊膜，降低早产的概率，降低分娩的危险。

孕妈妈在怀孕期间不仅要供给自己营养，还要提供胎宝宝养分，而维生素 C 是水溶性维生素，在身体停留的时间不长，有时还来不及被吸收就被排出体外，因此孕妈妈要比平常摄取更多的量，才能充分供给自己和胎宝宝所需。

维生素 C 的主要来源是新鲜蔬菜和水果。水果中的酸枣、柑橘、草莓、猕猴桃等含量最高；蔬菜中以柿子椒、菠菜、韭菜、豆芽及红、黄色辣椒的含量较多。

孕妈妈食用富含维生素C的食物时，尽量选择凉拌、快炒等烹调方式，可减少维生素C的流失。

本周食谱推荐

金橘菠菜豆浆　补充维生素C

材料： 金橘150克，菠菜100克，豆浆300毫升。

做法：

1. 将金橘洗净，切成两半后去子；菠菜择洗干净，入沸水中焯烫，捞出晾凉后切小段。
2. 将金橘、菠菜和豆浆放入果汁机中搅打即可。

功效： 金橘、菠菜富含维生素C，可以强固胎膜，降低分娩的危险。

青菜虾仁粥　增强免疫力

材料： 大米100克，青菜、虾仁各50克。

调料： 鸡汤250克，盐2克。

做法：

1. 青菜洗净，焯水，切段；虾仁洗净，焯水；大米洗净，浸泡30分钟。
2. 锅置火上，倒入鸡汤和适量清水煮开，倒入大米，大火煮沸，转小火熬煮至黏稠，将虾仁放入粥中，略煮片刻后加入青菜，再放入盐调味即可。

功效： 虾仁富含优质的蛋白质，孕妈妈常食这款菜可以增强机体免疫力，提高抗病的能力。

胎教课堂

情绪胎教：认识“爱”这个字，感受孕妈妈对胎宝宝无限的爱

看到“爱”这个字，孕妈妈是否就一下子觉得有一股暖意从心底涌出？妈妈对孩子总是充满了无限的爱。爱是一种发自于内心的情感，字典中它有着许多的意义。现在，就来一起翻翻字典，了解一下“爱”这个字吧。

繁体字的“爱”，从字形上看，不论是爱人还是被爱，都要用心付出和感受。爱人时，爱出自真诚之心，才有让人动容的行为。被爱时，只有用心去体验、去感受，才能了解爱的真谛。

父母对子女倾注了无限的关爱，为他们全身心地付出一生，这都是真心、自然地流露；在爱心中成长的子女，更要用心去体会父母的深情厚爱，从心底生起对父母的感恩之心。

产检课堂

孕 35~36 周，决定分娩方式

到本周，医生会给孕妈妈做内检、阴拭子和 B 超的检查，来决定孕妈妈的分娩方式了。

内检

一般在孕 35 周左右进行，主要是了解骨盆腔的宽度是否适合顺产，同时也希望能刺激子宫颈早点成熟，促进产兆出现，以免发生过期妊娠。

做内检的过程

1. 医生会事先在检查床上铺好清洁的一次性臀垫。

2. 孕妈妈脱掉一条裤腿（一般脱左腿），以膀胱截石位，平躺在检查床上等待检查。

3. 医生会将手指插入阴道，另一手置于腹部上方，以检查子宫位置、大小、形状、软硬度及怀孕周数是否与子宫大小相符。

内检前的准备

1. 做内检前一天的晚上，孕妈妈要将自己外阴部清洗干净（用清水冲洗即可，洗液有可能掩盖阴道存在的病患）。

2. 换上干净的内裤，穿上易于穿脱的衣裤。

3. 内检前，应该排空膀胱。

阴拭子检查

阴拭子检查主要是检查阴道中有无细菌感染，来决定分娩方式。如果感染严重只能剖宫产。

具体就是用小棉棒伸进阴道提取一些白带，然后进行普通培养，如果结果显示阴性，则表示没有细菌生长，可以作为判断是否能顺产的一个依据。

北京协和醫院
细菌培养、药敏(阴拭子)
产科门诊 妊娠状态 女 阴拭子 15G03648
经鉴定：
参考范围：阴性（-）
普通培养经鉴定无致病菌生长
No Pathogen Growth

第36周

胎宝宝 我身上的绒毛和胎脂开始脱落

现在我大概已有2500克重，身长接近45厘米了。覆盖我全身的绒毛和在羊水中保护我皮肤的胎脂正在开始脱落。我现在会吞咽这些脱落的物质和其他分泌物了，这些将积聚在我的肠道里，直到我出生。这种黑色的混合物叫做胎粪，它将荣幸地成为我出生后尿布上的第一团粪便。

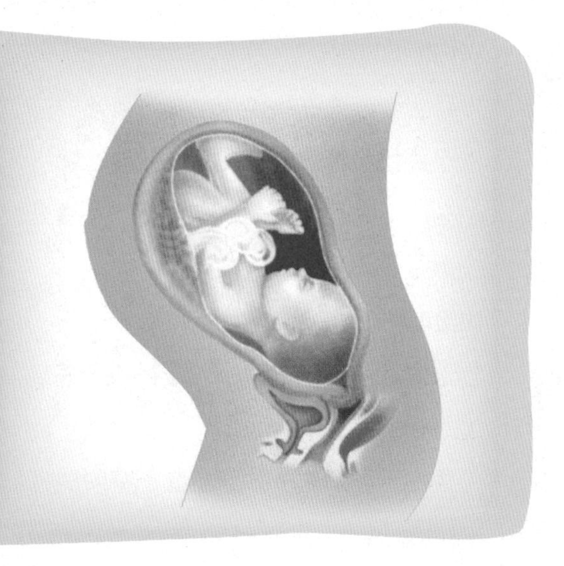

孕妈妈 体重已达到峰值

现在孕妈妈的体重增长已达到最高峰，大约增重11~13千克，需要每周做一次产前检查，以随时监测胎儿在子宫中的情况，必要时可以做一次胎心监护。同时，从有利于分娩的角度出发，医生会根据胎宝宝的状况以及孕妈妈自身的情况，建议增加营养或适当控制饮食。

生活保健

关于无痛分娩，听听专家怎么说

无痛分娩也称为“分娩阵痛”，是指利用各种医学措施使分娩痛减轻甚至消失的一种分娩方式。这种分娩方式可以让孕妈妈不再承受剧痛的折磨，消除孕妈妈对分娩的恐惧和减轻产后疲劳，还能让孕妈妈在第一产程得到足够的休息，为分娩保存体力。

● 无痛分娩在一定程度上缓解产痛

无痛分娩的止痛效果是不同的，首先疼痛是一种主观感受，不同的人对疼痛的耐受力是不同的。其次，孕妈妈的体质对药物的敏感度也是不同的，所以无痛分娩是无法做到彻底的“无痛”。实际上，无痛分娩是通过促进子宫的血液流动，达到缓解宫缩过多带来的负面影响，也就是说无痛分娩是减轻产痛，起到阵痛的效果，而不是让产痛消失。目前大多数人能在无痛的状态下，保持轻微的子宫收缩感，所以，还是在很大程度上能缓解产痛的，这一点是毋庸置疑的。

无痛分娩只是缓解了阵痛，还是会痛的，所以有丈夫的陪伴，更能给孕妈妈力量和信心。

● 无痛分娩也需要用力

无痛分娩所用的阵痛药是一种“感觉与运动分离”的神经阻滞药，它只是麻痹了孕妈妈的疼痛感神经，但运动神经和其他神经是不受影响的。所以，分娩期间，孕妈妈活动是完全自如的，能感觉到腹肌收缩和子宫收缩，可以根据医护人员的指令用力。如果没有用力的感觉，可在医护人员指导下使劲，促进分娩的顺利完成。

● 无痛分娩对母婴健康影响不大

如果无痛分娩操作规范和麻醉药物剂量准确，对母婴的身体是不会造成不良影响的。但有些孕妈妈采取椎管内阻滞阵痛时，会出现头痛、恶心、呕吐、低血压等不适的可能，严重的甚至威胁到生命安全，但这种情况发生的可能性非常低，所以孕妈妈也不必过于担心。

由于无痛分娩的麻醉药浓度远远低于一般手术的药剂量，能经过胎盘进入胎宝宝体内的药物量更是微乎其微，对宝宝不会产生不良的影响，更不会阻碍宝宝的脑部发育。

● 哪些人不适合无痛分娩

无痛分娩让孕妈妈不在经历分娩疼痛的折磨，减少对分娩的恐惧，但并不是所有孕妈妈都适合采取无痛分娩方式。

1. 孕妈妈有阴道分娩禁忌证，如胎盘早剥、前置胎盘、胎儿宫内窘迫等，不适合无痛分娩。

2. 孕妈妈有麻醉禁忌证，如对麻醉药或阵痛剂过敏、耐受力超强等，也不适合无痛分娩。

3. 孕妈妈有凝血功能异常，也不能采用无痛分娩。

4. 孕妈妈有妊娠并发心脏病、药物过敏、腰部有外伤史等情况，应提前告知医生，由医生决定是不是要进行无痛分娩。

练练缩紧阴道的分腿助产运动

孕晚期由于胎宝宝变大，骨盆会产生明显的疼痛和不适。此外，会阴部有压迫感和小便次数频繁也常有发生。通过以下的运动可以降低尿失禁的发生概率，如果有尿失禁的情况，可以使用卫生巾。

● 缩紧阴道

1. 平躺，吸气，同时慢慢地从肛门尽量用力紧缩阴道，注意不要把力量分散到其他部位。

2. 呼气，同时慢慢放松下来。吸气时数到 8，重复 5 次之后改向一侧躺下休息。

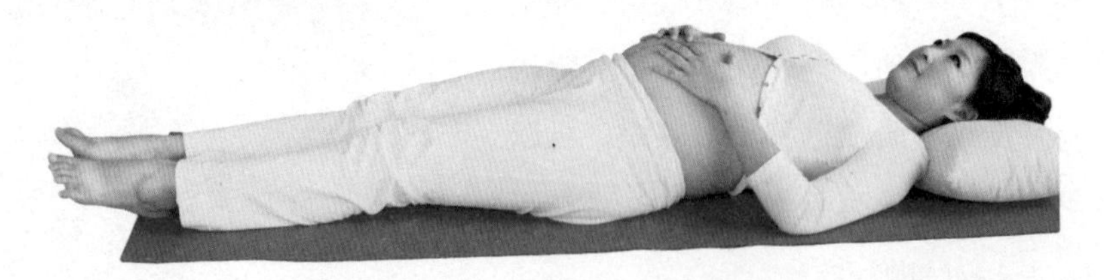

● 分腿运动

1. 在平躺的姿势下将膝盖向上举。用嘴慢慢呼气的同时，按住膝盖并抬起上半身。

2. 用鼻子吸气并恢复平躺姿势，重复 5 次之后改向一侧躺下休息。

科学的分娩姿势，缩短产程

● 待产姿势

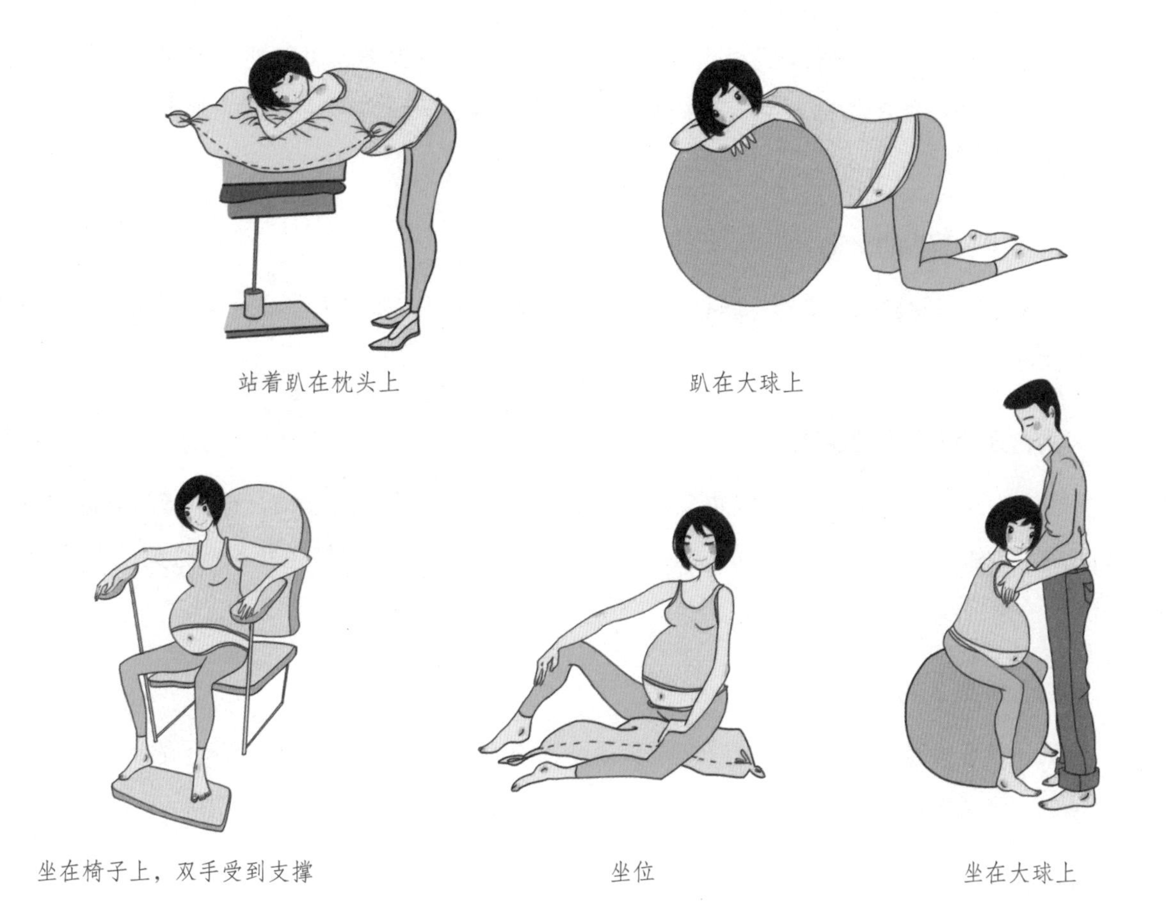

站着趴在枕头上

趴在大球上

坐在椅子上，双手受到支撑

坐位

坐在大球上

● 分娩姿势

一条腿放在躺椅上，另一条腿支撑起来

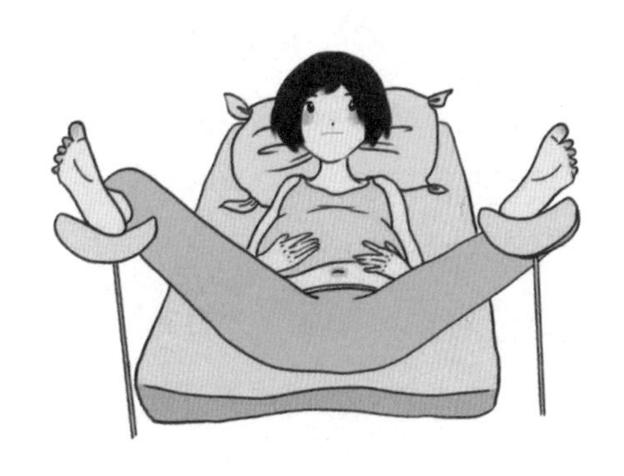

最常用的分娩姿势

营养课堂

吃些缓解产前焦虑的食物

到了这个月，很多孕妈妈都会产生产前焦虑现象，这不仅影响母婴的健康而且不利于分娩。孕妈妈可以在吃的方面入手，来缓解产前焦虑。建议孕妈妈多吃下面的四类食物来缓解产前焦虑。

● 富含维生素C的食物

维生素C能消除紧张、安神、静心等作用，所以孕妈妈可以多吃富含维生素C的食物，如新鲜的蔬菜和水果。

● 富含B族维生素的食物

B族维生素是构成脑神经传导物质的重要物质，能减少情绪的波动，缓解产前焦虑的情绪，所以孕妈妈可以多食一些富含B族维生素的食物，如鸡蛋、深绿色蔬菜、谷类、南瓜子、芝麻等。

● 富含钾离子的食物

钾离子具有舒缓情绪、稳定血压的作用，所以孕妈妈产前可以吃些富含钾离子的食物，如香蕉、瘦肉、坚果类等。

● 深海鱼

深海鱼含有大量Ω-3脂肪酸，能促进血清素的分泌，从而缓解产前焦虑情绪，所以孕妈妈可以多吃些深海鱼，如鲑鱼等。

多吃膳食纤维防止便秘，促进肠道蠕动

孕后期，逐渐增大的胎宝宝给孕妈妈造成了很大的影响，孕妈妈很容易发生便秘，继而可能导致痔疮的发生。所以，为了防治便秘，孕妈妈应该多摄取膳食纤维，以促进肠道的蠕动，防止便秘的产生或改善便秘的症状。

全麦面包、芹菜、胡萝卜、红薯、土豆、豆芽、菜花等食物中都含有丰富的膳食纤维，孕妈妈可选择食用。此外，孕妈妈要养成每日定时排便的习惯，还应该适当进行户外运动，这些都有利于防治便秘。

本周食谱推荐

莲子大米粥　静心安神

材料： 大米 20 克，莲子 25 克。

调料： 冰糖 10 克。

做法：

1. 莲子洗净，去芯；大米淘洗干净，用水浸泡30分钟。
2. 锅置火上，加适量清水烧沸，放入莲子和大米，大火煮沸后转小火继续熬煮至粥黏稠，最后加入冰糖稍煮即可。

功效： 莲子中含有的莲子碱、芳香苷等成分有镇静作用，孕妈妈经常食用莲子可帮助产生困倦感，帮助入睡。

芒果蜂蜜牛奶饮　缓和烦躁情绪

材料： 芒果 200 克，脱脂牛奶 300 毫升，蜂蜜适量。

做法：

1. 芒果去皮、核，将果肉切成小块。
2. 将芒果、牛奶放入榨汁机里搅打，打好后加入蜂蜜调匀即可。

功效： 蜂蜜可以除心烦；牛奶可以抑制大脑活跃，搭配食用，有助于孕妈妈缓和烦躁情绪。

胎教课堂

情绪胎教：认识“父”“母”，感受家人之间的亲情

胎宝宝在渐渐地长大，最终将会离开母体，与自己的父母见面，成为家庭中的一员。那么，现在就让他来了解一下“父”和“母”的含义吧。

甲骨文的“父”字之形似右手持棒之形，意思是手里举着棍棒，督导子女守规矩的人。金文跟甲骨文差不多，而小篆则更加整齐化，隶变后成为现在楷书中的“父”字。

甲骨文的“母”字象征着一个女人双手交叉跪在地上，两点表示乳房，字形似能乳子的女人形。到金文后稍微繁写，小篆则更加整齐化，隶变后成为现在楷书中的“母”字。

第37周

胎宝宝 我是足月儿了

恭喜我吧！本周我已经完全入盆，到这周末，我就可以算是足月的宝宝了——这意味着我现在已经发育完全，为子宫外的生活做好了准备。我现在大概重2700克，身长约46厘米。

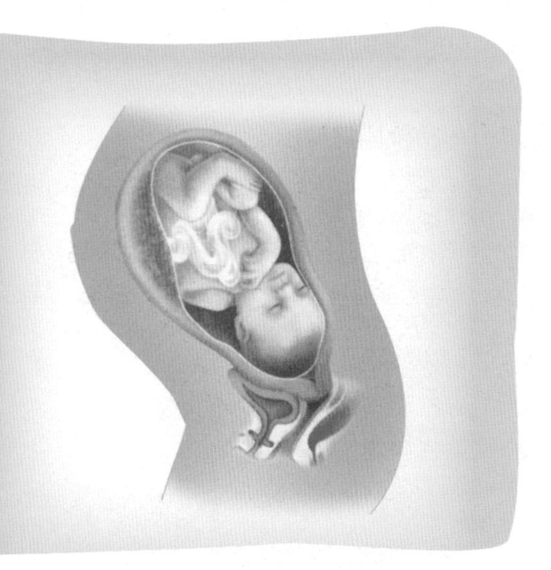

孕妈妈 身体更加沉重，胃口似乎好起来

这一周，孕妈妈的肚子会越来越大，感觉身体更加沉重，动作也越发笨拙费力，子宫底的高度为32~35厘米。孕妈妈会觉得突出的腹部逐渐下坠，这是因为胎宝宝的先露部分开始下降至孕妈妈的骨盆，即通常所说的“入盆”，是在为分娩作准备。因胎宝宝位置的降低，孕妈妈胸部下方和上腹部变得轻松起来，对胃的压迫变小了，胃口也跟着好了起来，但是行动却日益困难，同时不规则宫缩频率增加，小便次数也在增加。

生活保健

了解临产征兆，不再手忙脚乱

● 不规则宫缩

为分娩做准备，子宫会频繁不规则地收缩，常在夜间发作，白天好转，站立活动后多发，休息后好转。孕妈妈常常会因此感到腰酸和腹胀，也有人会觉得肚子发硬。

● 胎位固定

临产前，由于胎宝宝的头部已经下降到了骨盆里，胎位已经固定，随时准备降生，所以孕妈妈就会觉得他安静了许多。这是正常现象，孕妈妈不必担心。

● 见红

在分娩前 24 ~ 48 个小时内，因宫颈内口扩张导致附近的胎膜与该处的子宫壁分离，毛细血管破裂经阴道排出少量血液，与宫颈管内的黏液相混排出，俗称见红，是分娩即将开始的比较可靠的特征。

● 阵痛

临近分娩，子宫会开始收缩，把胎宝宝往产道方向挤压，这样孕妈妈就会感觉到阵痛。如果孕妈妈感觉到宫缩，可以先监测一下宫缩的间隔时间。如果没有规律或是有规律但间隔很长，那么离分娩还有一段时间，可以在家休息。等阵痛达到至少 10 分钟一次的时候再入院待产。在家休息时不用一直卧床，也可以下床走动。只要不做剧烈和使用腹肌的运动就不会有什么问题。

哪些特殊情况，需要提前住院

在妊娠 10 个月中，孕妈妈都会按照医生建议定时进行产检，如果孕妈妈身体出现特殊情况，为了母婴的健康，医生就会要求孕妈妈提前住院，这时孕妈妈要遵循医生的建议。主要有以下几种情况：

1. 孕妈妈是重度子痫前期（妊娠期高血压疾病），不管是什么孕周，都主张提前住院。

2. 孕妈妈是妊娠合并心脏病，应提前住院，做相关科室的检查，为顺利分娩提供安全的保障。

3. 孕妈妈患有糖尿病，也应提前住院，随时做好分娩的准备。

4. 孕妈妈胎位不正，如臀位、横位等，应提前住院，随时做好剖宫产的准备。

5. 孕妈妈有剖宫产史，再次怀孕，医生会建议孕妈妈提前住院，方便医生观察孕妈妈的情况，决定分娩的方式。

6. 孕妈妈是双胞胎或者多胎妊娠时，应提前住院，这样可以随时观察孕妈妈和胎宝宝的情况，及时采取分娩措施，保证母婴健康。

一般情况下，产检时医生会根据孕妈妈的身体情况，决定是否需要提前住院，所以只要遵医嘱就好。

不要进行坐浴，避免感染

妊娠后，胎盘产生大量的雌激素和孕激素，致使阴道上皮细胞通透性增强，脱落细胞增多，宫颈腺体分泌功能增强，使阴道分泌物增多，这就改变了阴道的酸碱度，易引起病原菌感染。到了孕晚期，宫颈短而松，一旦发生生殖道感染，很容易通过松弛的宫颈感染到宫内。生殖道感染增加软产道裂伤的机会，宫内感染可能会引起胎宝宝的感染。如果孕妈妈坐浴，浴后的脏水有可能进入阴道，而阴道的防病能力弱，就容易引起感染。所以孕妈妈这时候不要坐浴。

分娩前要保证充足的休息

临近预产期，孕妈妈随时都有分娩的可能，且每天都会感到几次不规则的子宫收缩，经过卧床休息，宫缩会很快消失。这时，孕妈妈需要保持正常的生活和睡眠，吃些营养丰富、容易消化的食物，如鸡蛋、牛奶等，为分娩准备充足的体力。

临近分娩时，孕妈妈除了保持充足的睡眠外，适当地午睡也有利于分娩，因为分娩时体力消耗较大。

此外，接近预产期的孕妈妈应尽量避免单独外出和旅行，但也不适合整天卧床休息，做一些力所能及的轻微运动也是有利于分娩的。

分娩前排净大小便很重要

分娩时子宫会进行强有力的收缩，如果肠道内充满粪便或者膀胱留有尿液，会直接影响子宫的收缩程度，进而延长分娩的时间，而且胎头长时间压迫膀胱、肛门括约肌，可能会导致孕妈妈在分娩时把大便、尿液和胎宝宝一起娩出，这样就会增加胎宝宝感染的概率，所以孕妈妈待产时要定时排大小便，使肠道和膀胱处于空虚状态。

不过，万一孕妈妈在分娩时出现排便、排尿的情况也不要惊慌，助产医生、护士有足够的经验来应对这些特殊情况，保证母婴的安全。

分娩时禁止大声喊叫

孕妈妈在分娩时尽量不要大喊大叫，因为这样消耗大量的体力，不利于子宫的扩张和胎宝宝的下降，也就是说对分娩没有任何好处。实际上，正确的做法是孕妈妈事先对分娩有一个正确的认识，消除心理的紧张，抓紧宫缩间歇休息，保存足够的体力。

如果孕妈妈感觉阵痛实在难以忍受，可以通过按摩、深呼吸、转移注意力等方式缓解疼痛，或者告诉自己，这样的疼痛是为了宝宝来提升对疼痛的耐受力。

营养课堂

多吃高锌食物有助于自然分娩

国外有研究表明，分娩方式与怀孕后期饮食中锌的含量有关。也即孕后期每天摄入锌越多，自然分娩的机会就越大。因为锌能增强子宫有关酶的活性，促进子宫肌肉收缩，使胎宝宝顺利分娩出子宫腔。

如果孕妈妈缺锌，子宫肌收缩力弱，无法自行驱出胎宝宝，需要借助如产钳、吸引力等外力才能娩出，增加分娩的痛苦，还有导致产后出血过多及其他妇科疾病的可能，严重影响母婴健康。

在孕期，孕妈妈需要多吃一些富含锌元素的食物，如猪肾、瘦肉、海鱼、紫菜、牡蛎、蛤蜊、黄豆、绿豆、核桃、花生、栗子等。特别是牡蛎，含锌最高，可以多食。

孕晚期正常饮食即可

孕晚期不需大量进补，否则容易导致孕妈妈的过度肥胖和巨大儿的发生。孕妈妈在怀孕期间的体重增加10~15千克为正常，如果体重超标，容易引发妊娠期糖尿病。

新生婴儿的体重也并不是越重越好，一般来说2.5~4千克是标准体重，2.5千克是下限，超过4千克是巨大儿。巨大儿出生时，孕妈妈的产道容易损伤，产后出血概率也比较高。巨大儿出生后对营养的需求量大，但自身摄入有限，所以更容易生病。

所以，孕晚期孕妈妈只要坚持正常的饮食即可，不需要刻意增加营养。

孕妈妈饮食要均衡，既可以补充胎宝宝成长所需的营养，还能为分娩体重基础能量。

本周食谱推荐

雪菜炒蚕豆 促进消化

材料： 蚕豆 300 克，雪菜 100 克。

调料： 盐 2 克，蒜末 5 克，植物油适量。

做法：

1. 蚕豆洗净；雪菜洗净，切段。
2. 锅内倒油烧热，爆香蒜末，放入蚕豆，翻炒2分钟，倒入雪菜，将雪菜和蚕豆搅拌均匀后加入少许水，煮3分钟后调入盐，持续用大火煮，收干汤汁即可。

功效： 雪菜中含有一种特殊的鲜香味，这种鲜香味可以刺激孕妈妈的食欲，提高消化酶的活力，促进食物的消化吸收。

松仁玉米 缓解疲劳

材料： 嫩玉米粒 200 克，熟黄瓜丁 50 克，去皮松仁 30 克。

调料： 盐 2 克，白糖 5 克，水淀粉 10 克，植物油适量。

做法：

1. 玉米粒洗净，焯水，捞出；松仁炸香，捞出。
2. 油锅烧热，放玉米、黄瓜丁炒熟，加盐、白糖，用水淀粉勾芡，加松仁即可。

功效： 玉米和松仁中维生素 E、维生素 C、蛋白质的含量比较高，孕妈妈常食有助于消除疲劳、恢复体能和脑力。

胎教课堂

音乐胎教：欣赏《小夜曲》，让孕妈妈心情愉悦

《小夜曲》是一种非常抒情的音乐，今天我们要推荐孕妈妈来听的是海顿所作的《F大调第十七弦乐四重奏》的第二乐章“如歌的行板”。

● 什么时间听

在寂静的黄昏、夜晚，孕妈妈可以坐在窗前，望着窗外的景色，听这首曲子。

● 怎么听

这首小夜曲，色彩明朗，节奏轻快，旋律优美，具有一种典雅而又质朴的情调，表现了无忧无虑的意境，如同一个少年在倾诉对爱人的思念，让人心旷神怡。乐曲由第一小提琴奏出柔美亲切的主题，充满欢乐的情绪。其他三个声部由第二小提琴、中提琴、大提琴用拨弦模仿吉他的音响为之伴奏。篇幅较小，显得很精致。旋律轻盈、优美。曲中连续出现了三次远距离大跳，但旋律线条依然流畅并富有歌唱性。结尾也仍保持着清晰、动听的歌唱性旋律。

● 关于这首曲子

此曲原为海顿F大调第十七弦乐四重奏的第二乐章，名为《如歌的行板》，后来被改编为管弦乐曲、小提琴独奏曲、吉他曲等，也被称作《小夜曲》。海顿一生中共写有80余首弦乐四重奏，大多是欢乐热情的风格，这首也不例外。这是一首典型的器乐小夜曲，是海顿在1771年所作。听了这首充满生气的曲子，相信孕妈妈会心情愉快的。

孕妈妈在听音乐的时候，可以在肚子上面玩一个玩具，让宝宝更加感受到妈妈浓浓的爱意。

产检课堂

孕 37 周，检测胎动、胎心率

从 37 周开始，孕妈妈已经进入怀孕的最后一个月，要每周进行一次产前检查。重点产检项目：注意胎动，检测胎心率。

● 胎动检测

孕晚期对胎动的严密监测就是监护胎宝宝的生命安全。正常胎动为每天 30~40 次。怀孕的 28~32 周，胎动最强烈；孕晚期，尤其是临近产期的孕 38 周后胎动幅度、次数有所减少，孕妈妈感觉为蠕动。孕妈妈应该以 24 小时作为一个周期，来观察宝宝的胎动是否正常。

一般来说，早晨胎动最少，孕妈妈数胎动的时间最好固定在每晚 8~11 点，每天要坚持数宝宝胎动 3 次，每次 1 小时，1 小时胎动 3~5 次就能表明宝宝情况良好，晚上常常活动 6~10 次。

当胎动的规律出现变化，胎动次数少于或超出正常胎动次数时，要格外小心。如果发现胎宝宝的胎动次数明显异于平时，比如 1 小时胎动次数少于 3 次，应再数 1 小时，如仍少于 3 次，应立即去医院做进一步检查。

● 胎心率

怀孕 37 周左右开始，医生还会对胎宝宝进行两次以上的胎心监护，方便了解胎宝宝的宫内情况。

胎心率线

胎心监护仪上主要有两条线，上面一条是胎心率，正常情况下波动在 120～160，一般表现为基础心率线，多为一条波形曲线，出现胎动时心率会上升，出现一个向上突起的曲线，胎动结束后会慢慢下降。胎动计数＞30次/12小时为正常，胎动计数＜10次/12小时提示胎儿缺氧。

宫内压力线

下面一条线表示宫内压力，在宫缩时会增高，随后会保持 20mmHg左右。

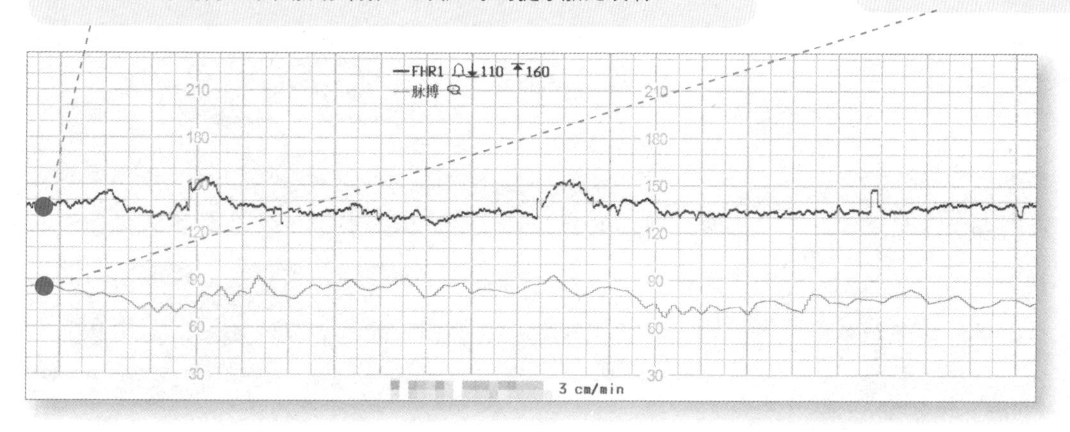

第38周

胎宝宝 临近出生，我加紧练习各种动作

本周我可能重约2900克，长约47厘米。我已经胖起来了，昔日妈妈那宽敞明亮的“小房子”对于现在的我来说已经不够用了，所以有时我会整个蜷缩起来像个小球一样，头朝下，变成准备出生的姿势。

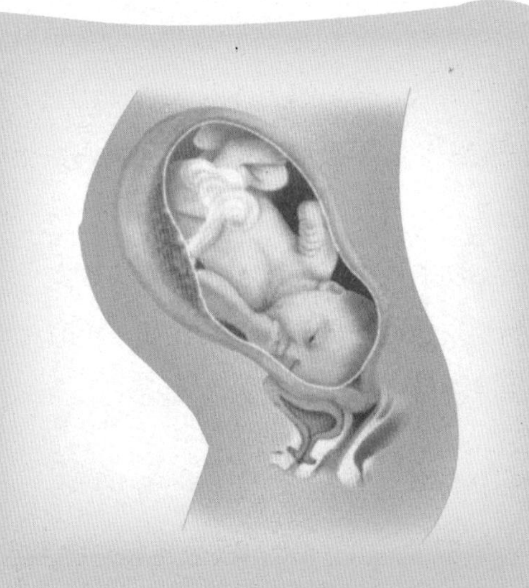

这时候，妈妈会因为我的入盆而对我活动的次数及强度感觉不如以前明显。我丝毫也没有闲着，我抓紧时间加紧练习吸吮、呼吸、眨眼、踏步、转头、吮拇指、握拳、手指交叉紧握等这些在我亮相于这个世界时需要的各种动作。本周我的器官已经完全发育，并各就其位，我的肺部和大脑已经足以发挥功能了，但是它们将在我的整个童年时期继续发育。

孕妈妈 仍感觉不适，对分娩有焦虑

尽管大部分孕妈妈的体重在这周不再增加了，但还是会觉得不舒服。平时要注意小心活动，避免长期站立等。

孕妈妈现在既盼望快点与小宝宝见面，又害怕分娩的疼痛，担心自己是不是真的能够挨过分娩的阵痛。为此，可能会出现紧张、烦躁、焦虑等负面情绪，这都是正常现象，相信有准备的你应该很快就可以调整过来。孕妈妈要适当活动，充分休息，还要密切关注自己身体的变化，一出现临产征兆，就要入院待产。

生活保健

提前了解三大产程，做到心里有数

自然分娩被分为三个阶段，叫做“三大产程”。第一产程指子宫闭合至开到10厘米左右的阶段，可以持续24小时；第二产程指从子宫颈口全开到胎宝宝娩出的阶段，一般需1小时左右，不超过2小时；第三产程指从胎宝宝娩出到胎盘娩出的阶段，需6～30分钟。下面介绍一下三大产程中胎宝宝娩出过程。

● 第一产程：宫颈开口期

指子宫闭合至开到10厘米左右的过程，可以持续24小时。根据子宫颈的扩张程度可分为潜伏期与活跃期。潜伏期：子宫颈扩张至约3厘米时，产妇会产生渐进式收缩，并产生规则阵痛；活跃期：此时期，子宫颈扩张从3厘米持续进展至10厘米。初产妇约需经历4～8小时；经产妇约2～4小时。宫颈开口期过程如下图：

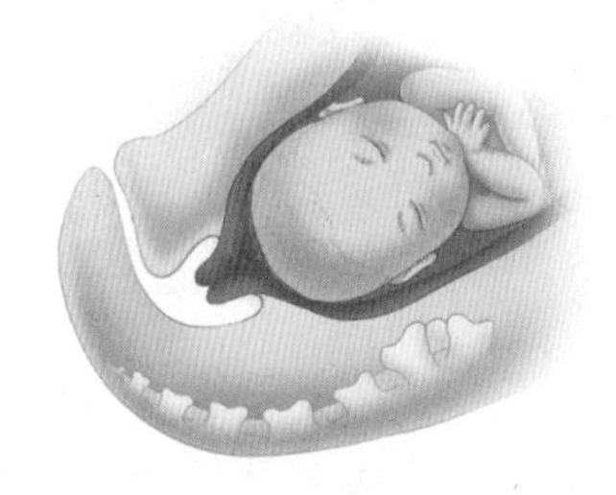

产程开始前的宫颈口

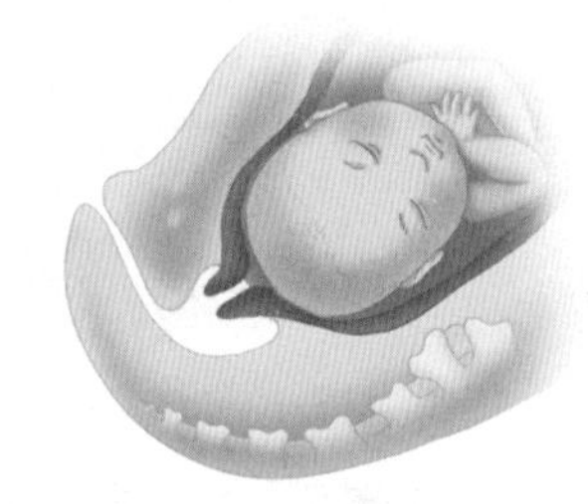

宫颈口已经开始打开

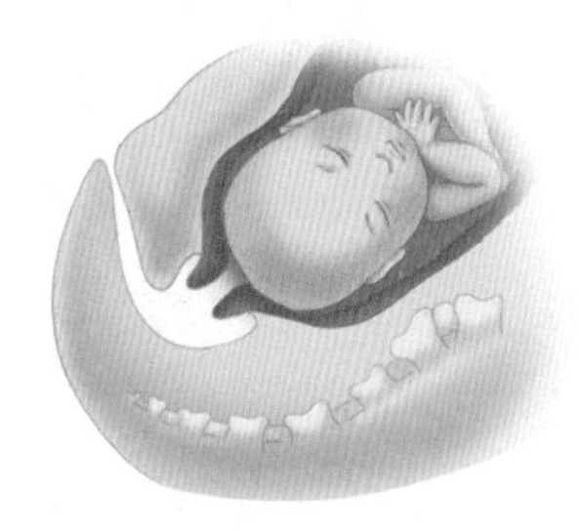

宫颈口继续打开

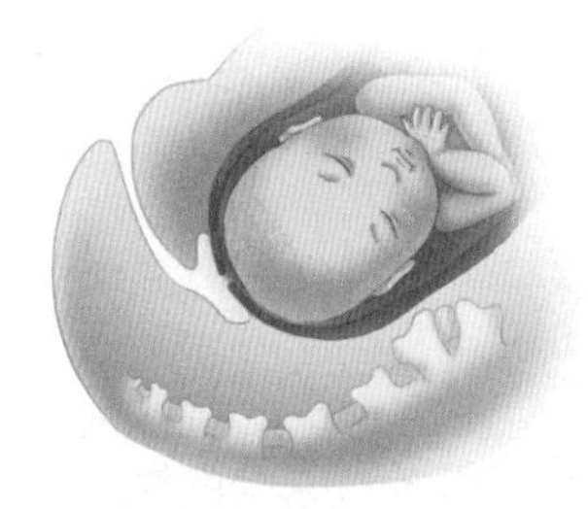

宫颈口开始缩回

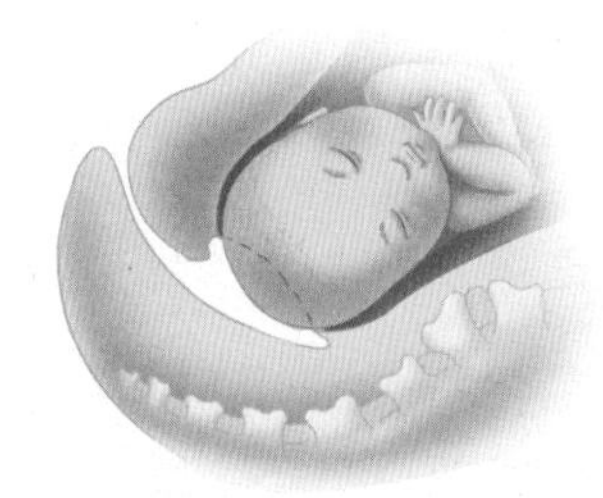

宫颈口完全缩回，宝宝的头开始进入阴道

第二产程：分娩期

是指从子宫颈全开到胎儿娩出的过程，当子宫颈全开以后，就进入第二产程。这时，胎头会慢慢往下降，产妇会感到疼痛的部位也逐渐往下移。这时，宝宝胎头逐渐经由一定方向的旋转下降，最后娩出。初产妇1～2小时；经产妇0.5～1小时。分娩期过程如下图：

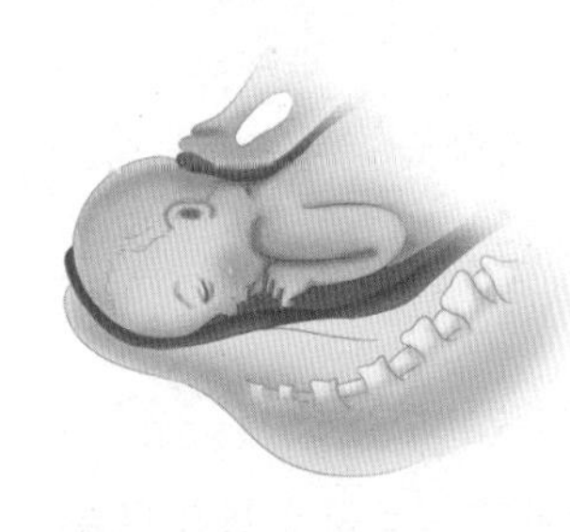
宝宝的头娩出，脖子抵达阴蒂

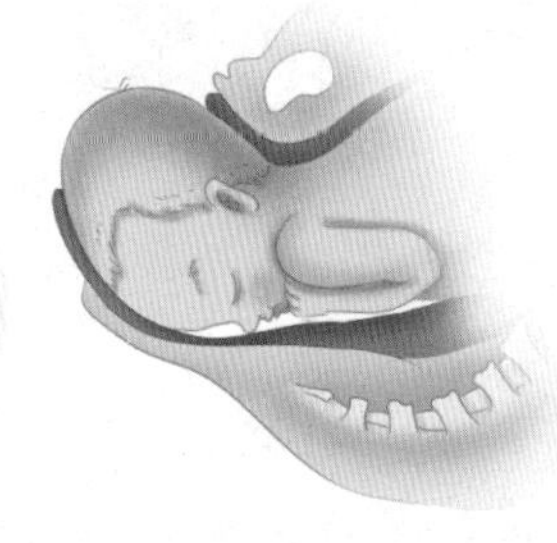
宝宝头娩出，可以看到外阴

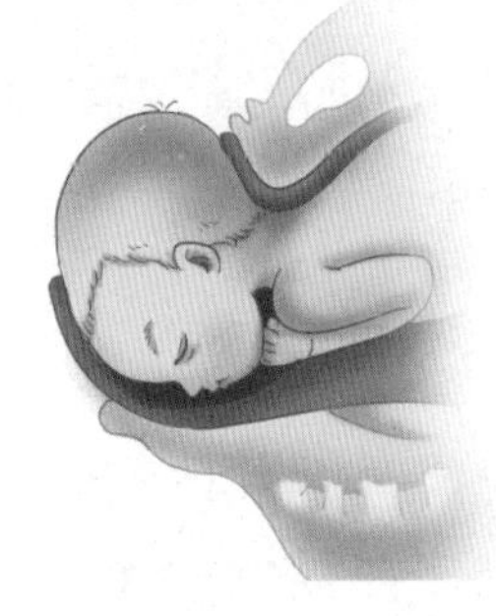
宝宝头娩出，会阴出现松弛

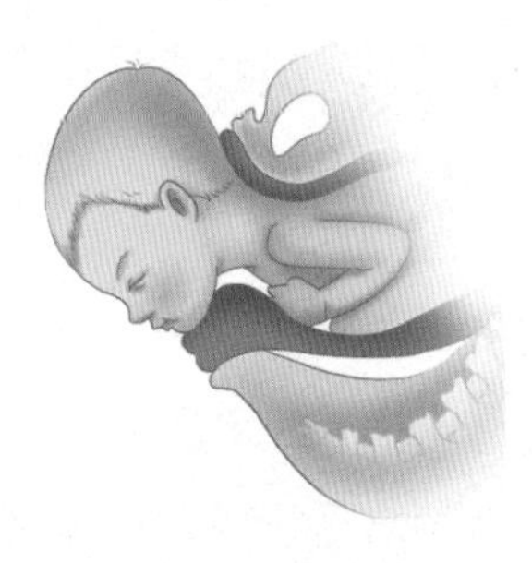
宝宝的头完全娩出外阴

第三产程：娩出期

是指从胎儿娩出后到胎盘娩出的过程，等宝宝产出后将脐带钳夹，再等胎盘自行剥落或协助排出。一般需要5～30分钟。

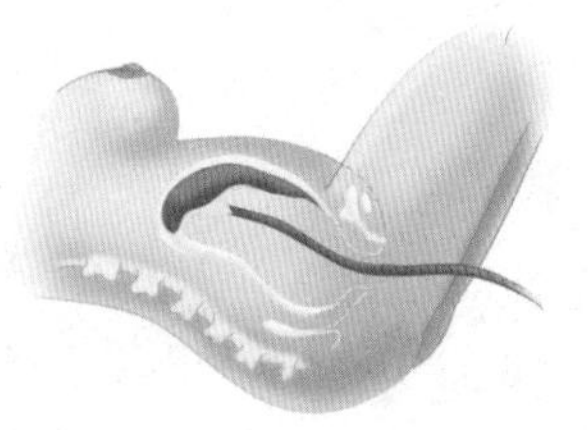
宝宝娩出后，胎盘的位置

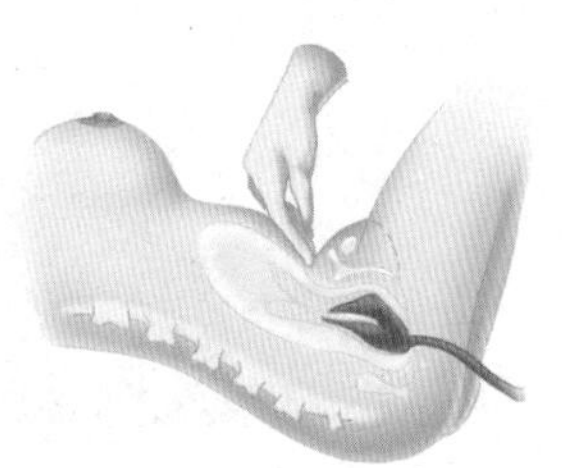
医生按压腹部和子宫，加速胎盘的排出

本月尚未入盆，应该多运动

进入孕10月了，一般现在这个时候，多数胎宝宝的头部已经沉入到骨盆中，为顺利出生做好准备了。可是有些孕妈妈在进行产检时会发现，胎宝宝并没有入盆，孕妈妈就会惴惴不安，害怕胎宝宝不能正常分娩。

其实，孕10月胎宝宝还没有入盆的情况，并不少见，并不能说明胎宝宝就不能自然分娩，有些到临产前才入盆的，甚至到了临产时也未能入盆的，最后也能顺利分娩，所以孕妈妈不要惊慌，可以在医生的建议下，多运动一下，有利于胎宝宝入盆，如爬楼梯等。

爬楼梯

爬楼梯可以锻炼大腿和臀部的肌肉群，帮助胎宝宝入盆，使第一产程尽快到来。

平时，孕妈妈可以爬单元楼内的楼梯，午后可以找一个小山包走一走。山上草木繁盛，14~16时正是草木释放氧气最强的时候，孕妈妈可以借爬山进行充氧。如果觉得累，一定要及时休息。下楼或下山时要留心脚下，注意安全。当然，身边一定要有人陪伴。

远离临产七忌，安心待产

一忌怕

孕妈妈要放松心情，轻松对待分娩过程，只要做好产前检查，基本上都能安全分娩的。

二忌累

到了孕晚期，活动量要适当减少，工作强度也要降低，特别要休息好，充足睡眠。只有这样才能在分娩的时候精力十足。

三忌急

有些孕妈妈是急性子，在分娩这件事上也一样，没到预产期就急着要见到小宝宝，到了预产期，就坐立不安了。要知道，提前10天或延后10天都是正常现象的，孕妈妈不要着急。

四忌忧

要知道，如果孕妈妈带有精神不振、忧愁、苦闷等消极的情绪，会影响孕妈妈的顺利分娩的。所以孕妈妈一定要以积极乐观的心态来迎接分娩。

五忌饿

孕妈妈分娩时要消耗很大的体力，因此孕妈妈临产时一定要吃饱、吃好，在分娩过程中也要吃东西，千万不能空着肚子进产房。

六忌粗心

一些孕妈妈到了临产日期还不以为然，准备不充分，等到要分娩时就手忙脚乱，这样是很容易出差错的。所以孕妈妈之前一定要准备妥当，安然进产房。

七忌滥用药物

分娩是正常的生理活动，一般是不需要用药的，孕妈妈千万不可自己滥用药物，更不可随便注射催产剂，以免造成严重后果。

孕妈妈临产前可以做点自己喜欢的事儿，如玩玩七巧板等，来转移自己对分娩的恐惧。

营养课堂

待产期间适当进食

待产期间孕妈妈要适当进食，以补充体力，可以多吃一些富有营养、易于消化且清淡的食物，例如挂面、馄饨、鸡汤、鱼汤等。也可以随身携带一些高能量的小零食，如巧克力等，以便随时补充分娩时消耗的体力。

馄饨

第一产程：半流质食物

第一产程并不需要产妇用力，但是耗时会较长，所以孕妈妈可以借机尽可能多地补充些能量，以备有足够的精力顺利度过第二产程。孕妈妈可以多吃稀软、清淡、易消化的半流质食物，如蛋糕、面条、糖粥、面包等，因为这些食物多以碳水化合物为主，在胃中停留时间比蛋白质和脂肪短，易于消化，不会在宫缩紧张时引起产妇的不适或恶心、呕吐。

糖粥

第二产程：流质食物

在即将进入第二产程时，随着宫缩加强，疼痛加剧，体能消耗增加，这时候多数产妇不愿进食，可尽量在宫缩间歇适当喝点果汁或菜汤、红糖水、藕粉等流质食物，以补充体力，增加产力。

巧克力是很多营养学家和医生所力荐的“助产大力士”，孕妈妈不妨准备一些，以备分娩时增加能量，补充体力。

藕粉粥

本周食谱推荐

香菇胡萝卜鸡蛋面 促进消化

材料：鲜面条50克，香菇、胡萝卜各20克，菜心100克。

调料：蒜片10克，盐2克，植物油适量。

做法：

1. 菜心洗净，切段；香菇、胡萝卜均洗净，切片。
2. 锅内倒油烧热，爆香蒜片，放入胡萝卜片、香菇片、菜心段略炒，加足量清水大火烧开。
3. 将鲜面条用水冲洗，去掉外面的防黏淀粉，以保持汤汁清澈。
4. 洗好的面条放入锅中煮熟，加盐调味即可。

香椿拌豆腐 消除水肿

材料：豆腐200克，香椿100克。

调料：盐2克，香油5克。

做法：

1. 豆腐洗净，放沸水中焯烫，捞出，晾凉，搅碎，装盘。
2. 香椿洗净，放沸水中焯一下，捞出，放凉水中过凉，沥干水分，切碎，放入豆腐中，加盐、香油拌匀即可。

功效：玉米和松仁中维生素E、维生素C、蛋白质的含量比较高，孕妈妈常食有助于消除疲劳、恢复体能和脑力。

胎教课堂

语言胎教：读读《荷叶母亲》，感受母爱的伟大

父亲的朋友送给我们两缸莲花，一缸是红的，一缸是白的，都摆在院子里。

八年之久，我没有在院子里看莲花了——但故乡的园院里，却有许多；不但有并蒂的，还有三蒂的、四蒂的，都是红莲。

九年前的一个月夜，祖父和我在园里乘凉。祖父笑着和我说："我们园里最初开三蒂莲的时候，正好我们大家庭中添了你们三个姊妹。大家都欢喜，说是应了花瑞。"

半夜里听见繁杂的雨声，早起是浓阴的天，我觉得有些烦闷。从窗内往外看时，那一朵白莲已经谢了，白瓣儿小船般散飘在水里。梗上只留个小小的莲蓬，和几根淡黄色的花须。那一朵红莲，昨夜还是菡萏①的，今晨却开满了，亭亭地在绿叶中间立着。

仍是不适意——徘徊了一会儿，窗外雷声作了，大雨接着就来，愈下愈大。那朵红莲，被那繁密的雨点，打得左右攲斜②。无遮蔽的天空之下，我不敢下阶去，也无法可想。

对屋里母亲唤着，我连忙走过去，坐在母亲旁边——一回头忽然看见红莲旁边的一个大荷叶，慢慢地倾侧了下来，正覆盖在红莲上面……我不宁的心绪散尽了。

雨势并不减退，红莲却不摇动了。雨点不住地打着，只能在那勇敢慈怜的荷叶上面，聚了些流转无力的水珠。

我心中深深地受了感动——

母亲啊，你是荷叶，我是红莲，心中的雨点来了，除了你，谁是我在无遮拦天空下的荫蔽？

冰心一九二二年七月二十一日

注释:

①菡萏（hàn dàn）：荷花的别称，古人称未开的荷花为菡萏，即花苞。

②攲斜（qī xié）：倾斜，歪斜。

产检课堂

孕 38~42 周，每周一次产检

从本周开始，孕妈妈需要每周都做例行常规检查了。主要有阴道检查、检测胎心、观察羊水、宫颈指诊。

● 阴道检查

分娩过程的进展具有一定的规律性。判断产程的进展是否正常主要靠的是观察待产妇子宫颈口的进行性开大以及胎儿先露部分进行性下降的情况，这两方面的检查必须通过阴道检查才能进一步明确。

阴道检查要求必须严格消毒，否则也可能引起感染。

阴道检查可清楚地了解子宫颈开大的程度，比如宫颈位置、软硬度、胎头的位置，胎头有无变形及与骨盆的关系到底正确与否。因此，在第一产程中，医护人员会每隔 2 小时做一次阴道检查，如果进展不好，即宫口仍不断开大而胎儿先露部分不下降，或者先露下降满意但宫颈不开大，或者两个都没啥进展，就表明产程出现问题，医生会根据情况及时处理。临产时，每个产妇都要与医护人员配合，做好这项检查。

● 检测胎心

胎心反映的是胎儿在宫内的状态，当各种原因引起胎儿缺氧时，很敏感的胎心就会出现变化。正常的胎心率一般为 120~160 次 / 分，低于 120 次 / 分或高于 160 次 / 分都表明胎儿已经有缺氧迹象。

临产时，要了解胎心的情况，医生习惯用胎心听诊器听诊，第一产程一般是 1 小时听一次，第二产程一般每隔 5~10 分钟听一次。随着科学技术的发展，胎心监护仪逐步得到普及，目前许多医院都已经使用了。

胎心监护仪是利用胎心探头，固定于产妇腹部听胎心最清楚的部位，连续地记录胎心信号，并记录在胎心监测的图纸上，因此可以较长时间连续了解胎心的变化，还能记录子宫收缩的情况，并了解胎心与宫缩变化的关系，因此使用胎心监护仪监测胎心和宫缩的变化是非常好的监护措施。

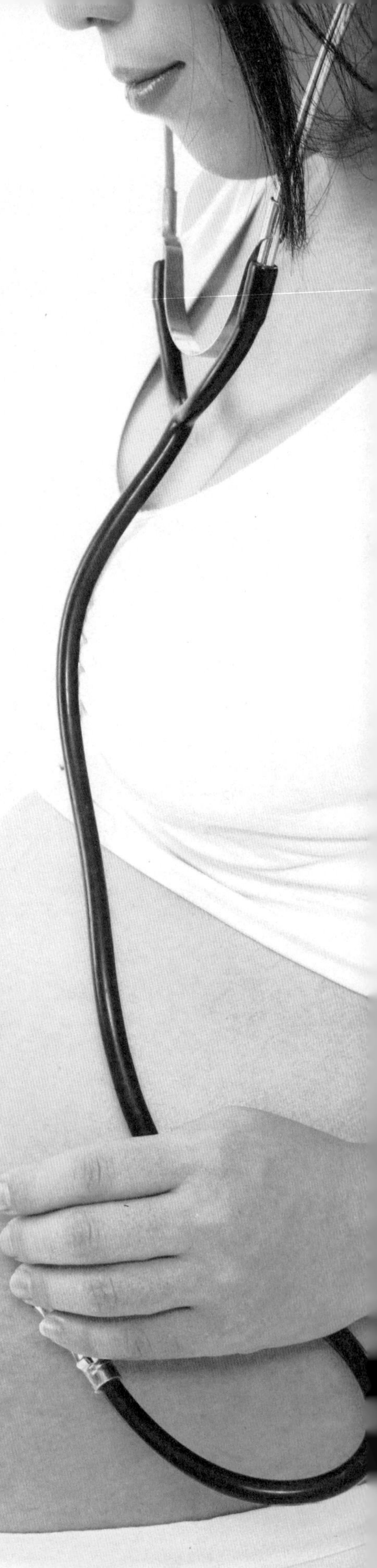

● 观察羊水

大多数产妇都是在胎膜破裂后羊水流出。羊水的性状、多少与胎心的变化同样重要，也是能很好地反映宫内状况的重要因素。

一般来说，羊水是半透明的乳白色，内含白色的胎脂，还有胎儿的毳毛以及胎儿脱落的鳞状上皮细胞。当羊水中混入少量胎粪时，羊水会变为黄色。但当有比较多的胎粪排至羊水中时，尤其是当羊水量较少的情况下，羊水变为绿色甚至深绿色，会很黏稠。

正常头位分娩的胎儿，在产程中是不应该有胎粪排出的，只有在胎儿缺氧的情况下，胎粪才排出。所以，如果看到羊水变黄、变绿时，就表明胎儿有缺氧情况存在了。羊水颜色越深，羊水量越少，情况就越不好，胎儿吞入这样的羊水，黏稠的胎粪通过气管吸入肺中，常常会造成严重的问题。

因此，临产时有破水后，除了观察胎心情况，还要密切观察羊水状况。

● 宫颈指诊

对于过期妊娠，有经验的医生会通过宫颈指诊来评估子宫颈成熟度（指子宫颈的柔软度和子宫外口的扩张度），从而考虑是否早一点接受催生处理，即利用催产素诱发产痛，娩出胎儿。

在决定催生前，必须接受密切的产前检查及胎儿检测。

在开始催生前，产妇最好禁食数小时，让胃中食物排空，避免在催生时发生呕吐现象；另外，催生过程中，必须监护胎心，便于早期发现胎儿窘迫，及时处理应对。

第39周

胎宝宝 这时候我安静了许多

我已经准备好来到这个世界上了 我的脂肪层正在加厚，这会帮助我在出生后控制体温。本周我可能已经有 48 厘米长，体重约 3200 克之间。一般情况下，男孩往往比女孩略重一些。

这一周我身体的各器官都已经完全发育，并各就其位了。我的外层皮肤正在脱落，取而代之的是下面的新皮肤。我的活动越来越少了，安静了许多，不过请妈妈不要担心，这主要是因为我的头部已经固定在骨盆中了，正在为分娩做最后的准备呢。

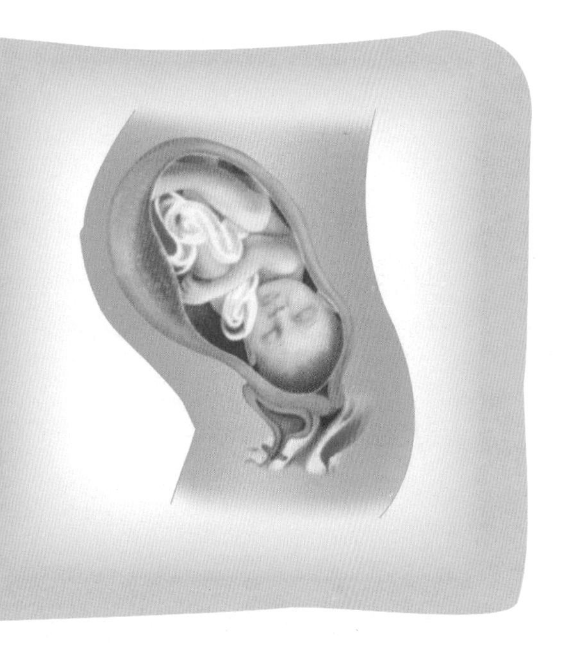

孕妈妈 为了宝宝，要吃好睡好

虽然这时候胎宝宝安静了许多，但是孕妈妈不舒服的状况会更加明显，几乎所有的孕妈妈现在都会感到心情极度紧张，或是对分娩的焦虑，或是对分娩的种种期待。但是你能做的唯有吃好睡好，放松心情。此外，尤其要注意观察是否有临产迹象。

生活保健

拉梅兹呼吸法，加速产程

拉梅兹分娩呼吸法，通过对神经肌肉控制、产前体操及呼吸技巧的训练，有效地让孕妈妈在分娩时将注意力集中在对自己的呼吸控制上，从而转移疼痛，适度放松肌肉，能够充满信心地在分娩过程中发生产痛时保持镇定，以达到加速产程并让胎宝宝顺利出生的目的。

● 第一阶段：胸部呼吸法

应用时机： 孕妈妈可以感觉到子宫每 5 ~ 20 分钟收缩一次，每次收缩约长 30 ~ 60 秒。

练习方法： 孕妈妈学习由鼻子深深吸一口气，随着子宫收缩就开始吸气、吐气，反复进行，直到阵痛停止才恢复正常呼吸。

作用及练习时间： 胸部呼吸是一种不费力且舒服的减痛呼吸方式，每当子宫开始或结束剧烈收缩时，孕妈妈们可以通过这种呼吸方式准确地给家人或医生反映有关宫缩的情况。

● 第二阶段：“嘶嘶”轻浅呼吸法

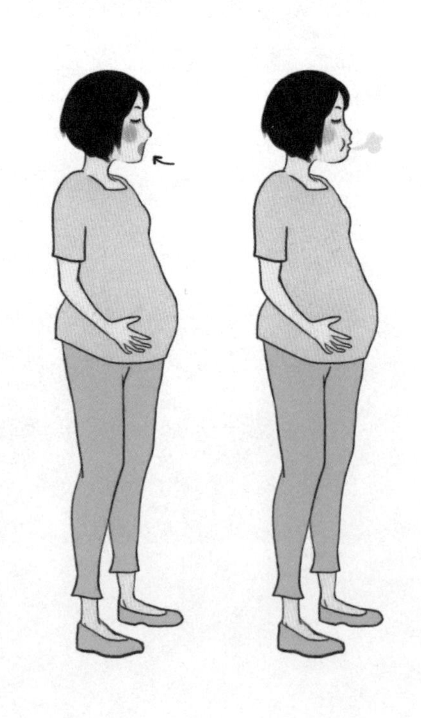

应用时机： 此时宫颈开至 3 ~ 7 厘米，子宫的收缩变得更加频繁，每 2 ~ 4 分钟就会收缩一次，每次持续约 45 ~ 60 秒。

练习方法： 要让自己的身体完全放松，眼睛注视着同一点。孕妈妈用嘴吸入一小口空气，保持轻浅呼吸，让吸入及吐出的气量相等，呼吸完全用嘴呼吸，保持呼吸高位在喉咙，就像发出“嘶嘶”的声音。

作用及练习时间： 随着子宫开始收缩，采用胸式深呼吸，当子宫强烈收缩时，采用浅呼吸法，收缩开始减缓时恢复深呼吸。练习时由连续 20 秒慢慢加长，直至一次呼吸练习能达到 60 秒。

- **第三阶段：喘息呼吸法**

应用时机： 当子宫开至7～10厘米时，孕妈妈感觉到子宫每60～90秒钟就会收缩一次，这已经到了产程最激烈、最难控制的阶段了。

练习方法： 孕妈妈先将空气排出后，深吸一口气，接着快速做4～6次的短呼气，感觉就像在吹气球，比“嘶嘶”轻浅式呼吸还要更浅，也可以根据子宫收缩的程度调解速度。

作用及练习时间： 练习时由一次呼吸练习持续45秒慢慢加长至一次呼吸练习能达90秒。

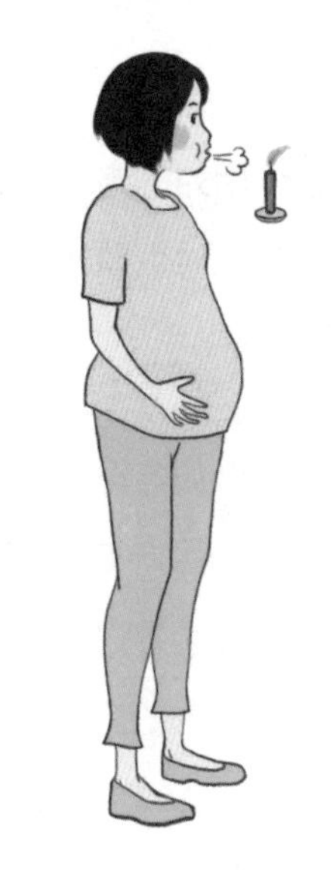

- **第四阶段：哈气运动**

应用时机： 进入第二产程的最后阶段，孕妈妈想用力将婴儿从产道送出，但是此时医师要求不要用力，以免发生阴道撕裂，等待宝宝自己挤出来。

练习方法： 阵痛开始，孕妈妈先深吸一口气，接着短而有力地哈气，如浅吐1、2、3、4，接着大大地吐出所有的“气”，就像在吹一样很费劲的东西。孕妈妈学习快速、连续以喘息方式急速呼吸如同哈气法。

作用及练习时间： 直到不想用力为止，练习时每次需达90秒。

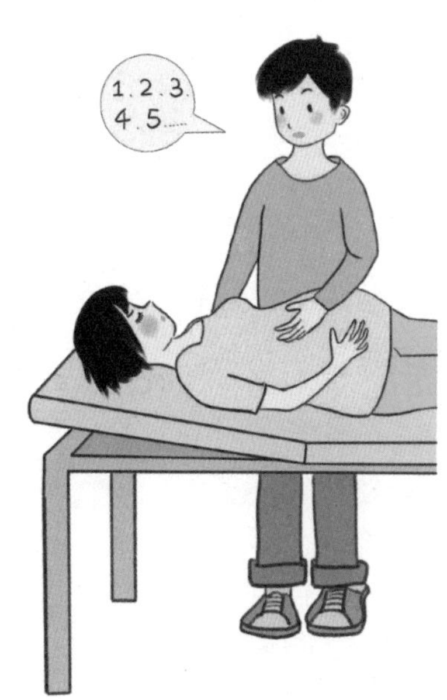

- **第五阶段：用力推**

应用时机： 此时宫颈全开了，助产师也要求产妇在即将看到婴儿头部时，用力将婴儿娩出。

练习方法： 孕妈妈下巴前缩，略抬头，用力使肺部的空气压向下腹部，完全放松骨盆肌肉需要换气时，保持原有姿势，马上把气呼出，同时马上吸满一口气，继续憋气和用力，直到宝宝娩出。当胎头已娩出产道时，孕妈妈可使用短促的呼吸来减缓疼痛。

作用及练习时间： 每次练习时，至少要持续60秒用力。

分娩巧用力，有利于缩短产程

到了分娩的这一天，全家人都怀着喜悦的心情来迎接新生命的到来。可是在新生命来临之前，待产的孕妈妈还要经历常人难以想象的痛苦。那么生宝宝时产妇如何用力，才能顺利地生产并且减轻痛苦呢？

● 第一产程：均匀呼吸，无需用力

刚开始出现规律宫缩的时候，产妇的精力还比较充沛，可以抓住这一时机及时为产妇少量补充一些营养，为后面的长时间用力做好准备。从规律宫缩（5分钟一次宫缩）至宫口开全（约为10厘米），需要持续数个小时，也许更长时间。这段期间子宫收缩的频率较低，收缩力量较弱，其主要作用是慢慢地扩充子宫口，以方便胎儿娩出。

正确用力的方法： 在第一产程孕妈妈要有意识地进行腹式呼吸：宫缩时，深吸气，吸气要深而慢，呼气时也要慢慢吐出；宫缩间歇期，最好闭目休息，以养精蓄锐。

● 第二产程：用尽全力，屏气使劲

指导产妇与医护人员配合，在产妇身边及时给予肯定和鼓励，使她们增强信心；在宫缩间隙尽可能地满足产妇的一切生理需求，如喂水、进食、擦汗宽衣等，并从细节上帮助产妇正确地配合分娩，如教她何时用力，怎样呼吸的技巧，帮助产妇树立信心，顺利分娩。

正确用力的方法： 宫口开全之后，产妇需要配合每次宫缩的阵痛，有意识地主动施加腹压，宫缩时，像解大便一样向下方用力，时间越长越好，以增加腹压，这种借痛使力的腹压不仅可以缓解宫缩的痛苦，也有利于胎儿的下滑娩出。宫缩间歇时，充分放松休息，至下次宫缩时再用力。以头胎产妇来说，从子宫口全开开始到胎儿娩出为止，一般不能超过两个小时的时间。而在顺产中这个时间的长短，跟产妇会不会用力有很大的关系。

● 第三产程：用力使胎盘娩出

胎儿娩出以后，宫缩会暂时停止，停止大概10分钟以后，又会出现宫缩以排出胎盘，这个过程需要5~15分钟，一般不会越过30分钟。

正确用力的方法：可以用和之前一样的屏气法施加腹压，以加快胎盘的娩出，减少出血。

营养课堂

剖宫产孕妈妈手术当天不要进食

在剖宫产手术前一天须住院观察，手术前夜晚餐要清淡，午夜12点以后不要吃东西，以保证肠道清洁，减少术中感染。一般情况下，剖宫产手术前6个小时内，产妇应平卧休息，不要进食，也不宜喝水。如果进食的话，一方面容易引起产妇肠道充盈及胀气，影响整个手术的进程，还有可能会误伤肠道；另一方面产妇剖宫产后，失血比自然分娩要多，身体就会很虚弱，发生感染的机会就更大，有些产妇还会因此出现肠胀气等不适感，延长排气时间，对产后身体恢复不利。

此外，在剖宫产手术中，为减少产妇的痛苦，通常会使用一些麻醉药物，麻醉药物发挥作用后，会给产妇带来一些不良反应，如恶心、呕吐等，胃内容物经呕吐后，容易被产妇误吸入体内，从而给产妇的身体带来危险。

剖宫产前不宜吃的食物

剖宫产的孕妈妈尽量少吃产气的食物，如黄豆、豆浆、红薯等，因为这些食物会在肠道内发酵，产生大量气体导致腹胀，不利于手术的进行，可以适当吃些馄饨、肉丝面、鱼等，但也不能多吃。

● 剖宫产前不宜吃人参

不少人误认为，剖宫产出血较多，会影响母婴健康，因此在进行剖宫产手术前，可以通过进补人参来增强体质。其实这种做法非常不科学。人参中含有人参甙，有强心、兴奋的作用，服用后会使孕妈妈大脑兴奋，会影响手术的顺利进行。此外，服用人参后，容易使伤口渗血时间延长，对伤口的恢复也不利。

人参含有人参甙，有强心、兴奋的作用，不利于孕妈妈进行剖宫产手术。

本周食谱推荐

皮蛋瘦肉粥　消除疲劳

材料： 大米 20 克，猪瘦肉 50 克，皮蛋（松花蛋）1 个。

调料： 葱花 5 克，盐 2 克，鸡精少许。

做法：

1. 大米淘洗干净，浸泡30分钟；皮蛋去壳，切丁；猪瘦肉洗净，切丁，入沸水中焯烫，捞出沥干。
2. 锅置火上，倒水烧沸，下入大米煮沸后加入瘦肉丁、皮蛋丁，改小火煮至黏稠，出锅前加入盐、鸡精、葱花调味即可。

羊肉丸子萝卜　滋补身体

材料： 白萝卜 100 克，羊肉 250 克，粉丝 20 克。

调料： 葱花 5 克，鸡蛋（取蛋清）1 个，盐 3 克，香菜末、香油、鸡精、植物油各适量。

做法：

1. 白萝卜洗净，切丝；粉丝提前泡软，剪长段。
2. 羊肉洗净，剁成肉馅，加香油和蛋清搅至上劲，挤成小丸子。
3. 锅内倒油烧热，炒香葱花，加清水烧沸，下小丸子煮开，放白萝卜丝和粉丝段煮熟，用香菜末、盐和鸡精调味即可。

胎教课堂

语言胎教：绕口令：小柳和小妮，增强胎宝宝对语言的敏感

《小柳和小妞》

路东住着刘小柳，

路南住着牛小妞。

刘小柳拿着大皮球，

牛小妞抱着大石榴。

刘小柳把大皮球送给牛小妞，

牛小妞把大石榴送给刘小柳。

牛小妞脸儿乐得像红皮球，

刘小柳笑得像开花的大石榴。

情绪胎教：欣赏《向日葵》，感受光明和希望

梵高是荷兰后印象派画家，是表现主义的先驱。

今天，孕妈妈来欣赏一下梵高的代表作《向日葵》吧！

梵高的《向日葵》是由绚丽的黄色色系组合而成的，那浓烈的黄色调是光明和希望的象征。在画中，每朵花如燃烧的火焰一般，细碎的花瓣和葵叶如同火苗一样布满画面，让整幅画犹如燃遍画布的火焰，显出画家的生命激情。

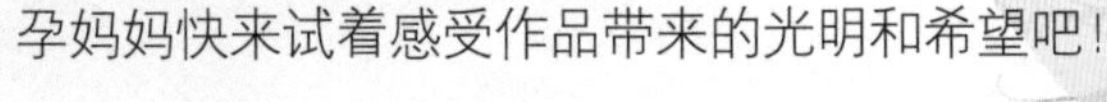

孕妈妈快来试着感受作品带来的光明和希望吧！

第40周

胎宝宝 我随时都会来“报到”

本周我的体重已经约3400克了，身长大约在50厘米，和新生宝宝已经没有什么区别了，我身体上的皱纹已消失，皮肤呈现淡红色，肉乎乎的，可爱极了。随着时间一天天过去，我还会不停地长大，我的指甲和头发也会继续生长。头颅骨还没有连接在一起，在分娩时它会被挤压，从而变形或被拉长，以便顺利地通过产道。这种状况一直会保持到我出生。

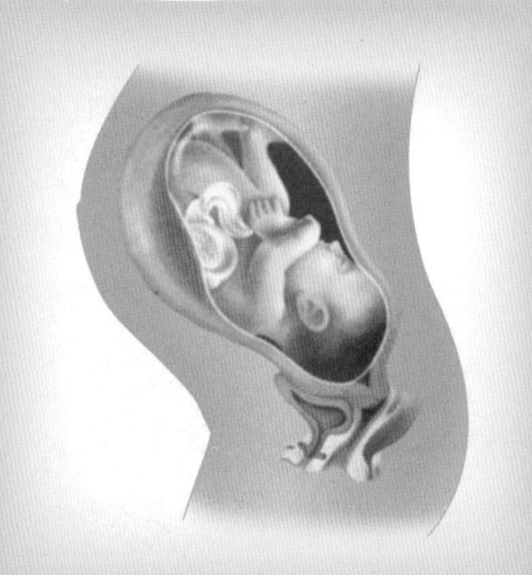

我绝大多数器官都成功地完成了自己的“使命”，只有肺还没有最后“定型”，这要等到我出生后几小时之内才能建立起正常的呼吸模式。现在，一切准备就绪了，我随时都会出来“报到”，爸爸妈妈，你们做好准备了吗?

孕妈妈 日夜守候，只为那一刻

正所谓“万事俱备，只欠东风”。到了本周，一切都已准备妥当，孕妈妈要做的就是静静地守候，等待那一激动人心时刻的到来。这期间，你仍然可以对你的小宝宝施以最本能的爱抚或对他喃喃细语，因为对于他来说，你就是整个宇宙的中心，你将给他一个最好的生命之初，让他拥有健康、快乐的未来。

生活保健

缓解分娩痛苦的放松法

● 来回踱步

当阵痛不是很强烈时，孕妈妈可以下床在医院内四处走走调节一下情绪，也能帮助你忘记一些疼痛，这比在床上躺着更舒服。此外，多做一些活动，既能帮助孕妈妈缓解疼痛，还有利于顺利分娩。

● 让环境安静下来

当孕妈妈经历阵痛时，若身边有不必要、不舒服的刺激，会让孕妈妈变得烦躁，如恼人嘈杂的声音等。所以让孕妈妈在一个安静舒服的环境中待产，有利于孕妈妈放松心情，全身心地面对不断袭来的阵痛。

● 想象放松法

也是“自我催眠”，孕妈妈想象眼前是一片开满鲜花的原野，或者想象着宝宝出生时的模样等，可以让孕妈妈进入一种非常放松的状态，减轻心理对分娩痛的恐惧。也是在分娩中保持平静的最新方法。

● 合适的抓握物

在孕妈妈经历阵痛时很想抓握一个东西，如手、枕头、被子或栏杆等，这样可以让孕妈妈感到有所支撑，帮助孕妈妈维持自我控制。

● 跨坐在椅子上

将两腿张开跨坐椅子上，面朝椅背，身体略微前倾，将体重负荷在椅背上，有利于产道的扩张，还能减轻腰部的负担。需要特别注意的是，孕妈妈不要用有轮子的椅子，也不要过度前倾，避免摔倒。

● 合理的按摩

合理的按摩可以放松肌肉，从而减轻分娩痛。如果有丈夫陪着待产，可以让他按摩孕妈妈觉得不舒服的位置。一般来说，肩部和颈部按摩会让孕妈妈觉得舒服，缓解宫缩带来的疼痛。

推荐减轻疼痛的按摩法：双手分别从两侧下腹部向腹部中央慢慢按摩；呼气时，从腹中央向两侧按摩。每分钟按摩的次数和呼吸相同。

● 洗个热水澡

从医学角度来说，分娩的任何阶段都可以淋浴，但如果你已经破水，淋浴前需要征求医生的意见。淋浴时，可以用莲蓬头对着任何宫缩厉害的部位，或者后背的下部，让水流帮你按摩，也是一个缓解分娩痛的好方法。

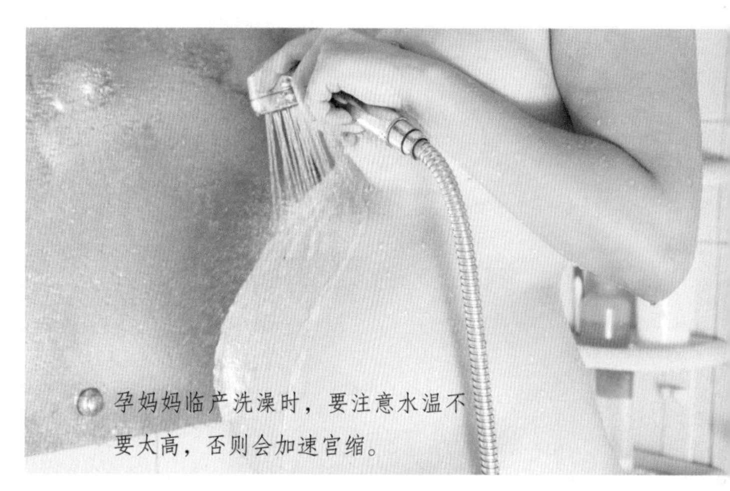

孕妈妈临产洗澡时，要注意水温不要太高，否则会加速宫缩。

● 随着子宫收缩用力

阵痛间隔缩短为2~3分钟，每次可持续40~60秒，这时胎儿一边做回旋运动，一边沿产道下降。子宫收缩会让胎儿受到压迫，进而压迫骨盆底部、外阴部和会阴等处，导致肛门、外阴等处压迫感甚至疼痛。孕妈妈可以听从医生的指导，在随着子宫收缩时，做些腹部用力的动作，既可以缩短分娩时间，而且还可以减轻疼痛。

● 选择合适人陪产生产

如果医院同意让丈夫陪产，那么将是孕妈妈最大的精神支柱。有些医院还提供分娩的“导乐”服务，也能达到减轻产痛、顺利分娩的目的。此外，分娩导乐还能降低剖宫产的概率，缩短分娩的时间。

高龄初产妇必须剖宫产吗

就目前而言，高龄初产妇的剖宫产率是很高的，这是因为自然分娩可能会增加妊娠期糖尿病、妊娠期高血压的风险，而且害怕自然分娩失败后再进行剖宫产，受两次罪。所以高龄产妇选择剖宫产的概率比较高。

如果高龄初产妇无妊高征等并发症，分娩发生后宫缩良好，胎宝宝位置正常，也可以自然分娩，并不一定要选择剖宫产。

待产房与产房的区别

一般孕妈妈在第一产程的初期，会待在待产房中。

1. 医生会先给产妇做胎儿监测，时刻记录宫缩和胎宝宝的心跳，了解胎宝宝的情况。

2. 孕妈妈等待宫口张开。

3. 医生会随时为孕妈妈测宫口高度，确定是否要进入产房。

当孕妈妈有便意感的时候，不要用力上厕所，因为这个时候可能是胎宝宝的头部已经完全沉入骨盆，宫口已经开到十指，宝宝马上要出生了，这时，要及时通知医生。

这时候，产妇就要进入产房，开始分娩了。产房是个半封闭的环境，其物品和房间每天都定时消毒，保持相对无菌的状态，从而减少分娩后发生感染的概率。产床上设有利于产妇分娩的支架，有些部位可抬高或降低，床尾可去掉。

过了预产期的应对策略

如果超过预产期还没有分娩征兆的，要积极做检查，如果胎心监护，胎盘和羊水正常，那就耐心等待临产征兆的出现，不必住院。孕妈妈可做些促进分娩的活动，如散步、上下楼梯等。也可以刺激乳房，促进催产素分泌：每天用软布热敷乳房，并轻轻交替按摩两侧乳房，每侧15分钟，每天做3次。

如果确定是过期妊娠，就应该及时入院催产，否则会因胎盘功能下降而发生危险。一般会进行静脉注射和阴道给药两种方法，给药几个小时后可能会发生宫缩现象。

如果催产失败，就会实施剖宫产。

营养课堂

分娩能量棒和电解质补水液，提供能量

分娩能量棒质地为果冻状，入口顺滑，便于孕妈妈服用。分娩能量棒中富含单糖、双糖、多糖、中链甘油三酯，极易被人体吸收，同时由于供能的作用方式和分解速度不同，既保证了分娩过程中的快速供能，也保证了能量的源源不断，是目前国内最为领先的专业产品。

电解质补水液为半流质液体，产妇躺着也能轻松、顺利服用，减少呛咳发生及罹患吸入性肺炎的风险。电解质补水液富含钠、镁、维生素 B_1、维生素 B_2、维生素 B_6，协同作用能量吸收，快速补充水分，防止产妇体内电解质紊乱。

分娩能量棒和电解质补水液配合使用，可有效保证分娩过程中能量和水分的供给，为自然分娩保驾护航。

喝些蜂蜜水，可缩短产程

进入孕 10 月后，孕妈妈可以喝些蜂蜜水，既可以改善自身的体质，还能改善闷咳的症状。

具体调理方法为：将蜂蜜用冷开水调匀饮用，蜂蜜的量可依照个人的喜好而略有不同。不过要注意的是，这个时期不可用热开水或温开水调蜂蜜，以免孕妈妈产生胀气或拉肚子。

此外，蜂蜜水有助于孕妈妈缩短产程、减少疼痛，因此，准爸爸可以在待产时先准备一些滚热开水，加入的蜂蜜越浓越好，调制成浓稠的热蜂蜜水，在孕妈妈阵痛开始、破水开两指之后让她饮用（未破水开两指也可以，两指即 4 厘米），这对于自然生产的孕妈妈来说，是很有效的助产饮品。

蜂蜜水甜甜的，既能给孕妈妈提供能量，还能保持孕妈妈心情愉悦，有利于加速产程。

本周食谱推荐

肉末豆角手擀面　补充体力

材料： 豆角250克，五花肉100克，面条250克。

调料： 葱末、姜末各10克，盐2克，生抽、醋各6克，植物油、淀粉各适量。

做法：

1. 豆角洗净，去筋，切成碎末备用；五花肉洗净，切成碎末。
2. 锅中倒油烧热，放入葱末、姜末爆香，放入五花肉炒制变色后，倒入生抽、醋和少许盐、豆角，继续翻炒，倒入开水没过食材，待水快烧干关火，盛出，制成菜码。
3. 将面条煮熟，加入菜码拌匀即可。

番茄苹果汁　增强食欲

材料： 番茄150克，苹果100克。

调料： 冰糖5克。

做法：

1. 番茄去蒂、洗净，切小块；苹果洗净，去皮和核，切小块。
2. 将番茄块、苹果块和适量饮用水一起放入榨汁机中搅打，打好后加入冰糖调匀即可。

功效： 番茄含有维生素C、番茄红素，苹果富含维生素C、有机酸等，都有健胃消食、增进食欲的功效，适合孕妈妈增强食欲饮用。

胎教课堂

运动胎教：腹式呼吸给胎宝宝输送新鲜氧气

胎宝宝现在个头很大了，腹中的空间对于他来说已经有些狭窄，此时，孕妈妈可以采用腹式呼吸法给胎宝宝运送新鲜空气。腹式呼吸法可以在任何地点进行，当准妈妈感到疲劳时，可坐在椅子上，挺直脊背进行深呼吸。

● **姿势要正确：**

脊背挺直，紧贴椅背，双膝和地面成 90 度角，全身放松，双手放在腹上，想象胎宝宝目前正在一个宽广的空间里，然后用鼻子吸气，直到腹部鼓起为止。吐气时稍微将嘴撅起，慢慢地将体内空气全部吐出，吐气时要比吸气更为缓慢且用力。

情绪胎教：小天使如约而至

经过十个月的漫漫孕期，终于要跟可爱的小天使见面了。在这十个月当中，孕妈妈是否已经将宝宝的模样想了千百遍，那宝宝到底长什么样？孕妈妈一定迫不及待地想要看看是不是和自己想象的一样。在令人激动紧张的时刻到来的时候，孕妈妈一定要用心记录下这一刻哦。并且，可以将自己对宝宝的期待和祝福一起写下来，等将来宝宝长大成人的时候，可以将这一页有纪念意义的礼物送给他，这也会是最有纪念价值的礼物。

姓名：______

出生时间：______

星座：______

属相：______

体重：______

身长：______

附录1：

孕期产检速查

产检时间	重点检查项目	备注
5周：孕检	确定怀孕	B超确定胎囊位置，是否是宫外孕
6周：孕检	B超看胎儿心跳	高龄或有过流产史的孕妈妈需要做B超检查
8~12周：第一次正式产检	给胎宝宝建立档案	大多数孕妈妈建档的时间在12周，其实在8~12周内都可，但最晚不可晚于16周
11~13周：孕检	颈项透明层厚度（NT）	超声进行早期排畸检查
15~20周：第二次正式产检	唐氏筛查，如唐筛高危，需要做羊水穿刺	排查畸形
21~24周：第三次正式产检	B超大排畸	排查畸形
24~28周：第四次正式产检	妊娠期糖尿病筛查	喝糖水，监测血糖
29~32周：第五次正式产检	妊娠期高血压疾病筛查	排除妊娠期高血压的可能，血常规筛查贫血
33~34周：第六次正式产检	B超评估胎宝宝多大	超声波评估胎宝宝多大，检测胎宝宝状态
35~36周：第七次正式产检	阴拭子、内检、B超	决定胎宝宝分娩方式
37周：第八次正式产检	胎心监护、测胎心率、测量骨盆	检测胎宝宝状态
38~42周：第九次正式产检	临产检查，超声估计胎宝宝大小和羊水量	评估宫颈条件，随时准备生产；41周以后，考虑催产

附录 2：》〉

孕期安全用药指导

怀孕期间，孕妈妈抵抗力下降，容易患病，还会并发一些疾病，这就可能会涉及到孕期用药进行治疗或预防的问题，所以，为了母婴健康，孕期安全、合理用药非常重要。

孕期选择药物的原则

1. 孕早期尽量不用药，对于原有疾病服药的孕妈妈，可暂时停用药物，如果不能暂停，尽量选择对胎宝宝影响小的药物。孕中期、晚期、分娩期用药需要考虑对新生儿的影响，谨遵医嘱。

2. 用药必须有明确的指征，且对治疗孕妈妈疾病有益。因为孕妈妈患病不是只吃一味药，疾病严重，对母婴健康都有害。

3. 用药要注意孕周，了解胎宝宝的发育特点，需要咨询医生。

4. 控制好用药的剂量和时间，要根据病情，及时调整用量，及时停药。

5. 对于危及孕妈妈健康，甚至生命时，用药对胎宝宝的影响要次要考虑。

6. 几种药物有同样疗效时，要选择对胎宝宝危害较小的一种药物，尽量避免联合用药。

孕期禁用、慎用、忌用的药物

对于孕妈妈用药，要根据对胚胎或胎宝宝的危险性来判定。1979 年美国药物和食品管理局根据动物实验和临床实践经验，将孕期药物分为 A、B、C、D、X 五大类。

分类	对胎宝宝的危害	药物
A类（安全）	动物实验和临床实践未见对胎儿有伤害，是一种最安全的药物	维生素B、维生素C、维生素E、叶酸等
B类（相对安全）	动物实验显示对胎儿有伤害，但临床实践未证实	青霉素家族、头孢菌素类药物、甲硝唑、林可霉素、红霉素、布洛芬、吲哚美辛、毛花苷C等
C类（相对危险）	动物实验证实对胎儿有致畸或杀胚胎的作用，但临床实践未证实	氧氟沙星、阿昔洛韦、齐多夫定、巴比妥、戊巴比妥、肾上腺素、麻黄碱、多巴胺、甲基多巴、甘露醇等
D类（危险）	临床实践证明对胎宝宝有危害	四环素族、氨基糖甙类、抗肿瘤药物、中枢神经系统阵痛药等
X类（危险）	动物实验和临床都证实对胎宝宝有危害，是孕期禁用的药物	沙利度胺、性激素乙烯雌酚、大剂量维生素A、大量乙醇等

附录3：

母乳喂养姿势与技巧

侧卧

妈妈侧卧在床上，让宝宝面对乳房，一只手揽着宝宝的身体，另一只手帮助将奶头送到宝宝嘴里，然后放松地搭在枕侧。这种方式适合早期喂奶，妈妈疲倦时喂奶，也适合剖宫产妈妈喂奶。

摇篮抱

在有扶手的椅子上（也可靠在床头）坐直，把宝宝抱在怀里，胳膊肘弯曲，宝宝后背靠着妈妈的前臂，用手掌托着宝宝的头颈部（喂右侧时用左手托，喂左侧时用右手托），不要弯腰或者探身。另一只手放在乳房下呈“U形”支撑乳房，让宝宝贴近乳房，喂奶。这是早期喂奶比较理想的方式。

足球抱

将宝宝抱在身体一侧，胳膊肘弯曲，用前臂和手掌托着宝宝的身体和头部，让宝宝面对乳房，另一只手帮助将奶头送到宝宝嘴里。妈妈可以在腿上放个垫子，宝宝会更舒服。剖宫产、乳房较大的妈妈适合这种喂奶方式。